W0470959

Wolfgang Jendsch

Die großen Feuerwehreinsätze

Brände
Naturkatastrophen
Verkehrsunfälle

Die großen **Feuerwehreinsätze**

Wolfgang Jendsch

GeraMond

Unser komplettes Programm:
www.geramond.de

Produktmanagement: Martin Distler
Satz und Repro: F&S Satz und Montage GmbH
Schlusskorrektur: Ute König
Umschlaggestaltung:
Uhlig / www.coverdesign.net
Herstellung: Thomas Fischer
Printed in Italy by Printer Trento

Alle Angaben dieses Werkes wurden von den Autoren sorgfältig recherchiert und auf den aktuellen Stand gebracht sowie vom Verlag geprüft. Für die Richtigkeit der Angaben kann jedoch keine Haftung übernommen werden. Für Hinweise und Anregungen sind wir jederzeit dankbar. Bitte richten Sie diese an:

GeraMond Verlag
Lektorat
Postfach 40 02 09
D-80702 München
E-Mail: lektorat@geramond.de

Die Deutsche Nationalbibliothek – CIP-Einheitsaufnahme
Ein Titeldatensatz für diese Publikation ist bei der Deutschen Nationalbibliothek erhältlich.

© 2009 GeraMond Verlag GmbH, München
ISBN: 978-3-7654-7690-7

Bildnachweis für den Buchumschlag:
Umschlagvorderseite: Löscharbeiten anlässlich eines spektakulären Großbrandes eines Lagergebäudes in Engen/Hegau, Baden-Württemberg. Das zwischen der Bahnlinie Singen-Stuttgart und einem Wohngebäude liegende Brandobjekt wurde ein Raub der Flammen, während alle umliegenden Einrichtungen von der Feuerwehr geschützt werden konnten. Weitere Bilder (v.l.) zeigen die Löscharbeiten anlässlich eines Fahrzeugbrandes, die Triebwerke einer „Tupolew Tu-154M" nach dem Flugzeugabsturz bei Überlingen am Bodensee und die Bahnfeuerwehr Olomouc bei einem Zugunfall in Prostejov/Tschechien.
(Fotos: Wolfgang Jendsch)
Umschlagrückseite: Treibstoff-Explosion in Goma, Kongo (oben). Unten: Beim Einsturz der Türme des „World Trade Centers" starben über 3.000 Menschen, darunter 343 Angehörige der Feuerwehr New York.
(beide Fotos: picture-alliance / dpa)

Vorwort

Jährlich melden die deutschen, europäischen und internationalen Medien tausende von Großbränden, Unfällen und Naturkatastrophen. Nicht selten geht es bei solchen Meldungen immer wieder auch um „Action“ und „Horror“, um die mediale Befriedigung von Neugierde und Voyeurismus. Im Zeitalter von Internet und weltweiter Informationsvermittlung braucht es nur noch wenige Stunden bis eine Katastrophennachricht auch vom entferntesten Ort dieser Welt das heimische Wohnzimmer erreicht hat. Dann aber gibt es in der Regel medialen „Nervenkitzel pur“. Selbsternannte „Couchexperten“ diskutieren in sogenannten „Fachforen“, in Internet-Chats und im heimischen Sport- oder Gesangverein.

In unserem heutigen medialen Zeitalter mutieren Großbrände, Unfälle oder Katastrophen zur meist willkommenen Abwechslung im ansonsten vermeintlich tristen Lebensalltag. Wenngleich an den jeweiligen Einsatzstellen selbst das persönliche Interesse von „Zuschauern“ und „Gaffern“ oft immense Ausmaße annimmt, so erlebt ein Großteil der Bevölkerung solche Großschadensereignisse in der Regel eben nur am Fernseher oder am Computer. Die entsprechende Fachinformation über das Geschehen kommt zu kurz, Realitäten werden verfälscht und das Ereignis selbst gerät letztendlich zum oberflächlichen „Highlight“ effekthaschender Nachrichten.

„Voyeurismus“ und „Gaffer“ stellen an den Einsatzstellen aber immer auch eine Form durchaus berechtigten und oft auch gewünschten Interesses an der Arbeit der Feuerwehren und der Rettungsdienste sowie eine Form der Anteilnahme am tragischen Geschehen dar. Dieses Buch und seine dort ausgewählten Beiträge über spezielle Großbrände, Unfälle und Naturkatastrophen will interessierten Lesern deshalb einen kleinen internen Einblick geben in den Hintergrund solcher Ereignisse und deren fachliche Bewältigung.

Wolfgang Jendsch

Ein solcher Einblick mag helfen, bestimmte Abläufe im Rahmen eines Brand- oder Rettungseinsatzes ein wenig besser zu verstehen. Er kann außerdem eine notwendige menschliche Anerkennung von Rettern und Helfern fördern, die nicht selten unter schwierigsten Bedingungen bemüht sind, Hab und Gut ihrer Mitbürger zu schützen sowie Menschen, ihre Gesundheit und ihr Leben zu retten.

Die Auswahl solch beispielhafter Einsätze aus aller Welt war sicher nicht einfach. „Spektakuläre“ Großeinsätze bedeutet dabei keineswegs, hier nur Einsätze mit einem weltweiten Medieninteresse vorzustellen. Auch vergleichsweise kleinere Brandeinsätze oder Unfälle können regional von besonderer fachlicher und menschlicher Bedeutung und in diesem Sinne „spektakulär“ sein. Ich habe versucht, in meiner Auswahl beidem gerecht zu werden.

Radolfzell, im Herbst 2008
Wolfgang Jendsch, Autor

Inhalt

Kapitel 3
Aus heiterem Himmel: Naturkatastrophen

Kapitel 4
Fire & Rescue: Feuerwehreinsätze weltweit

Die Feuerwehren im Einsatz

Die Feuerwehren „Retten – Löschen – Bergen – Schützen" – so lautet das Motto in Deutschland, wenn es um die Frauen und Männer in den dunkelblauen oder orangefarbenen Einsatzjacken und mit den roten Blaulicht-Fahrzeugen geht. Seit mehr als 150 Jahren haben sich die „Floriansjünger", wie Feuerwehrangehörige landläufig immer mal wieder bezeichnet werden, im Notfall diesen umfassenden Aufgaben verpflichtet.

Die vier Begriffe beschreiben umfassend das, was in den Aufgabenbereich von Feuerwehren gehört: „Retten" von Menschen und Tieren aus Lebensgefahr, bei Bränden, nach Verkehrsunfällen, aus Höhen und Tiefen oder aus Wassergefahren, „Löschen" von Bränden in Wohnungen, Gebäuden, Industrieanlagen oder in Wald und Feld, „Bergen" von Sachwerten zum Beispiel nach Naturkatastrophen oder bei Bränden in kulturhistorisch bedeutsamen Einrichtungen und „Schützen" immer dann, wenn Bürger einer Stadt oder Gemeinde den Schutz von sachkundigen Spezialisten der Feuerwehr benötigen.

Die vorgenannten Aufgaben können selbstverständlich nur Beispiele sein. In Wirklichkeit ist das Aufgabenspektrum der Feuerwehren natürlich noch sehr viel größer. Den Feuerwehrmann beziehungsweise die Feuerwehrfrau, die mit dem Strahlrohr lediglich noch Feuer löscht, gibt es eigentlich schon lange nicht mehr. Die Aufgaben der Feuerwehrangehörigen werden immer spezieller, komplizierter, umfangreicher und verantwortungsvoller.

Nun steht das Motto „Retten – Löschen – Bergen – Schützen" aber keinesfalls nur für die deutschen Feuerwehren. Auch international gelten für Feuerwehren diese oder ähnlich formulierte Begriffe und Aufgaben. Das fachliche Handeln und Agieren von Feuerwehren ist damit nahezu weltumspannend. Wo immer man auf Feuerwehrangehörige trifft – ob in Deutschland, Europa, in den USA, in Afrika, in Australien oder in Russland –, kann man sicher sein, dass all diese „Kollegen" oder „Kameraden" ihre Arbeit für den Mitmenschen und den in Not geratenen Bürger unter dieses gleiche Motto stellen.

Unterschiedlich bei den Feuerwehren in den unzähligen Staaten dieser Welt ist nicht das Ziel ihrer Be-

mühungen, sondern vor allem die dazu eingesetzte Technik und Taktik sowie die organisatorische Struktur der jeweiligen Feuerwehr. Und diese Unterschiede sind ebenso spannend wie auch aus fachlicher Sicht interessant.

Denken wir zunächst an die Organisation von Feuerwehren. In Deutschland ist der Brandschutz vom Gesetz her Ländersache, die Feuerwehren unterstehen den Kommunen. Hier gibt es Berufsfeuerwehren mit hauptamtlich tätigen Kräften (in der Regel in Städten über 100.000 Einwohner), Freiwillige Feuerwehren mit ehrenamtlich tätigen Kräften (die Basis des deutschen Feuerwehrwesens) sowie Werk- und Betriebsfeuerwehren, die in der Regel für Gewerbe- und Industrieeinrichtungen zuständig sind. Für militärische Einrichtungen – zum Beispiel die Bundeswehr, ehemalige Besatzungstruppen oder internationale Militärverbände – stehen Militärfeuerwehren zur Verfügung.

Ganz anders in anderen europäischen und außereuropäischen Staaten. Nicht selten basiert hier das Feuerwehrwesen auf staatlich organisierten Feuerwehren, die beispielsweise dem jeweiligen Innenministerium (Berufsfeuerwehren) oder dem Verteidigungsministerium (Militärfeuerwehren) unterstellt sein können (z. B. in osteuropäischen Staaten, Russland, asiatischen Staaten). Freiwillige Feuerwehren haben in diesen Bereichen oft nur eine geringe beziehungsweise untergeordnete Bedeutung.

Andere Organisationsstrukturen wiederum binden Feuerwehren nicht nur an die jeweiligen Kommunen (Städte, Gemeinden) an, sondern auch an Landkreise oder gar an Bundesstaaten (z. B. in den USA, Australien, Afrika, Südamerika).

Verschiedene Staaten kennen beispielsweise privatwirtschaftlich organisierte Feuerwehren, die ausschließlich auf vertragliche oder versicherungsrechtliche Anforderungen tätig werden (z. B. in Skandinavien, USA, Kanada). Andere Staaten haben unterschiedliche Arten von „Spezialfeuerwehren“, die vorrangig für bestimmte Aufgaben zuständig sind, beispielsweise für die Waldbrandbekämpfung (z. B. USA, Kanada, Russland). An dieser Stelle können nur Beispiele genannt werden, die jedoch die ungeheure Vielfalt der Organisationsstrukturen

von Feuerwehren in internationalen Staaten deutlich machen.

So unterschiedlich wie die Organisationsstrukturen der Feuerwehren ist auch die jeweils eingesetzte Technik. Kennt man beispielsweise in Deutschland das mit sechs Einsatzkräften besetzte Tanklöschfahrzeug (TLF) oder das mit neun Kräften besetzte Löschgruppenfahrzeug (LF), das bei einem Alarm möglicherweise mit weiteren Einsatzfahrzeugen (z. B. Drehleiter, Rüstwagen) im Zugverband (Lösch- oder Hilfeleistungszug) ausrückt, so wird man in außereuropäischen Staaten von solch einem „Überangebot" von Fahrzeugtechnik und Personal nur träumen. In den USA beispielsweise rücken „Fire Engines" (Tank-/Löschfahrzeuge) nicht selten mit drei oder maximal vier Einsatzkräften aus. Während in Deutschland ein Löschfahrzeug entweder zu einem Brand oder zu einer technischen Hilfeleistung ausrückt, könnte es in den USA sowohl zu einem Brand (Fire), zur technischen Hilfeleistung (Rescue), zur Waldbrandbekämpfung (Wildland Fire) oder zu einem medizinischen

Notfall ausrücken (Medical Aid). In all diesen Fällen müssen sich die jeweiligen Besatzungen vorher entsprechend vorbereiten und ausrüsten.

Der Rettungs- und Sanitätsdienst gehört bei deutschen Feuerwehren nicht zu den Standardaufgaben der Feuerwehren. Aus ihrer Geschichte heraus nehmen einige Berufsfeuerwehren diese Aufgaben noch wahr. In anderen Staaten (z. B. in den USA, in Australien, in asiatischen Staaten) kommt möglicherweise ein Löschfahrzeug oder eine Drehleiter der Feuerwehr, wenn es um einen Herzinfarkt oder um ein gebrochenes Bein geht. Solche Feuerwehren verfügen dann meist über gut ausgebildete Rettungskräfte (z. B. „Emergency Medical Technician"/EMT oder „Paramedics"), die sowohl im notfallmedizinischen Dienst als auch im regulären Feuerwehrdienst tätig sind.

Dann wäre da noch die Taktik der Feuerwehren. Gemeint ist die fachliche Art und Weise, wie beispielsweise ein Brand- oder ein Rettungseinsatz organisiert und durchgeführt wird. Sie weist international wohl die meisten Unterschiede auf. Sie reichen von der Auswahl der Rettungsmittel (z. B. die Anzahl, Art und Ausstattung der Einsatzfahrzeuge, Auswahl von Gerät) über die Einsetzung von Person (z. B. Anzahl, Spezialisierung) bis hin zu taktischen Entscheidungen der jeweiligen Einsatzleitungen. Nicht selten sind taktische Maßnahmen auch abhängig von Gerät, Fahrzeugen, Personal und Ausbildungen, das der jeweiligen Feuerwehr zur Verfügung steht.

Dabei ist weltweit die Spanne zwischen gut ausgestatteten („reichen") Feuerwehren und auf ein Mindestmaß an Technik basierenden („armen") Feuerwehren erheblich und gravierend zugleich. Feuerwehren in bestimmten afrikanischen, asiatischen oder osteuropäischen Staaten verfügen beispielsweise oft gerade mal über ein „altersschwaches" Löschfahrzeug ohne wesentliche Ausrüstung, während Feuerwehren in bestimmten Staaten Europas oder in den USA beispielsweise auf modernste Lösch- und Rettungsfahrzeuge mit Satellitennavigation und Computersteuerung zurückgreifen können.

Mentalität und Motivation spielen gerade im Rahmen einer solchen Bandbreite ebenfalls eine wesentliche Rolle – das sollte an dieser Stelle nicht verschwiegen werden.

Ohne Zweifel, man könnte über „die Feuerwehren im Einsatz", über regionale oder staatliche Brandschutz- und Rettungskonzepte, über das internationale Feuerwehrwesen und erst recht über die feuerwehrtechnische Ausstattung von Feuerwehren eigene Bücher schreiben. Die Brandbreite der Themen wäre schier unendlich.

An dieser Stelle soll die Thematik lediglich als Einführung verstanden werden, als kurze, stichwortartige Hinweise zu den in der Folge geschilderten Einsätzen von Feuerwehren aus zahlreichen Staaten der Welt. Dabei sind es dem Titel dieses Buches entsprechend die „großen" Feuerwehreinsätze, die aus unzähligen anderen Einsätzen aller Art ausgewählt wurden. Und es sind keinesfalls nicht nur die „großen" Einsätze, die der Arbeit der Feuerwehren entsprechen: Auch so mancher „kleine", vielleicht nach außen hin eher „unbedeutende" Einsatz hat überall auf dieser Welt sicher schon einmal Schlimmeres verhütet, Millionenwerte geschützt oder gar menschliches Leben gerettet. In diesem Sinne verstehen sich auch die ausgewählten Beiträge mit Feuerwehreinsätzen, von denen jeder für sich seine wesentliche Bedeutung hatte und seine eigene technische, taktische und menschliche Leistung beinhaltete. Und nicht zuletzt konnte jeder dieser Einsätze die Unverzichtbarkeit von Feuerwehren überall auf dieser Welt deutlich machen.

Die Feuerwehren „Retten – Löschen – Bergen – Schützen", überall auf dieser Welt, überall wo Menschen, Tiere oder die Umwelt in Not geraten sind. Wir alle sollten stolz sein auf die Frauen und Männer in den Feuerwehren, die ihre Arbeit und Tätigkeit unter das vorgenannte Motto gestellt haben und die – hauptberuflich oder ehrenamtlich – jederzeit zur Hilfe in der Not bereit sind.

Anmerkung

Die hier veröffentlichten Beiträge basieren entweder auf Einsatzdokumentationen, die vom Autor im Rahmen seiner langjährigen Tätigkeit innerhalb der Feuerwehr beziehungsweise im Rahmen seiner hauptberuflichen Tätigkeit erstellt wurden, oder auf Einsatzdaten, Informationen und Archiv-Bildmaterial, das von den jeweiligen Feuerwehren und anderen Hilfs- und Rettungsorganisationen zur Verfügung gestellt wurde. Die Veröffentlichung des Materials erfolgt in enger Abstimmung mit den Einsatzleitern und Verantwortlichen der Feuerwehren.

Kapitel 1

Die Macht der Flammen: Großbrände

Großbrand einer Lagerhalle in Engen/Hegau. Das Bild erhielt im Jahr 2005 eine Auszeichnung und ein Diplom im Rahmen des internationalen „Golden Firefighter Award“.

17. Oktober 2005:
Großbrand des DB-Museumsdepots in Nürnberg

Das Leiden des „Adlers“

Vorwort
Großbrände verursachen in der Regel auch große materielle Schäden. Das ist in den meisten Fällen die zwangsläufige Folge eines Brandereignisses, das sich in seiner Entwicklung „Material“ geradezu sucht, um es zu zerstören. Dabei beschränkt sich ein solcher Großbrand keinesfalls nur auf „brennbares“ Material, sondern mit seinem massiven Einfluss von Hitze, Rauch und giftigen Gasen zerstört er auch Dinge, die vielleicht nicht brennbar sind, aber ansonsten den zerstörerischen Übergriffen nicht standhalten können.
Großbrände und ihre potenzielle Zerstörungskraft verursachen zudem in den meisten Fällen auch enorme finanzielle Schäden, die von den Eigentümern verbrannter Anwesen oft noch über lange Zeit hinweg und mit den entsprechenden Anstrengungen bewältigt werden müssen.
Eine „dritte Dimension“ von Schäden sind zu beklagen, wenn Großbrände ideelle Werte angreifen. Hiervon betroffen sind oftmals Museen, Ausstellungen oder Sammlungen, deren Exponate auch mit noch so viel Geld nicht wieder restauriert oder wiederbeschafft werden können. Der nachstehende Beitrag beschreibt ein solches Schadensereignis, das für viele Freunde historischer Eisenbahnen zum „Weltuntergang“ wurde.

Feuerschein und Rauchsäule

Es war genau 20.00 Uhr an jenem Montagabend, als sich ein Rettungswagen des Malteser Hilfsdienstes (MHD) im Rahmen eines Krankentransportes auf dem Weg ins Nürnberger St.-Johannis-Hospital befand. Das Fahrzeug fuhr auf der Bundesstraße 4 (Von-der-Tann-Straße, Westring), als die Besatzung in Höhe der den „Frankenschnellweg“ (A 73 Nürnberg-Bamberg) überquerenden Jansenbrücke den Brand eines Gebäudekomplexes im rechts der Straße liegenden Bahnbereich wahrnahm.

Sofort informierte die RTW-Besatzung über Funk (20.02 Uhr) die zuständige Feuerwehrleitstelle[1] über die gemachte Beobachtung. Zu diesem Zeitpunkt gingen sowohl dort als auch in der Einsatzzentrale der Nürnberger Polizei weitere Notrufe von Anwohnern, Autofahrern und Spaziergängern ein, die ebenfalls einen riesigen Feuerschein auf dem Bahngelände beobachtet hatten.

„Florian Nürnberg“ löste aufgrund der zahlreich eingehenden Meldungen den sogenannten „Zweiten Abmarsch“ aus und sandte zwei Löschzüge zur gemeldeten Brandstelle.

Von der Maximilianstraße aus bot sich Beobachtern ein imposanter Anblick des brennenden Bahn-Depots.

Bild links:
Zahlreiche wertvolle Exponate im „Lokschuppen“ wurden ein Raub der Flammen.

Bild rechts:
Bei Eintreffen der Feuerwehren standen große Teile des halbkreisförmigen Bahn-Depots (Lokschuppen) bereits in Vollbrand. Die Dachkonstruktion brannte in voller Ausdehnung.

Erste Lage: Großschadensereignis

Schon bei der Anfahrt der Feuerwehr-Einsatzfahrzeuge von der Feuerwache 1[2] aus war heller Feuerschein sowie eine starke Rauchentwicklung erkennbar, die ein Schadensereignis größeren Ausmaßes erahnen ließen. Noch vor Eintreffen der ersten Einsatzkräfte am Brandobjekt veranlasste der „Brandinspektor vom Dienst“ (BIvD) die Nachalarmierung eines Großtanklöschfahrzeuges (TLF 24/50) und eines Wechselladerfahrzeugs (WLF) mit einem Abrollbehälter „Schlauch“ (AB-Schlauch).

Zusätzlich wurden umgehend mehrere Abteilungen der Freiwilligen Feuerwehr Nürnberg zur vorläufigen Bereitstellung[3] nachalarmiert. Ein Schlauchwagen (SW 2000-Tr) des erweiterten Katastrophenschutzes wurde ebenfalls vorsorglich in Bereitstellung gehalten.

Bei Eintreffen der ersten Einsatzkräfte an der Brandstelle stand das gesamte Bahn-Depot des Deutschen Bahnmuseums in Vollbrand. Das in Form eines Halbkreises konstruierte, etwa 130 Meter lange Gebäude – unter Eisenbahnern als „Lokschuppen“ bezeichnet –, dessen Holzdachkonstruktion sowie die dort abgestellten Schienenfahrzeuge brannten in voller Ausdehnung (rund 3.900 m²). Akut von der Hitzestrahlung bedroht waren ebenfalls weitere, im Nahbereich des Depots geparkte Schienenfahrzeuge sowie angrenzende Betriebsgebäude und -einrichtungen, darunter ein Lager mit Gasflaschen, ein Heizöllager, ein Eisenbahnwaggon mit Gasflaschen und eine Transformatorenstation (2 × 20 kV).

Das Firmenmuseum der Deutschen Bahn AG

Einst war es das „Königlich-Bayerische Eisenbahnmuseum“, seit Juli 1996 betreibt die Deutsche Bahn AG die Einrichtung als Firmenmuseum zur Bahngeschichte[4].

Das Brandobjekt, ein mehr als 100 Jahre altes und mit 25 Toren für den Schienenverkehr versehenes Hallengebäude (Eisenbahn-Lokschuppen)[5], lag als Depot für historische Schienenfahrzeuge und Geräte des Deutschen Bahnmuseums im Nürnberger Stadtteil Gostenhof[6] an der Bahnlinie Nürnberg-Würzburg beziehungsweise im Kreuzungsbereich der Maximilianstraße (Westring, Bundesstraße 4) und der Autobahn 73 (Nürnberg-Bamberg, Frankenschnellweg).

Untergebracht waren hier unter anderem über 20 restaurierte und fahrbereite historische Eisenbahnfahrzeuge (Loks, Waggons), zum Beispiel die letzte Dampflok der Deutschen Bundesbahn[7], ein elektrischer Kleinprofil-Triebwagen der Berliner U-Bahn[8], und nicht zuletzt der originalgetreue und fahrbereite Nachbau des legendären „Adler“, der ersten deutschen Lokomotive, die am 7. Dezember 1835 auf der Strecke von Nürnberg nach Fürth fuhr.
Das Bahn-Museum galt in Fachkreisen international als die zweitgrößte Sammlung von historischen Eisenbahn-Fahrzeugen. Hier befanden sich zudem auch zahlreiche wertvolle Kleinteile wie Zugschilder und historische Dokumente.

Das Depot diente primär als Aufbewahrungsort für Schienenfahrzeuge, während sich das Hauptmuseum mit einer ständigen Ausstellung in der Innenstadt von Nürnberg befindet.

Das Depot sowie weitere mehrstöckige Betriebsgebäude, Lager und Werkstätten lagen auf dem Werksgelände des DB-Regio-Betriebswerkes Nürnberg 1 (ca. 60.000 m² Gesamtfläche). Zugänge beziehungsweise

[1] Integrierte Leitstelle Nürnberg: Berufsfeuerwehr Nürnberg, Feuerwache 4, Regenstraße 4. Die Leitstelle ist zuständig für die Bereiche Stadt Nürnberg, Landkreis Nürnberger Land, Stadt Fürth, Landkreis Fürth, Stadt Erlangen, Landkreis Erlangen-Höchstadt.

[2] Berufsfeuerwehr Nürnberg, Feuerwache 1: Reutersbrunnenstraße 24

[3] Bereitstellungsraum Maximilianstraße

[4] DB-Museum: Seit Februar 2007 offiziell „Firmenmuseum der Deutschen Bahn AG“.

[5] Eisenbahn-Lokschuppen (Museumsdepot): Ausmaße ca. 130 × 30 m, nicht unterteilte Grundfläche ca. 3.900 m². 25 Tore, anfahrbar über eine Schienen-Drehscheibe. Skelett-Bauweise mit gemauerten Stützen, rückwärtige Mauerwerksausfachung, stellenweise Stahlträger, Holzbinder-Dachkonstruktion, Dacheindeckung aus bituminösen Baustoffen. Keine Brandschutzeinrichtungen (z. B. Sprinkler, Brandwände).

[6] Nürnberger Stadtteil Gostenhof: südwestlich der Nürnberger Altstadt, ca. 24.100 Einwohner, ca. 52,00 Hektar. Die Feuerwache 1 der Berufsfeuerwehr Nürnberg (ca. ein Kilometer von der Brandstelle) liegt in der Gostenhofer Reutersbrunnenstraße.

[7] Letzte Dampflok der Deutschen Bundesbahn: „23 105“, Baujahr 1959.

[8] Kleinprofil-Triebwagen U-Bahn Berlin: „TW 201“, Baujahr 1913.

Zufahrten zum Gelände befinden sich an der Georg-Hennch-Straße (westlich des Bahngeländes) sowie an der Kreuzung Maximilianstraße/Adam-Klein-Straße (nördlich des Bahngeländes). Auf dem Werksgelände befinden sich zahlreiche Schienenstränge, auf denen Loks und Waggons zu den Depots und Werkshallen rangiert werden. Das Gelände ist von mehrgeschossiger Wohnbebauung und Gewerbeobjekten umgeben.

Eine der Bahn unterstellte Werkfeuerwehr ist nur für den etwa fünf Kilometer entfernten Rangierbahnhof zuständig, nicht jedoch für das DB-Betriebswerk Nürnberg 1.

Die Feuerwehr Nürnberg

Die Stadt Nürnberg verfügt über eine Berufsfeuerwehr sowie über elf Freiwillige Feuerwehren im Stadtgebiet. Die Wehren sind zuständig für eine Fläche von rund 186 km² mit einer Ausdehnung von etwa 25 × 21 Kilometern. Die Einwohnerzahl beträgt dort rund 490.000. Gefahrenschwerpunkte befinden sich unter anderem

Im rückwärtigen Bereich des „Lokschuppens" erfolgte der Löschangriff über das Tanklöschfahrzeug (TLF 24/50). Weitere Löschgruppenfahrzeuge (LF 16/12) standen an der westlichen Betriebszufahrt unter der Brücke der Maximilianstraße im Einsatz.

am Flughafen, am Binnenhafen, auf den Autobahnen und Bundesstraßen sowie im Bereich von Industriebetrieben und Tanklagern.

Die insgesamt 385 Einsatzbeamte sowie 45 Angestellte und Arbeiter der Berufsfeuerwehr Nürnberg sind auf fünf Feuerwachen verteilt. Neben den grundsätzlichen Aufgaben (u. a. Brandschutz, Technische Hilfeleistung) ist jede einzelne Feuerwache für einen fachlichen beziehungsweise einsatztaktischen Schwerpunkt ausgestattet. So ist die Feuerwache 1 (Wache West: Reutersbrunnenstraße, Stadtteil Gostenhof) speziell zuständig für Logistik, Messtechnik und Strahlenschutz, die Feuerwache 2 (Wache Ost: Veilhofstraße, Stadtteil Veilhof) ist speziell zuständig für die Höhenrettung, die Feuerwache 3 (Wache Mitte: Jakobsplatz, Bereich Altstadt) für Umweltschutzeinsätze, die Feuerwache 4 (Wache Süd: Regenstraße, Stadtteil Maiach/Hafen) ist Sitz der Feuerwehrführung sowie der Leitstelle und Standort für schweres technisches Gerät und die neueste Feuerwache 5 (Wache Südost/Messe, Karl-Schönleben-Straße, Stadtteil Langwasser) behandelt speziell Stabsaufgaben im Rahmen des Katastrophenschutzes. Die elf Freiwilligen Feuerwehren der Stadt Nürnberg[9] verfügen über rund 600 ehrenamtlich tätige Feuerwehrangehörige in 18 Ortsteilen (Gerätehäuser) im Stadtgebiet.

Jährlich rücken Nürnbergs Feuerwehren etwa 4.200 Mal zu Einsätzen aus.

Der Ersteinsatz: Umfassender Löschangriff

Die ersteintreffenden Kräfte der Berufsfeuerwehr Nürnberg, unterstützt von der Werkfeuerwehr des nahegelegenen Großhandelskonzerns „Quelle“, führten sofort einen umfassenden Löschangriff[10] gegen den sich ausbreitenden Großbrand.

Als problematisch erwiesen sich dabei die Zufahrtsmöglichkeiten für die Löschfahrzeuge, da das umliegende Gelände aufgrund der dort befindlichen Schienen von Kraftfahrzeugen nicht befahren werden konnte. Geräte und Löschmaterialien mussten somit von den Löschfahrzeugen aus transportiert beziehungsweise Schlauchleitungen über weitere Strecken gelegt werden.

Parallel zu den hauptsächlichen Löschmaßnahmen erfolgte der Schutz sowohl von Gebäuden auf dem Betriebsgelände als auch der Schutz von wertvollen Schienenfahrzeugen im Außenbereich des Depots. Insbesondere der im „Lokschuppen“ stehende und von den Flammen akut bedrohte „Adler“[11] wurde gesondert mit Löschwasser abgeschirmt und gekühlt. Andere fahrbereite Schienenfahrzeuge im Außenbereich des Lokschuppens konnten durch DB-Personal aus dem unmittelbaren Gefahrenbereich meist noch rechtzeitig herausgefahren werden.

Durch Funkenflug und Flugfeuer wurden in einer Umgebung von mehreren 100 Metern Folgeschäden verursacht. Einheiten der Freiwilligen Feuerwehr

[9] Freiwillige Feuerwehren in Altenfurt, Boxdorf, Brunn, Fischbach, Großgründlach, Katzwang, Kornburg, Moorenbrunn, Neunhof und Worzeldorf mit den Löschzügen Almoshof, Buch, Buchenbühl, Eibach, Gartenstadt, Höfles, Laufamholz und Werderau.

[10] Erstangriff: 5 B-Rohre, 9 C-Rohre, 2 Wenderohre, Monitor des TLF 24/50

[11] Historische Dampflokomotive „Adler“: Im Jahr 1835 vom britischen „Eisenbahn-Pionier“ Robert Stephenson konstruiert und gebaut. Erste in Deutschland zwischen Nürnberg und Fürth gefahrene Eisenbahn. Im Jahr 1857 verschrottet. Ein originalgetreuer und fahrbereiter Nachbau des „Adlers“ und seiner Passagier-Waggons wurde 1935 zum 100-jährigen Jubiläum der Eisenbahn in Deutschland erstellt und im Verkehrsmuseum Nürnberg ausgestellt.

Auf beiden Bildern: Der Löschangriff über die Drehleiter (DLK 23-12) im südwestlichen Bereich des “Lokschuppens“.

Einige der vor dem „Lokschuppen" abgestellten Schienenfahrzeuge konnten frühzeitig aus dem Gefahrenbereich genommen werden, andere wiederum wurden von den Flammen und der Hitze erheblich in Mitleidenschaft gezogen.

wurden mit der Erkundung des südwestlichen Wohn- und Industriegebietes beauftragt, um dort Folgebrände möglichst schnell entdecken und löschen zu können.

Eine besondere Gefahr für die Einsatzkräfte stellten die auf dem Bahngelände gelagerten Gasflaschen dar. Innerhalb kurzer Zeit detonierten „bombenartig" mehrere Druckgasflaschen, darunter Azetylen-, Sauerstoff- und Flüssiggasflaschen.

Als zusätzliches Brandpotenzial erwiesen sich beispielsweise die Treibstofftanks der im „Lokschuppen" abgestellten Schienenfahrzeuge (Dieselloks) sowie die in den Dampflokomotiven befindlichen Kohlevorräte.

Die eingesetzten Einsatzkräfte waren zudem durch die sehr intensive Wärmestrahlung von Anfang an erheblichen körperlichen Anstrengungen ausgesetzt, so dass baldmöglichst für Getränke und Verpflegung gesorgt werden musste.

Aufgrund erheblicher Rauchentwicklung, Funkenflug, Asche-Ablagerungen auf den Fahrbahnen und der Anfahrt weiterer Einsatzeinheiten (unter anderem Freiwillige Feuerwehren, Berufsfeuerwehr Fürth, Technisches Hilfswerk/THW, Rettungsdienst) wurde der Fahrzeugverkehr auf den Hauptverbindungsstraßen des nordwestlichen Stadtgebiets erheblich eingeschränkt. Die Autobahn 73 (Frankenschnellweg) wurde zeitweilig für den gesamten Fahrzeugverkehr gesperrt.

Auch der Zugverkehr auf der an der Brandstelle vorbeiführenden Bahnlinie Nürnberg-Würzburg musste anfangs gänzlich eingestellt werden. Auf Betreiben der DB-Fahrdienstleitung konnten die Züge jedoch trotz des laufenden Einsatzes später die Einsatzstelle wieder „in moderater Geschwindigkeit" passieren.

Bereits in der Anfangsphase des Großeinsatzes wurden insgesamt über 20 Angriffstrupps der Berufsfeuerwehr unter Atemschutz eingesetzt. Der umfassende Löschangriff erfolgte über Tank-/Löschfahrzeuge (u. a. LF 16/12, TLF 24/50)[12] sowie über zwei Drehleitern (DLK 23-12). Bei den Löscharbeiten wurden bis zu 13.000 Liter Löschwasser pro Minute eingesetzt.

Des Weiteren kamen insgesamt rund 2.500 Liter Schaummittel der Löschfahrzeuge und des Abrollbehälter-Schaummitteltanks (AB) sowie mehrere Schaumrohre zum Einsatz.

[12] LF 16/12 und TLF 24/50: je zwischen 1.600 und 5.000 Liter Löschwasser

Am Tag danach: Ein Blick auf den ausgebrannten „Lokschuppen“ mit den Wracks der dort untergebrachten Schienenfahrzeuge. Davor die Drehscheibe und die Zufahrten zu den einzelnen Standplätzen.

Der Einsatz: Weitere Maßnahmen

Aufgrund der Großschadenslage kamen in Folge nicht nur ein Großteil der Kräfte der fünf Nürnberger Berufsfeuerwachen, sondern auch 16 von 18 Freiwillige Feuerwehren aus Nürnberg zum Einsatz.

Einberufen wurden zudem die dienstfreien Kräfte der Berufsfeuerwehr, um für weitere Einsätze im Zuständigkeitsbereich ausreichende Einheiten vorhalten zu können. Auch die vorsorgliche Bereitstellung von zusätzlichen Freiwilligen Feuerwehren aus dem Stadtgebiet erwies sich vorausschauend als richtig, da im Laufe der Nacht noch weitere Einsätze im Stadtgebiet Nürnberg zu bewältigen waren (unter anderem ein Wohnungsbrand mit Menschenrettung in Worzeldorf, ein schwerer Verkehrsunfall in Schweinau sowie drei Auslösungen von automatischen Brandmeldeanlagen).

Die Einsatzleitung wurde nördlich der Brandstelle an der Maximilianstraße eingerichtet. Die Berufsfeuerwehr Nürnberg bediente sich ihres Einsatzleitwagens (ELW 3), der „Unterstützungsgruppe Örtliche Einsatzleitung“ (UH-ÖEL) sowie eines weiteren Einsatzleitwagens (ELW 1) unmittelbar an der Zufahrt zum Brandobjekt. Das THW stellte seinen Führungs- und Kommunikationskraftwagen (FüKomKw) und das Bayerische Rote Kreuz (BRK) seinen Einsatzleitbus zur Verfügung.

Eingebunden in die gemeinsame Einsatzleitung waren – neben den beteiligten Hilfsorganisationen – auch die Vertreter der „Deutschen Bahn AG“, der „DB-Regio AG Mittelfranken“ (als „Hausherr“ des Brandobjektes), die „DB-Notfall-Leitstelle“ in München (telefonisch), der Notfallmanager der Bahn, die Pressesprecher der Feuerwehr und der „Deutschen Bahn“ (DB) sowie die Bundespolizei (zuständig im Bahngelände), die Landespolizei und die Kriminalpolizei (teilweise in eigenen Zuständigkeiten und Kompetenzen).

Die mit über 50 Beamten eingebundene zuständige Polizeiinspektion Nürnberg-West kooperierte mit der Feuerwehr-Einsatzleitung über eine nur etwa 200 Meter vom ELW 3 entfernt liegende Wache.

Bei dem Großbrand des DB-Museumsdepots erlebte die Berufsfeuerwehr Nürnberg die bisher umfangreichste Medienpräsenz der vergangenen Jahrzehnte. Somit machten die zahlreiche Anfragen an die Einsatzleitung bereits frühzeitig die Einrichtung einer Pressestelle erforderlich. Auch in den Folgetagen war die

Pressestelle durch das überregionale Medieninteresse stark ausgelastet. Feuerwehr-Pressesprecher und der Pressesprecher der Deutschen Bahn AG kooperierten dabei eng miteinander.

Unterstützt wurden die Feuerwehren vom Technischen Hilfswerk (THW) aus Nürnberg. Das THW stellte zehn Einsatzfahrzeuge mit rund 30 Kräften zur Verfügung und nahm unter anderem die Ausleuchtung der Einsatzstelle vor, unterstützte bei der Materiallogistik, bei der Bereitstellung von Kommunikationstechnik, bei der Sicherstellung dringender Materialtransporte und nicht zuletzt bei der Beurteilung der Bausubstanz des einsturzgefährdeten Brandobjektes.

Zur vorsorglichen notfallmedizinischen und sanitätsmäßigen Absicherung der Einsatzkräfte – insbesondere aufgrund der permanenten Einsturzgefahr des Brandobjektes und der Explosionsgefahren durch Gasflaschen und Treibstofftanks – wurden durch die Einsatzleitung insgesamt zwölf Rettungs- und zwei Krankentransportwagen (RTW, KTW) sowie die Schnelleinsatzgruppen (SEG) „Sanität", „Betreuung" und „Wasserwacht" in Bereitschaft gehalten. Zudem standen an der Einsatzstelle ein „Leitender Notarzt" (LNA) und der „Organisatorische Leiter Rettungsdienst" (OrgL) zur Verfügung.

Während des Einsatzes waren letztendlich lediglich leichtere Verletzungen eines Feuerwehrangehörigen sowie bei zwei Bahnmitarbeitern zu beklagen.

Das Einsatzende

Nachdem der Großbrand gegen 23.30 Uhr unter Kontrolle gebracht werden konnte, gelang es den Feuerwehren gegen 04.00 Uhr am Morgen des Dienstags (17. Oktober 2005), das Feuer weitgehend zu löschen. Darüber beschäftigten Folgebrände und Nachlöscharbeiten die Feuerwehr Nürnberg noch zwei weitere Tage, so dass erst am 19. Oktober 2005 um 10.00 Uhr das endgültige Einsatzende gemeldet werden konnte.

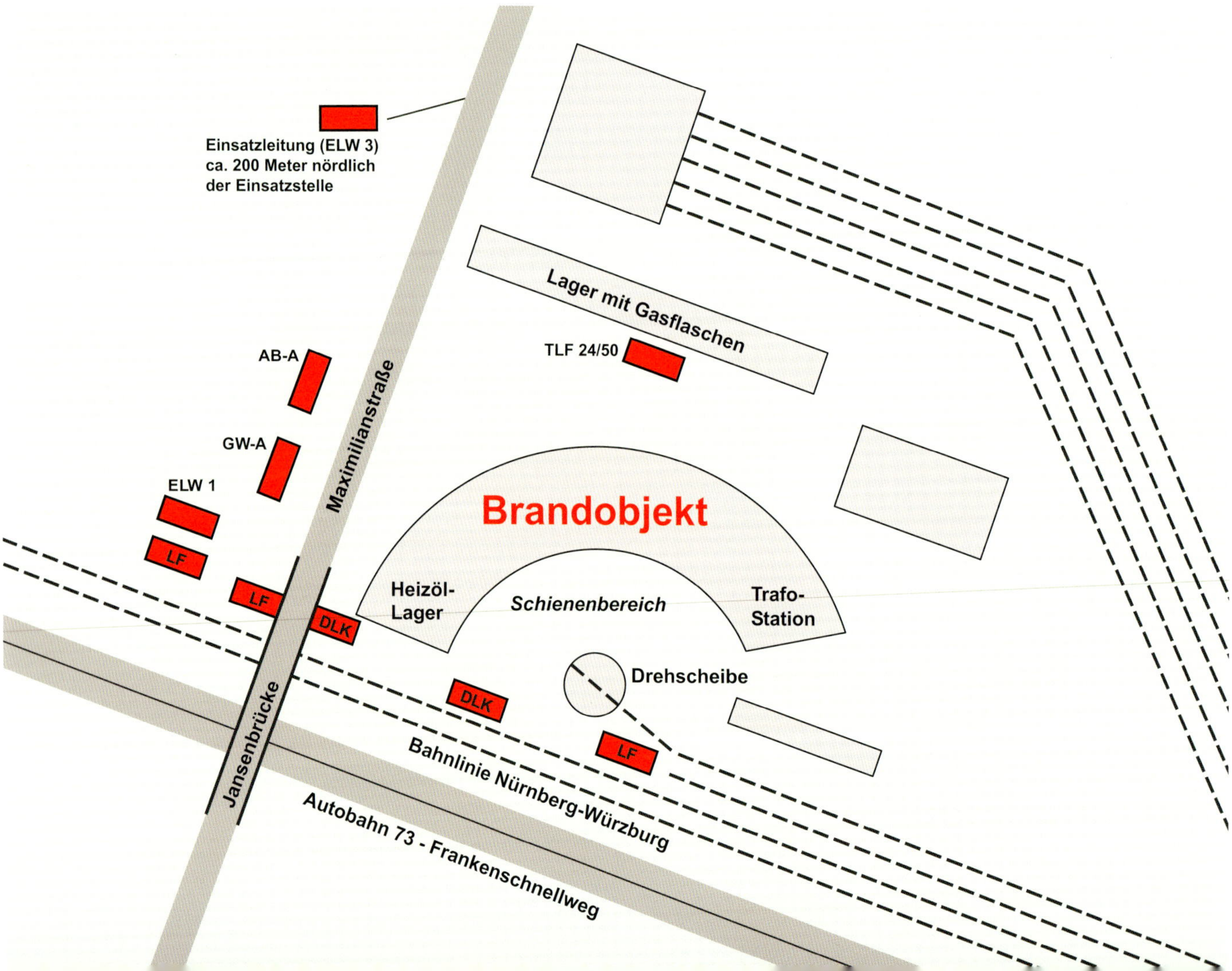

Skizze:
Die nicht maßstäbliche Skizze bietet eine ungefähre Übersicht über das Brandobjekt (halbkreisförmiger Lokschuppen) und einen Teil der eingesetzten Löschfahrzeuge. Die gestrichelten Linien stellen Schienenbereiche dar. Die roten Rechtecke bezeichnen Fahrzeuge der Feuerwehr.
ELW: Einsatzleitwagen (Größenordnung 1 und 3),
LF: Löschgruppenfahrzeug,
GW/AB-A: Gerätewagen/Abrollbehälter-Atemschutz,
DLK: Drehleiter mit Arbeits- und Rettungskorb,
TLF 24/50: Tanklöschfahrzeug (5000 l Löschwasser).

Trotz des immensen Schadens war der massive Löschangriff der Feuerwehr Nürnberg von Erfolg gekrönt: Die unmittelbar an den Lokschuppen angrenzenden und weitere auf dem Bahngelände befindlichen Gebäude sowie einige Schienenfahrzeuge konnten vor den Flammen bewahrt werden.

Noch in der Nacht nahmen die Bundespolizei, das Landeskriminalamt (LKA) und die Kriminalpolizei (Kommissariat 12: Brandfahndung) ihre Ermittlungen an der Brandstelle auf. Trotz intensiver Untersuchungen der Schadensstelle brachten die Ermittlungen keine Erkenntnisse zur Brandursache.

Der Schaden wurde auf „mindestens zwei Millionen Euro“ geschätzt, wegen der Einzigartigkeit der zerstörten Ausstellungsobjekte konnten Schadenssummen aber nur mit Vorbehalt beziffert werden.

Der Großbrand war vermutlich nach Schweißarbeiten auf dem Dach des Lokschuppens ausgebrochen. Allerdings wurde ein Ermittlungsverfahren gegen die an den Arbeiten beteiligten Handwerker zwischenzeitlich eingestellt, da ihnen die Staatsanwaltschaft eine Verantwortung für den Brand letztendlich nicht nachweisen konnte.

Nach ersten Feststellungen des Firmenmuseums der Deutschen Bahn AG wurde etwa ein Fünftel des an verschiedenen Standorten über 120 Fahrzeuge umfassenden Museumsbestandes zerstört oder beschädigt.

Die Rückkehr des „Adlers“

Bereits kurz nach dem Brand zog der Vorstand der Deutschen Bahn AG eine Wiederherstellung einiger der verbrannten und beschädigten Exponate in Erwägung – insbesondere die Wiederherstellung der historischen Dampflokomotive „Adler“. Dieses Ansinnen wurde zugleich von zahlreichen Eisenbahnfreunden und Organisationen ideell sowie finanziell unterstützt.

Das schwer beschädigte Wrack des „Adlers“ wurde am 7. November 2005 aus dem zerstörten Depot geborgen und ins Dampflokwerk Meiningen (Thüringen) zur Restaurierung gebracht.

Zwei Jahre nach dem verheerenden Großbrand im Depot des DB-Bahnmuseums ist die historische Lokomotive „Adler“ wieder in Nürnberg präsent. Vom Dampflokwerk Meiningen aus, wo der einst originalgetreue und funktionstüchtige Nachbau in mühevoller Arbeit restauriert wurde, wurden die im Original von der Lokomotivfabrik Robert Stephenson erbaute Dampflok sowie zwei Personen-Waggons am 22. November 2007 wieder ins Nürnberger Bahnmuseum überführt. Die Kosten für die Restaurierung betrugen rund eine Million Euro.

Bild links:
Wertvolle Exponate aus der Geschichte des Eisenbahnwesens wurden beim Großbrand im Oktober 2005 unwiederbringlich zerstört.

Bild rechts:
„Das Leiden des Adlers!“ – auch die weltbekannte historische Dampflokomotive „Adler“ aus dem Jahre 1835 verbrannte völlig. Zwischenzeitlich konnte das Wrack restauriert und im November 2007 im Nürnberger Bahnmuseum wieder der Öffentlichkeit präsentiert werden.

20. Mai 1992:
„Flashover" in einem Gewerbeareal

Gefährliche Durchzündung – Vollbrand

Vorwort
Brände sind immer gefährlich – für die vom Feuer Betroffenen genauso wie für die Einsatzkräfte der Feuerwehr, die Löschmaßnahmen vornehmen müssen. Und je größer ein Brand ist, umso gefährlicher ist er in der Regel. Gebäudebrände, Industriebrände oder Brände in weitläufigen Gewerbeeinrichtungen wie Kaufhallen oder Supermärkten haben in der jüngsten Vergangenheit immer wieder ihr unheimliches Gefahrenpotenzial offenbart.
Wer nun aber glaubt, nur Großbrände sind gefährlich, der irrt! Selbst kleine Wohnungs- oder Zimmerbrände können zum „flammenden Inferno" werden, wenn dort bestimmte Bedingungen für ein Ausbreiten der Flammen gegeben sind. Die Bildung von Rauchgasen in brennenden Räumlichkeiten und deren schlagartige Durchzündung – der sogenannte „Flashover" – ist ein Brandphänomen, vor dem sich Einsatzkräfte der Feuerwehr mit Recht fürchten.
Im Verlauf der Löscharbeiten bei einem Hallen-Großbrand in der Bodensee-Stadt Radolfzell ist es zu einem solchen „Flashover" gekommen. Der nachstehende Beitrag beschreibt den Verlauf des spektakulären Feuerwehreinsatzes, der so oder ähnlich auch heute noch jederzeit Realität werden kann.
Der Autor Wolfgang Jendsch war zum Zeitpunkt des Brandereignisses als Pressesprecher des Kreisfeuerwehrverbandes (KFV) Konstanz und des DRK-Kreisverbandes Konstanz sowie für die Einsatzdokumentation im Landkreis Konstanz zuständig.

Es war gerade einmal eineinhalb Stunden nach Mitternacht, als die Funkmeldeempfänger die „Einsatzkräfte Nacht" (Nachtschleife 203) der Feuerwehr Radolfzell unsanft aus dem Schlaf rissen. Niemand ahnte zu diesem Zeitpunkt, dass sich der durch Brandstiftung entfachte Brand in den Räumlichkeiten eines Gewerbebetriebes zu einem der ausgedehntesten und spektakulärsten Großbrände am Bodensee entwickeln sollte, bei dem es zudem zu einem der gefürchteten „Flashover" (Feuerüberschlag, Rauchgasdurchzündung) kommen sollte.

Bei Eintreffen des Löschzuges der Feuerwehr stand bereits ein Großteil des weitläufigen Verkaufsareals in Vollbrand. Ein „Flashover" setzte später den gesamten Gebäudekomplex in Brand. Trotzdem gelang es den Einsatzkräften, ein unmittelbar benachbartes mehrstöckiges Einrichtungshaus, eine angrenzende Tankstelle sowie Einrichtungen im benachbarten Industriegebiet vor dem Übergreifen der Flammen zu schützen.

Wenngleich dieser Großbrand bereits im Jahr 1992 stattfand, so dürfte der Ablauf des Einsatzes aus den vorgenannten Gründen doch auch heute noch von Interesse sein. Zu berücksichtigen dabei ist lediglich die damalige (Fahrzeug)Ausstattung der Feuerwehren, die sich mittlerweile selbstverständlich wesentlich geändert hat und erweitert wurde.

Große Kreisstadt Radolfzell/Bodensee

Als beliebte und gern besuchte Hafenstadt am westlichen Ausläufer des Bodensees (Zeller See) ist Radolfzell weit über die Grenzen Baden-Württembergs bekannt. Mit einer Gesamtfläche von rund 59 km² liegt die "Große Kreisstadt" im Landkreis Konstanz unweit der Schweizer Grenze. Im Rahmen der Gemeindereform ab dem Jahre 1974 wurden die bis dahin eigenständigen Gemeinden und Dörfer Böhringen, Stahringen, Güttingen, Liggeringen, Möggingen und Markelfingen nach Radolfzell eingemeindet. Somit liegt die Gesamtzahl der Einwohner Radolfzells heute bei rund 30.235.

Wenngleich die kleine Stadt nahezu am südlichsten Ende Deutschlands liegt, erweist sich ihre Lage am internationalen Bodensee doch durchaus als zentral. Rund 55 Kilometer beträgt die Entfernung (Luftlinie) beispielsweise nach Zürich in der benachbarten Schweiz, die Fahrt nach Stuttgart erfordert eine Strecke von etwa 115 Kilometern und die Entfernung nach München beträgt rund 200 Kilometer.

Radolfzell ist Sitz der für den Landkreis Konstanz zuständigen „Integrierten Leitstelle Konstanz" (Träger: Deutsches Rotes Kreuz/DRK). Die Stadt verfügt über eine kommunale Feuerwehr, über das Deutsche Rote Kreuz (DRK) mit einer Rettungswache (heute: DRK-Rettungsdienst GmbH) und einem Ortsverein (Bereitschaft), über einen Standort des Technischen Hilfswerks (THW) mit einem Bergungszug und – als Stadt am See – über die Deutsche Lebensrettungs-Gesellschaft (DLRG) mit einem Wasserrettungsstützpunkt.

Die Feuerwehr Radolfzell/Bodensee

Die Feuerwehr Radolfzell ist zuständig für den Bereich der Großen Kreisstadt Radolfzell[1]. Als Stützpunktfeuerwehr[2] ist sie darüber hinaus im Rahmen der Überlandhilfe zuständig für die Verkehrsunfallrettung,

[1] Große Kreisstadt Radolfzell/Bodensee: Landkreis Konstanz, Regierungsbezirk Freiburg, 5.858 Hektar Gemarkungsfläche, rund 30.340 Einwohner (Stand 09/06), Höhenlage 395 bis 675 m über n.N..

[2] Stützpunktfeuerwehr: Feuerwehr mit zusätzlicher gerätetechnischer und fahrzeugtechnischer Ausstattung (zum Beispiel Technische Hilfe, Verkehrsunfallrettung, Wasserrettung, Höhenrettung, Umweltschutz; Geräte- und Rüstfahrzeuge, Drehleiter) sowie für überörtliche unterstützende Einsätze (Überlandhilfe).

den Brand- und Umweltschutz bei größeren und/oder besonderen Schadensereignissen sowie für die Technische Hilfeleistung in den Gemeinden Moos, Gaienhofen und Öhningen (insgesamt rund 10.000 Einwohner), für die Bundesstraße 33-neu und für einen Abschnitt der Autobahn 81.

Der Ölwehrstützpunkt Radolfzell[3] der Feuerwehr ist zuständig für ein festgelegtes Einsatzgebiet am und auf dem Bodensee sowie auf dem Rhein im Bereich der Gemeinden Gailingen und Büsingen. Im Rahmen der Überlandhilfe erfolgt hier ein Einsatz bei entsprechenden nationalen und internationalen Schadensereignissen für alle Bodenseeanrainer-Staaten (Deutschland, Österreich, Schweiz) auf dem und am Gewässer.

Organisatorisch besteht die Feuerwehr Radolfzell aus den Abteilungen Kernstadt (tagsüber hauptamtlich besetzte Wache, Gerätehaus) sowie aus den Abteilungen in den Radolfzeller Ortsgemeinden (je ein Feuerwehrhaus). Taktisch stehen in der Kernstadt zwei Löschzüge, ein Umweltschutz/Gefahrgutzug und ein Ölwehrzug zur Verfügung. Die sechs Orts-Abteilungen verfügen jeweils über Löschgruppen und bilden kooperativ bei Bedarf weitere Löschzüge.

Personell besteht die Wehr heute aus sechs hauptamtlichen Mitarbeitern (u. a. Kommandant, feuerwehrtechnische Mitarbeiter, Sekretariat) und rund 250 freiwilligen Feuerwehrangehörigen (dazu Jugendfeuerwehr-Gruppen mit insgesamt 110 Mitgliedern und eine Altersabteilung mit rund 100 Mitgliedern).

Die Abteilungen und Züge verfügen insgesamt über rund 40 Einsatzfahrzeuge (einschließlich Anhänger, Boote und Abrollbehälter).

„Flashover" – Eine Begriffsbestimmung

In der Ausbildung der Feuerwehren sowie in der Öffentlichkeit wird der Begriff „Flashover" (Feuersprung, Feuerüberschlag) nicht selten mit dem Begriff „Rauchgasdurchzündung" (englisch: „Rollover") gleichgesetzt beziehungsweise beide Begriffe unter dem „Flashover" zusammengefasst. In der Tat handelt es sich jedoch um unterschiedliche Ereignisse mit unterschiedlichen Ursachen, Abläufen und Auswirkungen. Ein weiterer Begriff in diesem Zusammenhang ist die „Rauchgas-Explosion" (Backdraft).

Die nachstehenden Definitionen machen die Unterschiede der Brandentwicklungen deutlich.

- Bei der „Rauchgasdurchzündung" (Rollover) handelt es sich um das plötzliche Durchzünden von durch Hitzeeinwirkung oder Verbrennung in geschlossenen Räumen gebildeten Pyrolyse-Gasen. Bei ausreichendem Vorhandensein von brennbaren Pyrolyse-Gasen in der Rauchschicht sowie von genügend Sauerstoff im Raum findet eine Durchzündung der Rauchschicht statt.
- Beim „Flashover" handelt es sich um einen durch das Verbrennen und Entzünden der aus brennbaren Oberflächen innerhalb eines geschlossenen Raumes ausgetretenen Pyrolyse-Gase ausgelösten Übergang eines Entstehungsbrandes zum Vollbrand. Für diesen Vorgang steht in den betreffenden Räumlichkeiten ausreichend Sauerstoff zur Verfügung.
- Ein „Backdraft" (Rauchgasexplosion) basiert grundsätzlich auf den gleichen Voraussetzungen wie ein(e) Feuerüberschlag/Rauchgasdurchzündung („Flashover", „Rollover"). Allerdings fehlt es im Rahmen der Brandvoraussetzungen am Sauerstoff. Durch den Sauerstoffmangel bilden sich die Flammen zurück und es entstehen Glutnester. Die Rauchgase sammeln sich in Räumlichkeiten im Deckenbereich. Wird unter diesen Bedingungen Sauerstoff in den Brandraum geleitet (z. B. durch das Öffnen von Türen und Fenstern), kommt es zur Vermischung mit den Rauchgasen, die sich dann an den Glutnestern entzünden können. Die Folge ist eine Rauchgasexplosion.

Die Phänome „Rauchgasdurchzündung" (Rollover) und „Flashover" treten in entsprechenden Zeitverläufen sowie bei den entsprechenden Brandvoraussetzungen bei jedem größeren Brand in geschlossenen Räumen auf, der die Entstehungsphase überschreitet.

Erstalarmierung

Über die Schleife 203 („Einsatzkräfte Nacht", 30 Einsatzkräfte) alarmierte die „Integrierte Leitstelle Konstanz"[4] in Radolfzell am Mittwoch, dem 20. Mai 1992 um 01.32 Uhr die Feuerwehr Radolfzell zu einem „Gebäudebrand in der Zeppelinstraße", so das Alarmierungsstichwort der Leitstelle. Nach der damals gültigen „Allgemeinen Alarm- und Ausrückordnung" (AAO)[5] der Feuerwehr Radolfzell fuhr der Löschzug mit dem Lösch-

[3] Ölwehr: Einheiten der Feuerwehr rund um den Bodensee (Deutschland, Österreich, Schweiz) zur nationalen und internationalen Schadensabwehr im Rahmen der Überlandhilfe für alle Bodenseeanrainer-Staaten. Der Ölwehrstützpunkt Radolfzell ist zuständig für ein festgelegtes Einsatzgebiet am und auf dem Bodensee sowie auf dem Rhein im Bereich der Gemeinden Gailingen und Büsingen.

[4] Die „Integrierte Leitstelle" („Leitstelle Konstanz" in Radolfzell: Rettungs- und Feuerwehrleitstelle in Trägerschaft des Deutschen Roten Kreuzes) ist zuständig für die Alarmierung und Koordination aller Hilfs- und Rettungseinsätze (Rettungsdienste DRK, JUH, ASB, MHD sowie Feuerwehren, DLRG, THW, Luftrettung) im Landkreis Konstanz.

[5] „Brandeinsatz" (Alarmstichwort, 1. Abmarsch) nach der heutigen „Alarm- und Ausrückeordnung" (AAO): Kommandowagen (KdoW), Löschgruppenfahrzeug (LF 16/12), Drehleiter (DLK 23-12 SE), Tragkraftspritzenfahrzeug-Wasser (TSF-W/Kleintanklöschfahrzeug).

gruppenfahrzeug (LF 16)[6], der Drehleiter (DLK 23-12 SE)[7] und dem Tanklöschfahrzeug (TLF 16/25)[8] innerhalb weniger Minuten die etwa einen Kilometer vom Feuerwehrhaus der Kernstadt entfernte Einsatzstelle an.

Erste Lagefeststellung

Bereits beim Eintreffen des LF 16 (1.38 Uhr) erkannte der Gruppenführer aufgrund der vorgefundenen und eindeutigen Lage, dass die zunächst alarmierten Einsatzkräfte nicht ausreichen würden. Aufgrund einer starker Brandintensität im Bereich eines Verkaufsmarktes („Warenbörse"), einem Branddurchbruch im Bereich der Dachhaut des weitläufigen Hallenkomplexes sowie im Bereich des oberen Teils der östlichen Wand, verbunden mit starker Wärmestrahlung, veranlasste er die ergänzende Anforderung der „Ersteinsatzkräfte Tag" (32 Einsatzkräfte) und der „Verstärkung" (23 Einsatzkräfte) über die Schleifen 202 und 204.

Beschreibung des Brandobjektes

Bei dem im Radolfzeller Gewerbegebiet „Lippenwiesen" (Gewerbegebiet West) gelegenen Brandobjekt handelte es sich um einen rund 100 Meter langen und 50 Meter breiten Gebäudekomplex, dessen Höhe zwischen fünf (Seitenbereiche) und zehn Metern (Mitteltrakt) schwankte. Die Bauweise konnte als „geschlossen und in sich verschachtelt" bezeichnet werden.

Entstanden ist der Gebäudekomplex, der bis 1992 von unterschiedlichen Firmen und Gewerbebetrieben als Verkaufs- und Lagerräume, Büros, Werkstätten sowie als Gaststätte mit „Spielothek" genutzt wurde, aus einer ehemaligen Zimmerei, deren Vordächer im Laufe der Jahre zu Gebäudeteilen ausgebaut und an die wiederum Vordächer (Holzfachwerk mit Holzfaserplatten) angesetzt wurden.

Im Innenbereich wurde die weitere Aufteilung mit Leichtbauwänden (Holzständer) ausgeführt. Vereinzelt wurden auch Kalksandsteinmauern als „Brandwände" eingesetzt und deren Öffnungen mit Brandschutztüren gesichert. Ebenfalls nicht den Erfordernissen entsprechend gesichert wurden die Leitungsdurchlässe. Innen- und Außenwände, Bauteile, Decken und Stützen bestanden größtenteils aus Holz, Holzbrettern oder Holzfaserplatten (Feuerwiderstandsklasse „FO")[9].

Für die Brandausbreitung von besonderer Bedeutung war die „Dachlandschaft" des Objektes mit schachbrettartigem Wechsel von Sattel- und Pultdächern, teilweise in unterschiedlichen Höhen. Die vorhandenen Innenwände wie auch die „Brandwände" konnten vom Feuer ungehindert seitlich umgangen werden, da die Außenwände keinen Feuerwiderstand besaßen. Unter der über alle Trennwände hinweggehenden Well-Eternit-Bedachung[10] konnten sich die entstandenen Brandgase schnell und ungehindert im gesamten Gebäudekomplex ausbreiten.

[6] Löschgruppenfahrzeug (LF 16/12): 1.200 l Löschwasser, Feuerlöschpumpe mit einer Leistung von 1.600 l bei 8 bar, Besatzung 1/8.

[7] Drehleiter (DLK 23-12 SE): Automatische Drehleiter der 30-Meter-Klasse (Rettungshöhe 23 m bei einer Ausladung von 12 m; Nennrettungshöhe/-ausladung); SE bedeutet "Soforteinstieg" durch einen nach hinten abgelegten Leiterpark mit Korb.

[8] Tanklöschfahrzeug (TLF 16/25): 2400 l Löschwasser, Feuerlöschpumpe mit einer Leistung von 1.600 l bei 8 bar, Besatzung 1/5.

[9] Feuerwiderstandsklasse (auch: Brandwiderstandsklasse): klassiert das Brandverhalten eines Stoffes/Materials. „FO" bezeichnet ein Bauteil, das seine Funktion im Brandfall weniger als 30 Minuten lang erfüllt.

[10] Well-Eternit: wellenförmiges, asbesthaltiges Material zur Dachabdeckung.

Bei Eintreffen der ersten Kräfte der Feuerwehr stand die Frontseite der „Warenbörse" in Vollbrand (siehe Skizze: Bereich B).

Am Tag danach: Die Zeppelinstraße, rechts im Bild die Ausbruchsstelle des Brandes (siehe Skizze: Bereiche B und C am Ende des Beitrags). Von der Strahlungshitze beeinträchtigt waren auch die Rollläden des Wohnhauses auf der gegenüberliegenden Straßenseite.

Löschwasser für den beschriebenen Gewerbebereich stand aus drei Überflurhydranten im Umkreis von 200 Metern sowie aus dem im Süden verlaufenden Mühlbach zur Verfügung. Dem Bach konnten bei diesem Einsatz jedoch nur etwa 300 Liter pro Sekunde unter erschwerten Bedingungen entnommen werden, da Grabenunterhaltungsmaßnahmen aus Umweltschutzgründen zuvor nur in sehr geringem Umfang durchgeführt wurden. Ein Unterflurhydrant in einer Entfernung von etwa fünf Metern vom Brandobjekt wurde aufgrund der Wärmestrahlung nicht genutzt.

Erste Einsatzmaßnahmen: Riegelstellungen

Durch die Einsatzkräfte des ersten Löschzuges wurden sofort Riegelstellungen[11] zur Verhinderung der Brandausbreitung aufgebaut. Sie erfolgten mit mehreren Strahlrohren an der Südseite des Gebäudekomplexes (Mühlbach) im Bereich der westlichen Begrenzung (Trennwand) der „Warenbörse“ (siehe Skizze A) sowie aus nördlicher Richtung mit mehreren Strahlrohren im Bereich des Zuganges zur „Warenbörse“ (B). Später wurde zudem über dem in Front des Gebäudekomplexes gelegenen Vorbau der „Warenbörse“ (Büro/Lager) ein weiteres Strahlrohr zur Abschirmung des benachbarten Spielsalons („Spielothek“), der dortigen Gaststätte „Zapfhahn“ und des Fliesenfachgeschäftes (C) befestigt. Die Drehleiter wurde in der Zufahrt zum rückwärtigen Gebäudekomplex (Baumarkt, Waschanlage, Tankstelle) postiert, um von dort aus ein Übergreifen der Flammen in den nördlichen Hallenbereich (Gaststätte, Fliesenausstellungs-Räume) zu verhindern.

Diese Riegelstellung wurde später durch die Drehleiter der Freiwilligen Feuerwehr Singen unterstützt.

[11] Riegelstellung: Löschtaktik im Bereich der Brandbekämpfung zur Verhinderung eines Brandes auf andere (benachbarte) Bereiche. Die Riegelstellung erfolgt durch den Einsatz von Löschwasser-Strahlrohren (auch Wasserwerfer oder Löschwasserschilde).

Ein Kraftfahrzeug konnte aus der Garage gefahren und so vor den Flammen bewahrt werden. Das Feuer breitete sich schnell in den hinteren Bereich des Gebäudekomplexes aus (siehe Skizze: Bereiche A und B).

Beim Eintreffen des Kommandanten der Feuerwehr Radolfzell (01.44 Uhr) stand der Bereich der „Warenbörse" bereits in Vollbrand. Zu diesem Zeitpunkt musste von der Gefahr einer Brandausbreitung in alle Richtungen ausgegangen werden. Faktoren dafür waren die Bauweise des Gesamtkomplexes mit zahlreichen Holzzwischenwänden, teilweiser Holzbedachung, unterschiedlich hohen Gebäudekomplexen mit der Gefahr des Feuerüberspringens, verschachtelten Räumlichkeiten, in diesen Bereichen kaum wahrgenommene Maßnahmen zum vorbeugenden Brandschutz sowie der in dieser Nacht verhältnismäßig starke Ostwind.

Brandgase konnten sich unter der durchgängigen Bedachung aus Well-Eternit über die Trennwände ungehindert im gesamten Gebäudekomplex ausbreiten, was später zu einer schlagartigen Durchzündung („Flashover") im kompletten Hallenkomplex führte.

Weitergehende Einsatzmaßnahmen

Unmittelbar nach Übernahme der Einsatzleitung durch den Stadtbrandmeister (StBM) erfolgte die Nachalarmierung (01.46 Uhr) der Radolfzeller Ortsteilwehren/ Abteilungen Böhringen (Tanklöschfahrzeug TLF 16/25), Güttingen (Löschgruppenfahrzeug LF 8), Markelfingen (Löschgruppenfahrzeug LF 8), Möggingen (Löschgruppenfahrzeug LF 8) sowie die Anforderung einer Drehleiter der Freiwilligen Feuerwehr Singen (DLK 23/12).

Die nachrückenden Fahrzeuge wurden an der Westseite des Gebäudekomplexes zur Wasserentnahme und -förderung am Mühlbach (D) platziert und zur Verstärkung der Riegelstellung an der Südseite (A2) eingesetzt.

Aufgrund der enormen Wärmestrahlung – die Jalousien an einem der Brandstelle gegenüberliegenden Wohngebäude waren bereits abgeschmolzen – wurden die Einsatzkräfte, die von der Zeppelinstraße aus die Riegelstellung an der westlichen Trennwand der „Warenbörse" aufgebaut hatten (A, B), zunächst kurzfristig zurückgezogen.

Dies hatte jedoch keinen Einfluss auf die weitere Brandentwicklung, da zu diesem Zeitpunkt bereits Einsatzkräfte, die zunächst westlich des Gebäudekomplexes tätig waren (D), diese Riegelstellung übernommen hatten. In der Folge dieser Maßnahme wurde die Riegelstellung durch Vornehmen weiterer Strahlrohre im

Der „Flashover": auf dem Bild ist die explosionsartige Ausbreitung des Feuers gut erkennbar. Und über allem scheint der Mond (Bildmitte).

Bereich des Mühlbaches, die gleichzeitig der Abschirmung des Autohauses „Seegarage“ und der „Brauerei Ganter“ dienten, verstärkt.

Zur Verstärkung und Sicherung der Wasserversorgung sowie aufgrund des weiteren Bedarfs an Atemschutzgeräteträgern wurden um 01.57 Uhr die Werkfeuerwehren „Allweiler AG“ und „Schiesser AG“ (beide in Radolfzell) alarmiert, ebenso der Gerätewagen-Atemschutz/Messtechnik (GW-A/Mess)[12] der Freiwilligen Feuerwehr Konstanz.

Höhepunkt des Einsatzes: Der „Flashover“!

Taktisch vorrangig von Beginn des Einsatzes an war das Halten der Riegelstellung zwischen dem südlichen (Warenbörse, Baumarkt, diverse Lager und Garagen) und dem nördlichen Gebäudekomplex (Spielsalon, Gastwirtschaft, Fliesenfachgeschäft, Werkstätten).

In unmittelbarer Nachbarschaft befand sich das mehrgeschossige Einrichtungs- und Möbelhaus „Pick & Pack“ mit offener Verbindung zum dahinterliegenden „Bodan-Einkaufszentrum“ (BEZ) sowie eine Kfz-Waschanlage mit Tankstelle. Vom Brandobjekt war dieser Gebäudekomplex nur durch die Zufahrt zu einem Parkplatz getrennt (E). Aufgrund der starken Wärmestrahlung und der mit sogenannten „Lichtbändern“ (reihenweise Fensterscheiben) ausgestatteten Gebäudefront des Möbelhauses musste ständig mit einem Übergreifen des Brandes auf dieses Gebäude gerechnet werden.

Durch einen massiven Löscheinsatz, unter anderem von zwei Drehleitern aus (E), konnte hier eine Brandausbreitung nach Norden verhindert und das Möbelhaus einschließlich des Einkaufszentrums und der Tankstelle unbeschädigt gehalten werden.

Etwa um 02.00 Uhr passierte das, was Feuerwehren bei Bränden dieser Größenordnung immer wieder fürchten. Es kam zu einer schlagartigen Durchzündung der mit gesättigten Rauchgasen gefüllten Lager- und Verkaufsräume des Baumarktes. Der „Flashover“ setzte daraufhin das gesamte Areal bis in den Eingangsbereich des Baumarktes in Brand. Durch die ungünstige Bauweise und den starken und böigen Ostwind konnte ein Übergreifen des Brandes auf den südlichen und westlichen Bereich des Gebäudekomplexes nicht mehr verhindert werden.

Als erschwerend erwies sich hierbei zusätzlich die Grundrissaufteilung innerhalb des gesamten Komplexes mit zahlreichen Gängen, Zwischenwänden, Türen und Wandöffnungen (in der Skizze nur ansatzweise verzeichnet).

Nach dem „Flashover“ erfolgte um 02.27 Uhr die Aufforderung der Einsatzleitung an die Stadtwerke

[12] GW-A/Messtechnik: Landkreiseigenes Feuerwehr-Sonderfahrzeug mit zusätzlichen Atemschutzgeräten und Gefahrgut-Messtechnik. Teil des Gefahrgutzuges der Freiwilligen Feuerwehr Konstanz.

Eingesetzte Fahrzeuge

Bezeichnung	Zuordnung	Kürzel	Funkrufname
Feuerwehr Radolfzell – Abteilung Kernstadt			
Einsatzleitwagen		ELW 1	Florian Radolfzell 1/11-1
Löschgruppenfahrzeug		LF 16	Florian Radolfzell 1/44
Tanklöschfahrzeug		TLF 16/25	Florian Radolfzell 1/23
Löschgruppenfahrzeug		LF 16-TS	Florian Radolfzell 1/45
Drehleiter		DLK 23-12 SE	Florian Radolfzell 1/33
Gerätewagen-Atemschutz		GW-A	Florian Radolfzell 1/56
Gerätewagen-Öl		GW-Öl	Florian Radolfzell 1/55-1
Mannschaftstransportwagen		MTW	Florian Radolfzell 1/19-1
Mannschaftstransportwagen		MTW	Florian Radolfzell 1/19-2
Dokumentation/Presse	KFV, DRK-KV	DokuF	Florian Konstanz 7
Feuerwehr Radolfzell – Ortsteilwehren/Abteilungen			
Löschgruppenfahrzeug	Möggingen	LF 8	Florian Radolfzell 16/41
Löschgruppenfahrzeug	Markelfingen	LF 8	Florian Radolfzell 18/41
Löschgruppenfahrzeug	Güttingen	LF 8	Florian Radolfzell 15/41
Tanklöschfahrzeug	Böhringen	TLF 16/25	Florian Radolfzell 13/23
Mannschaftstransportwagen	Böhringen	MTW	Florian Radolfzell 13/19
Werkfeuerwehren Radolfzell			
Löschgruppenfahrzeug	Allweiler	LF 8	Florian Allweiler 1/41
Mannschaftstransportwagen	Allweiler	MTW	Florian Allweiler 1/19
Einsatzleitwagen	Schiesser	ELW	Florian Schiesser 1/11
Tanklöschfahrzeug	Schiesser	TLF 16/25	Florian Schiesser 1/23
Löschgruppenfahrzeug	Schiesser	LF 16-TS	Florian Schiesser 1/45
Tragkraftspritzenfahrzeug	Schiesser	TSF	Florian Schiesser 1/47-1
Tragkraftspritzenfahrzeug	Schiesser	TSF	Florian Schiesser 1/47-2
Feuerwehr Konstanz			
Gerätewagen-Atemschutz/ Messtechnik	Landkreisfahrzeug	GW-A/Mess	Florian Konstanz 1/56
Feuerwehr Singen			
Drehleiter		DLK 23-12	Florian Singen 1/33-1
Tanklöschfahrzeug		TLF 24/50	Florian Singen 1/24
Löschgruppenfahrzeug		LF 16/12	Florian Singen 1/44
Drehleiter		DLK 23-12	Florian Singen 1/33-2
Rettungsdienst Deutsches Rotes Kreuz (DRK)			
Notarzteinsatzfahrzeug	Rettungswache Radolfzell	NEF	Rotkreuz 4/82-1
Rettungswagen	Rettungswache Radolfzell	RTW	Rotkreuz 4/83-1
Mehrzweckfahrzeug	DRK-Ortsverein Radolfzell	MZF	
Sonstige Fahrzeuge			
Funkstreifenwagen	Polizeirevier Radolfzell	FSW	
Funkstreifenwagen	Polizeirevier Radolfzell	FSW	
Dienstfahrzeug	Brandermittler Kripo KN		
Dienstfahrzeug	Polizeidirektion Konstanz		
Lastkraftwagen	Bauhof Radolfzell		
Schauffellader	Bauhof Radolfzell		

Völlig zerstört wurde der Baumarkt, in dem die Branddurchzündung (Flashover) stattfand. Der Blick geht in Richtung der Durchzündung (siehe Skizze).

Radolfzell, den Wasserdruck im Bereich der Schadensstelle zu erhöhen. Bis dahin kam es in Spitzenzeiten der Brandbekämpfung zeitweise zu Schwierigkeiten bei der Löschwasserversorgung, da die Kapazität des Mühlbaches und der zwei Überflurhydranten voll ausgenutzt wurde (eingesetzt wurden zwei Wenderohre sowie bis zu 19 B- und fünf C-Rohre)[13].

Eine weitere, bis dahin ungeahnte Gefahrensituation ergab sich, als um 02.30 Uhr die Einsatzleitung von Privatpersonen darüber informiert wurde, dass sich innerhalb des Gebäudekomplexes an der Südseite des Baumarktes ein oberirdischer Öltank mit einem Fassungsvermögen von 20.000 Liter befand. Die Einsatzmaßnahmen wurden daraufhin in diesem Bereich verstärkt (A2). Durch eine zusätzliche Erkundung konnte kurz darauf festgestellt werden, dass die gemauerte Ummantelung um den Öltank ausreichend feuerbeständig war.

Vorbeugend wurde im Abflussbereich des Mühlbaches eine Ölsperre verlegt (GW-Öl, Feuerwehr Radolfzell)[14], die während der gesamten Einsatzdauer auf mögliches Ölaufkommen kontrolliert wurde.

Folgeschäden durch Funkenflug

Gegen 02.28 Uhr erfolgte die Mitteilung an die Einsatzleitung, dass im benachbarten Industriegebiet eine von der Hauptbrandstelle ca. 300 Meter entfernt liegende Verkaufs- und Lagerhalle einer Getränkefirma in Brand geraten sei.

Hierauf erfolgte die Alarmierung eines Löschzuges der Freiwilligen Feuerwehr Singen (TLF 24/50, LF 16, DLK)[15]. Führungskräfte der Feuerwehr Radolfzell stellten jedoch bei Erkunden der gemeldeten Brandstelle fest, dass es sich offensichtlich um eine Falschmeldung handelte. Bemerkt wurden allerdings Anwohner eines in der Nähe liegenden Gebäudes, die mit einem Gartenschlauch Funken ablöschten und ein Flachdach kühlten.

Um 02.47 Uhr erfolgte eine weitere Brandmeldung durch die Leitstelle Konstanz mit der Alarmierungsdurchsage: „Brand Firma R., Industriegebiet!“. Die Erkundung ergab, dass es sich bei der ca. 350 Meter entfernt liegenden Einsatzstelle um einen in Brand geratenen Altpapier-Container handelte.

Weitere Folgebrände durch Funkenflug entstanden im Bereich der Brauerei Ganter, ferner ein Flächenbrand im westlichen Industriegebiet.

Aufgrund der Lagefeststellungen konnte der Löschzug der Freiwilligen Feuerwehr Singen zurückgezogen werden, das bereits eingetroffene TLF 24/50 verblieb jedoch in Radolfzell in Bereitstellung. Das TLF 16/25 der Werkfeuerwehr Schiesser wurde aus dem bisherigen Einsatz herausgelöst und mit der Folgebrandbekämpfung beauftragt.

[13] Rohre: Löschwasser-Druckleitung, hier mit Mehrzweck-Strahlrohren der Nenngrößen B und C. B-Rohre verfügen über einen Düsendurchmesser von 16–22 mm sowie über eine Wasserdurchflussmenge von 400–800 l/min, C-Rohre verfügen über eine Düsengröße von 9–12 mm sowie über eine Wasserdurchflussmenge von 100–200 l/min (Angaben jeweils mit und ohne Mundstück).

[14] Gerätewagen-Öl (GW-Öl): Feuerwehr-Sonderfahrzeug mit Geräten und Materialien zur Ölschadensbekämpfung.

[15] Tanklöschfahrzeug (TLF 24/50): Großtanklöschfahrzeug mit 4.800–5.000 l Löschwasser, Feuerlöschpumpe mit einer Leistung von 2.400 l bei 8 bar, Besatzung 1/2.

Rückmeldung „Brand aus!"

Um 04.00 Uhr konnte die Einsatzleitung der Leitstelle „Brand unter Kontrolle!" melden. Die weitere Brandbekämpfung konzentrierte sich ab diesem Zeitpunkt auf einige unzugängliche Brandherde im Innenbereich der Schadensstelle. Um 06.30 Uhr erfolgte die Rückmeldung „Feuer aus!". Von da an begann das Freilegen und Ablöschen einer Vielzahl von Glutnestern.

Um 17.17 Uhr konnte die Brandstelle an den Eigentümer übergeben werden. Bis zum 22. Mai wurde die Feuerwehr immer wieder zu notwendig werdenden Nachlöscharbeiten gerufen.

Man mag es nicht glauben – aber bereits zu diesem Zeitpunkt durchwühlten zahlreiche „Brandtouristen" trotz weiträumiger Absperrungen den Brandschutt vor allem im Bereich des Baumarktes nach brauchbaren Überresten der dort befindlichen Waren und bedrängten die tagsüber anwesenden Firmeninhaber, ihnen Teile des beschädigten Warenangebotes „möglichst billig" zu verkaufen.

Brandstiftung: 19-jähriger festgenommen

Brandsachverständige der Kriminalpolizei und Ermittler der Versicherungen nahmen noch im Laufe des Mittwochs ihre Arbeit an der Brandstelle auf – der Schaden wurde auf mehrere Millionen DM (1992 gab es noch die Deutsche Mark) geschätzt.

Nach Feststellungen der Brandermittler der Kriminalpolizei Konstanz musste von einer Brandstiftung nach Einbruch im Bürobereich der „Warenbörse" ausgegangen werden. Noch an der Brandstelle konnte ein 19-jähriger Mann vorläufig festgenommen und später in Untersuchungshaft der Brandstiftung überführt werden, da dieser offensichtlich kurz nach Mitternacht die sogenannte „Warenbörse" (Handelsmarkt) vorsätzlich – so die Staatsanwaltschaft – in Brand gesetzt hatte, um einen Einbruch in das Büro des Unternehmens zu vertuschen.

Einsatzablauf

Uhrzeit	Alarmierung, Eintreffen, Maßnahmen
01.32 Uhr	Alarmierung Schleife 203 - „Einsatzkräfte Nacht" (TLF 16/25, DLK 23-12 SE, LF 16)
	Alarmierung Kommandant/StBM (RAD 2)
	Alarmierung Dokumentation (KN 7)
01.36 Uhr	Löschgruppenfahrzeug LF 16 (1/44) rückt aus!
	Drehleiter DLK 23-12 SE (1/33) rückt aus!
	Tanklöschfahrzeug TLF 16/25 (1/23) rückt aus!
01.38 Uhr	Löschgruppenfahrzeug LF 16 (1/44) trifft an der Einsatzstelle ein!
	Erstmaßnahme: Aufbau einer Riegelstellung
01.39 Uhr	Drehleiter DLK 23-12 SE (1/33) trifft an der Einsatzstelle ein!
	Einbindung Erstmaßnahme: Aufbau einer Riegelstellung
01.39 Uhr	Tanklöschfahrzeug TLF 16/25 (1/23) trifft an der Einsatzstelle ein!
	Unterstützung Erstmaßnahme: Aufbau einer Riegelstellung
01.42 Uhr	Alarmierung Schleife 202 - „Einsatzkräfte Tag" (ELW 1, LF 16-TS, MTW)
	Alarmierung Schleife 204 - „Einsatzkräfte Verstärkung" (MTW, GW-A, GW-Öl)
01.43 Uhr	Eintreffen Dokumentation (KN 7) an der Einsatzstelle
	„Warenbörse" in Vollbrand, Gefahr großflächiger Brandausbreitung
01.44 Uhr	Eintreffen Kommandant (RAD 2) an der Einsatzstelle
	Kommandant übernimmt die Einsatzleitung
01.46 Uhr	Alarmierung Abteilung Böhringen (TLF 16/25, MTW)
	Alarmierung Abteilung Güttingen (LF 8)
	Alarmierung Abteilung Markelfingen (LF 8)
	Alarmierung Abteilung Möggingen (LF 8)
01.47 Uhr	Alarmierung Feuerwehr Singen (DLK 23/12)
01.57 Uhr	Alarmierung Werkfeuerwehr Schiesser (TLF 16/25, LF 16-TS, 2 TSF, ELW)
	Alarmierung Werkfeuerwehr Allweiler (LF 8, MTW)
	Alarmierung Feuerwehr Konstanz (GW-A/Mess)
ca. 02.00 Uhr	Nachrückende Fahrzeuge: Wasserförderung Mühlbach
	Nachrückende Fahrzeuge: Verstärkung Riegelstellung Südseite
	Durchzündung Baumarkt
	Brandausbreitung südlicher und westlicher Gebäudekomplex
02.27 Uhr	Anforderung Stadtwerke Radolfzell: Erhöhung Wasserdruck
02.28 Uhr	Weitere Meldung: „Brand Verkaufs- und Lagerhalle Getränkevertrieb"
02.28 Uhr	Alarmierung Löschzug Feuerwehr Singen (TLF 24/50, LF 16, DLK 23/12)
02.30 Uhr	Weitere Meldung: „20.000-Liter-Öltank Rückseite Baumarkt!"
02.45 Uhr	Lageerkundung, Verstärkung der Einsatzmaßnahmen am Baumarkt
	Vorsorgliche Verlegung einer Ölsperre im „Mühlbach"
02.47 Uhr	Alarmierung Feuerwehr Radolfzell: „Brand Industriegebiet!"
02.50 Uhr	Lageerkundung/Lage: Brand eines Altpapier-Containers im Gewerbegebiet!
	Weitere Folgebrände durch Funkenflug im Gewerbegebiet
	Lageerkundung, entsprechende Einsatzmaßnahmen
	Einsatzabbruch aufgrund der aktuellen Lage: LF 16 und DLK 2 Singen
	Beauftragung Folgebrandbekämpfung: Tanklöschfahrzeug TLF 16/25 WF Schiesser
04.00 Uhr	Rückmeldung „Brand unter Kontrolle!"
	Weitere Löschmaßnahmen im Innenbereich der Gebäude
06.30 Uhr	Rückmeldung „Feuer aus!"
07.17 Uhr	Übergabe der Einsatzstelle an den Gebäude-Eigentümer
	Brandermittlungen der Polizei und der Staatsanwaltschaft werden aufgenommen
	Weitere Nachlöscharbeiten bis zum 22. Mai

Der Blick durch das Brandobjekt in Richtung des Einrichtungshauses „Pick & Pack". Erkennbar dort die „Lichtbänder" (Fensterreihen). Rechts und links die vermeintlichen „Brandmauern".

Die nicht maßstäblich angelegte Skizze zeigt das Brandobjekt (rot) von der Zeppelinstraße (Erstangriff) aus. Unmittelbar rechts davon und angebaut befinden sich weitere Räumlichkeiten, die vom Feuer tangiert wurden (hellrot). Ganz rechts angedeutet das Einrichtungs- und Möbelhaus „Pick & Pack“ sowie das im gleichen Gebäudekomplex befindliche Einkaufszentrum.
Dahinter die Tankstelle und die Kfz-Waschanlage.
In der Skizze links der Beginn des Gewerbegebietes.
Der Verlauf des „Flashover“ (Durchzündung) wird durch den gelben Pfeil verdeutlicht.

Die grundsätzliche Positionierung der Einsatzfahrzeuge wird durch die roten Rechtecke ersichtlich.

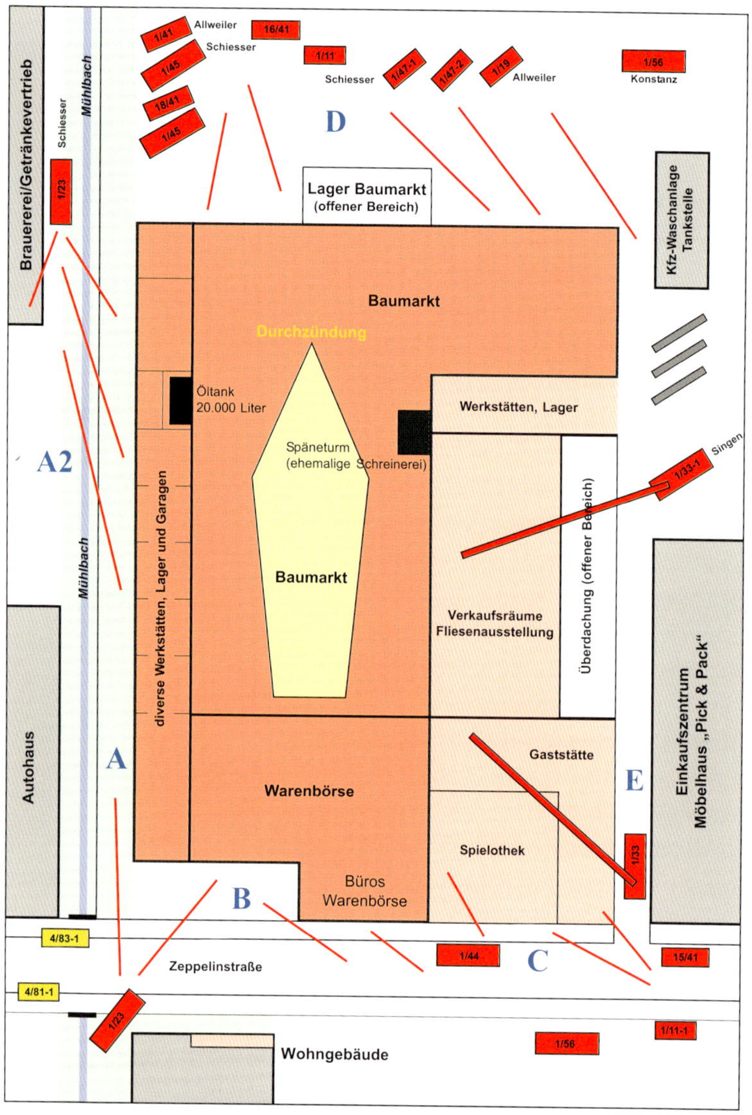

Bild unten rechts:
Die Lage im rückwärtigen Bereich des Baumarktes zwischen dem Brandobjekt (rechts) und dem Möbelhaus „Pick & Pack“. Das Bild entstand kurz vor der Durchzündung.

Bild unten:
Der Bereich der Durchzündung: Baumarkt, Späneturm und der Schuppen mit dem Öltank (im Bild links oben; siehe Skizze: Bereich A2). Im Hintergrund das Gewerbegebiet. Gut sichtbar auch die verschachtelte Bauweise mit Eternit-Bedachung.

19. Mai 2007:
Großbrand im „Hotel zur Post" in Inzell

Ein verlorenes Symbol

Vorwort
Das „Hotel zur Post" im oberbayerischen Inzell war mir durch einen Aufenthalt im März vor dem verheerenden Brand persönlich bekannt. Ein gepflegtes Vier-Sterne-Haus mit historischer Bausubstanz im unmittelbaren Ortskern von Inzell, ein „bisserl heile Welt" zur Entspannung bei gutem Essen und umfangreichem Wellness-Angebot – ein paar „himmlische Tage in den Bergen"!
Die „Post" mit ihrem historischen, mehrstöckigen und sehr verschachtelt gebauten und mit Holzschindeln gedeckten Dachstuhl war immer ein Bestandteil des Dorfbildes von Inzell. Begründet auf der altbayerischen Tradition war sie zugleich aber auch ein Aufbruch in die moderne Zukunft einer touristisch aufstrebenden Gemeinde: „Wellness-Oase" statt rauchgeschwängerter Dorfkneipe, elegante Themenabende und bayerische Folklore, „Postillion-Bar" und traditionelle Bierstube!
Mit dem „Hotel zur Post" hat Inzell ein Symbol verloren, einen Mittelpunkt, der nunmehr über Jahrzehnte hinweg das Dorf und das Dorfbild geprägt hat. Es bleibt die Hoffnung, dass es in absehbarer Zeit ein neues (altes) Symbol geben wird, das die Tradition und die Moderne weiterführt.
Der nachstehende Beitrag schildert den Einsatz der Feuerwehr beim Großbrand in der Nacht vom 19. zum 20. Mai 2007.

Inzell – eine kleine Gemeinde im südlichen Landkreis Traunstein im Regierungsbezirk Oberbayern. Der rund 700 Meter über dem Meeresspiegel liegende Ort verfügt über eine Gemarkungsfläche von etwa 45 Quadratkilometer und eine Einwohnerzahl von ca. 4.370. Inzell blickt auf eine lange traditionsreiche Geschichte zurück, die bis in das Jahr 1195 reicht. Trotz dieser in Teilen bewusst belassenen Traditionen hat der Ort den Blick in die moderne Gegenwart und Zukunft nicht verpasst – heute ist er anerkannter Luftkurort und Sitz eines modernen Bundesleistungs- und Trainingszentrums für Eisschnelllauf.

Das „Hotel zur Post" befand sich zentral im gepflegten Inzeller Ortskern zwischen der Reichenhaller Straße und dem Kirchweg. Der weitläufige, teilweise historische Gebäudekomplex aus den Jahren vor 1450 war zwei- bis dreistöckig angelegt. Den östlichen Gebäudeteil deckte ein dreistöckiger, mit Fremdenzimmern ausgebauter Dachstuhl, mit Holzschindeln und in Holzbauweise erstellt. Im rückwärtigen Teil des Hotels befanden sich die Speiseräume, eine Gästeterrasse sowie einige Balkone der Gäste-Appartements.

Anfang der 80er-Jahre wurde der einstige „Gasthof zur Post" zum „Sport- und Wellness-Hotel" um- und ausgebaut. Das Haus bot seitdem rund 100 Betten in etwa 25 Zimmern und Appartements. In den westlichen Gebäudekomplex integriert wurden ein Drogeriemarkt, ein Optiker-Fachgeschäft und ein Geschenk- und Damenbekleidungsgeschäft.

Seit 1872 verfügt die Gemeinde Inzell über eine Freiwillige Feuerwehr, die sich in all den Jahren bei spektakulären Großbränden und Schadensereignissen bestens bewährt hat. So beispielsweise am 2. und 3. Juli 1931, als der Brand der „Kammlsäge" das gesamte Dorf gefährdete. Damals wurden auch die Stallungen des Gasthauses „Post" (das heutige „Hotel zur Post") in Mitleidenschaft gezogen. Am 24. August 1971 brannte mitten im Dorf der mit Sägemehl gefüllte Silo des ortsansässigen Unternehmens Kamml. Auch hier konnte ein weitaus größerer Schaden durch das umsichtige Verhalten der Feuerwehren verhindert werden. Aber auch die Natur machte der Feuerwehr Inzell immer wieder zu schaffen: Bergwaldbrände, Hochwasser und extreme Schneeverhältnisse forderten die Wehr immer wieder, die heute über 60 Aktive sowie über sechs Einsatzfahrzeuge[1] verfügt.

[1] Einsatzfahrzeuge der Freiwilligen Feuerwehr Inzell: Kommandofahrzeug (KdoF), Tanklöschfahrzeug (TLF 16/25), Drehleiter (DLK 12/18cc), Löschgruppenfahrzeug (LF 8/8), Mehrzweckfahrzeug mit Tragkraftspritze (MZF), Versorgungsfahrzeug, Ölspuranhänger.

Der historische „Gasthof zur Post" beziehungsweise das spätere „Hotel zur Post" wurde durch den verheerenden Brand völlig zerstört. Die Wiederaufbauarbeiten sind im Gange - die „Post" in Inzell soll wieder zum Mittelpunkt des Dorfes werden.

Bild oben:
Ein Symbol für zukunftsweisende Gastronomie geht verloren! Große Teile des Dachs sind eingestürzt, das Feuer droht auf den Westteil des Hotelkomplexes überzugreifen.

Mittleres Bild:
Dicker Rauch quoll aus dem dreistöckigen und verschachtelt konstruierten Dachbereich im Ostflügel des weitläufigen Gebäudekomplexes und signalisierte den anrückenden Feuerwehren eine äußerst problematische Lage.

Bild rechts:
Schon bald durchbrachen die Flammen das Dach des historischen Hotels.

Faszination des Grauens

Inzell – ein sonniger Frühlingstag, ein strahlender „weißblauer Himmel“, wie es sich für die Optik eines bayerischen Dorfes gehört, ein herrliches Himmelfahrts-Wochenende! Mit einem Mal wurde die Idylle jedoch schlagartig beendet: „Dachstuhlbrand im Hotel zur Post“ lautete die Alarmdurchsage der Einsatzzentrale der Polizeidirektion Traunstein an diesem Samstagnachmittag. Um 16.54 Uhr ging der Alarm bei den Freiwilligen Feuerwehren Inzell, Weißbach (ca. vier Kilometer südlich von Inzell) und Ruhpolding (ca. zehn Kilometer westlich von Inzell) ein.

Bereits bei Eintreffen der ersten Kräfte der Freiwilligen Feuerwehr Inzell wurde deutlich, dass es sich bei dem gemeldeten Dachstuhlbrand um eine durchaus bedrohliche Lage handelte. Dicker Rauch quoll aus dem dreistöckigen und verschachtelt konstruierten Dachbereich im Ostflügel des weitläufigen Gebäudekomplexes – eine Lage, die möglicherweise nur schwer bewältigt werden konnte.

Die rund 100 zu diesem Zeitpunkt im Hotel befindlichen Gäste konnten rechtzeitig und unverletzt ins Freie gebracht werden. Sie und insbesondere die Personen, die sich beim Ausbruch des Brandes noch in der Sauna beziehungsweise im Wellness-Bereich befanden und im Bademantel das Haus verlassen mussten, wurden sofort von den rund 40 Helfern der Schnelleinsatzgruppen (SEG) Inzell, Siegsdorf, Traunstein und Ruhpolding des Bayerischen Roten Kreuzes (BRK) betreut und versorgt.

Über die Leitstelle erfolgte umgehend die Nachalarmierung weiterer Einsatzkräfte, zugleich wurde der Alarm auf die Stufe 3 (Großbrand) erweitert. Zum Einsatz kamen so unter anderem die Feuerwehren aus Traunreut, Traunstein und Bad Reichenhall, die Tanklöschfahrzeuge (TLF) der Freiwilligen Feuerwehr Trostberg und der Werkfeuerwehr des Chemieparks Trostberg sowie die Freiwilligen Feuerwehren der Gemeinden Siegsdorf, Bergen, Vogling und Eisenärzt.

Manchmal ereilt einen die Realität so, wie sie nicht kommen sollte und schon gar nicht erwartet wurde! Gerade an jenem langem Himmelfahrts-Wochenende weilten 20 Angehörige sowie die Führung der Freiwilligen Feuerwehr Inzell für mehrere Tage im österreichischen Stumm/Zillertal zur traditionellen

Bild links:
Teile des Dachgebälks stürzten während der Löscharbeiten auf die Straße.

Bild rechts:
Ein massiver Schaummitteleinsatz über alle zur Verfügung stehenden Drehleitern brachte das Feuer letztlich unter Kontrolle.

„Internationalen Feuerwehr-Sternfahrt". Sie brachen ihren Ausflug sofort ab, nachdem sie über Telefon vom Großbrand in ihrem Dorf erfuhren.

Somit wurde der Einsatz in Inzell zunächst vom Kommandanten der Feuerwehr Ruhpolding geleitet und im Verlauf des Abends an die zwischenzeitlich zurückgekehrte Führung der Inzeller Wehr übergeben.

Die ersten Löschversuche

Zunächst wurde versucht, das sich im Dachgeschoss schnell ausbreitende Feuer über die Drehleitern aus Inzell und Traunstein mit einem gezielten Wasser- und Schaumangriff zu löschen. Weitere Einsatzkräfte gingen parallel im Innenangriff zum Brandherd vor, mussten jedoch bald feststellen, dass die damit verbundenen Gefahren zu groß wurden. Das Feuer hatte sich bereits auf den drei Ebenen des ausgebauten Dachstuhls, in den Räumlichkeiten und Fluren der Dachgeschosse sowie in den dort vorhandenen zahlreichen Hohlräumen ausgebreitet. Die von dem Brand ausgelöste extreme Hitze nahm zunehmend unerträgliche Werte an.

Für den mit Holz gebauten Dachstuhl bestand zudem eine permanent größer werdende Einsturzgefahr. Nachdem erste Deckenbereiche des östlichen Gebäudekomplexes und Dachstuhls eingestürzt waren, mussten sich die dort eingesetzten Einsatzkräfte sofort in den Westteil des Gebäudes zurückziehen. Ein Teil des bis dahin eingesetzten Materials und Gerätes (u. a. Schlauchmaterial, Verteiler, Beleuchtungsgerät) wurde zerstört.

Zur Reduzierung des Hitzestaus und mit dem Ziel, von außen her an die eigentlichen Brandstellen gelangen zu können, wurde von den Einsatzkräften im weiteren Einsatzverlauf die Dachhaut mit Äxten und Motorsägen geöffnet.

Weitere Einsatzmaßnahmen

Zwischenzeitlich war die riesige schwarze Rauchwolke des brennenden Gebäudes in nordwestlicher Richtung weit über Inzell hinaus auch im Bereich von Ruhpolding, Unterwössen, Marquartstein und Grassau sowie vom Chiemsee aus sichtbar. Ein solches Ereignis zog somit auch Hunderte von Schaulustigen an, die sich das makabre Schauspiel des brennenden Hotels nicht entgehen lassen wollten.

Bild links:
Am späten Abend entwickelte sich das Feuer im Dachgeschoss des Hotels zu einem alles zerstörenden Großbrand.

Eingesetzte Fahrzeuge (Teil 1)

Bezeichnung	Zuordnung	Kürzel	Funkrufname
Freiwillige Feuerwehr Inzell	Landkreis Traunstein		
Tanklöschfahrzeug		TLF 16/25	Florian Inzell 21/1
Löschgruppenfahrzeug		LF 8/8	Florian Inzell 40/1
Drehleiter		DLK 12/18	Florian Inzell 31/1
Kommandofahrzeug		KdoF	Florian Inzell 10/1
Mehrzweckfahrzeug		MZF/TSF	Florian Inzell 11/1
Freiwillige Feuerwehr Siegsdorf	Landkreis Traunstein		
Tanklöschfahrzeug		TLF 16/25	Florian Siegsdorf 21/1
Löschgruppenfahrzeug		LF 16/12	Florian Siegsdorf 40/1
Mehrzweckfahrzeug		MZF	Florian Siegsdorf 11/1
Freiwillige Feuerwehr Bergen	Landkreis Traunstein		
Tanklöschfahrzeug		TLF 16/25	Florian Bergen 21/1
Rüstwagen		RW 2	Florian Bergen 21/1
Gerätewagen-Wasserversorgung		GW-L2	Florian Bergen 21/1
Freiwillige Feuerwehr Ruhpolding	Landkreis Traunstein		
Tanklöschfahrzeug		TLF 16/12	Florian Ruhpolding 21/1
Löschgruppenfahrzeug		LF 8	Florian Ruhpolding 40/1
Löschgruppenfahrzeug		LF 16/12	Florian Ruhpolding 42/1
Drehleiter		DLK 23/12	Florian Ruhpolding 30/1
Mehrzweckfahrzeug		MZF	Florian Ruhpolding 11/1
Freiwillige Feuerwehr Traunstein	Landkreis Traunstein		
Drehleiter		DLK 23/12	Florian Traunstein 30/1
Freiwillige Feuerwehr Traunreut	Landkreis Berchdesgaden		
Tanklöschfahrzeug		TLF 16/25	Florian Traunreut 21/1
Tanklöschfahrzeug		TLF 24/50	Florian Traunreut 41/1
Freiwillige Feuerwehr Traunreut	Landkreis Berchdesgaden		
Löschgruppenfahrzeug		LF 16-TS	Florian Traunreut 30/1
Drehleiter		DLK 23/12	Florian Traunreut 23/1

Polizei und Feuerwehr sperrten daraufhin die Durchgangsstraße (Reichenhaller Straße) sowie den unmittelbaren Ortskern von Inzell (Bereich Pfarrkirche St. Michael, Friedhof, Dorfplatz) großflächig ab. Zu diesem Zeitpunkt konnte nicht ausgeschlossen werden, dass die östliche Giebelseite des Hotelgebäudes einstürzt und Teile davon in den Friedhof gelangen.

Gesperrt wurde zeitweise auch die unmittelbar östlich des Dorfes vorbeiführende Bundesstraße 306 (Nordsüd–Verbindung zwischen der Autobahn 8 Salzburg–München und der B 305/Berchtesgaden/Bad Reichenhall), um den aus allen Richtungen anfahrenden Einsatzfahrzeugen von Feuerwehr und Rettungsdienst die Anfahrt zur Einsatzstelle freizuhalten.

Gegen 21.00 Uhr, also gut vier Stunden nach dem Ausbruch des Großbrandes, nahm das Feuer nochmals eine unerwartete Intensität an. Aus dem teileingestürzten Dachstuhl drangen in der gesamten Ausdehnung nunmehr meterhohe Flammen. Die Einsatzkräfte reagierten sofort mit einem massivem Schaummittel-Löscheinsatz, der über alle fünf Drehleitern sowie durch Löschkräfte rund um das Gebäude vorgetragen wurde. Nach weiteren rund eineinhalb Stunden konnte die Einsatzleitung „Feuer unter Kontrolle!“ melden.

Unterstützt bei der Aufrechterhaltung der Stromversorgung und beim Ausleuchten der Einsatzstelle während der nächtlichen Löscharbeiten wurde die Feuerwehr von den Ortsverbänden Traunstein, Traunreut und Ainring des Technischen Hilfswerks (THW).

Wegen des aus südöstlicher Richtung wehenden Windes war die Gefahr eines Übergreifens des Feuers auf die nordöstlich des Brandobjektes befindlichen Gebäude (u. a. die Pfarrkirche, das Rathaus, eine Bäckerei und ein Cafe) relativ gering. Trotzdem mussten die unmittelbaren Anwesen dort später aufgrund des Ausbreitens von Rauchgasen vorübergehend evakuiert werden.

Die Anwohner im weiteren Umfeld des Brandortes wurden per Radiodurchsagen aufgefordert, Fenster und Türen geschlossen zu halten.

Zu Luftschadstoff-Messungen wurde der ABC-Zug der Freiwilligen Feuerwehr Altötting sowie die Werkfeuerwehr „InfraServ“[2] aus Burgkirchen-Gendorf eingesetzt. Die laufend durchgeführten Messungen ergaben jedoch keine über den zulässigen Werten liegenden Messwerte, so dass keine Gefahr für Mensch und Umwelt bestand.

Der Tag danach

Erst am Folgetag (Sonntag, 20.05.2007) konnten die umfangreichen Löscharbeiten gegen Mittag eingestellt werden. Unmittelbar danach begannen einzelne Nachlöscharbeiten sowie die Aufräumarbeiten an der Brandstelle.

Entstanden war innerhalb weniger Stunden ein Schaden in Millionenhöhe. Neben dem dreigeschossigen historischen Dachstuhl des gerade erst renovierten Hotels wurden auch die darunterliegenden Stockwerke und Einrichtungen völlig zerstört. Trotzdem gelang es den Feuerwehren durch einen massiven und umfassenden Löschangriff, ein Übergreifen des Feuers auf den Westteil des Hotels sowie auf benachbarte Gebäude zu verhindern.

Die Ursache des Großbrandes war zu diesem Zeitpunkt völlig unklar. Noch in der Nacht nahm die Kriminalpolizei Traunstein ihre Ermittlungen zur Brandursache an der Einsatzstelle auf.

Während der gesamten Löscharbeiten standen zwei Notarztfahrzeuge (NEF) und zwei Rettungswagen (RTW) des Bayerischen Roten Kreuzes (BRK) aus dem Landkreis Traunstein in Bereitschaft. Das Bayerische Rote Kreuz (BRK) bildete zudem vor Ort eine Sanitäts-Einsatzleitung und stand sowohl zur Betreuung der rechtzeitig evakuierten und unverletzt gebliebenen Hotelgäste sowie zur Versorgung der Einsatzkräfte von

Eingesetzte Fahrzeuge (Teil 2)

Freiwillige Feuerwehr Bad Reichenhall	Landkreis Berchtesgaden		
Einsatzleitwagen		ELW 1	Florian Bad Reichenhall 10/1
Tanklöschfahrzeug		TLF 16/25	Florian Bad Reichenhall 30/1
Drehleiter		DLK 23/12	Florian Bad Reichenhall 21/1
Löschgruppenfahrzeug		LF 16/12	Florian Bad Reichenhall 40/1
Freiwillige Feuerwehr Trostberg	Landkreis Berchtesgaden		
Tanklöschfahrzeug		TLF 24/50	Florian Trostberg 11/1
Mehrzweckfahrzeug		MZF	Florian Trostberg 23/1
Werkfeuerwehr Chemiepark Trostberg	Landkreis Berchtesgaden		
Tanklöschfahrzeug		TLF	
Werkfeuerwehr „InfraServ" Gendorf	Landkreis Altötting		
Schadstoff-Messfahrzeug			
Freiwillige Feuerwehr Altötting	Landkreis Altötting		
ABC-Zug			
Rettungs- und Sanitätsdienste (BRK)	Landkreis Traunstein		
Notarzteinsatzfahrzeug			
Notarzteinsatzfahrzeug			
Rettungswagen			
Rettungswagen			
SEG Inzell			
SEG Siegsdorf			
SEG Traunstein			
SEG Ruhpolding			
Technisches Hilfswerk (THW)	Landkreis Traunstein		
THW Traunstein			
THW Traunreut			
THW Airing	Landkreis Berchtesgaden		
Polizei	Landkreis Traunstein		
Landespolizei			
Kriminalpolizei Traunstein			
Gesamt	**15 Feuerwehren**	**ca. 360 Einsatzkräfte**	

Feuerwehr und Technischem Hilfswerk zur Verfügung. Alle Gäste des „Hotels zur Post" wurden später in anderen Inzeller Hotels untergebracht.

Im Verlauf des Einsatzes erlitten zwei Feuerwehrangehörige leichte Verletzungen. Einer von ihnen musste infolge einer Sprunggelenkverletzung ins Klinikum Traunstein verbracht werden.

Wiederaufbau

Das „Hotel zur Post" soll als renommiertes „Symbol" moderner Gastlichkeit in Inzell weiterbestehen. Derzeit stehen seitens der Inhaber und der Behörden Überlegungen an, die Einrichtung an alter Stelle wieder aufzubauen und sie in ähnlicher Form wieder in das Dorfbild zu integrieren. Vermutlich werden sich die entsprechenden Planungen und die sich daran anschließenden Bauarbeiten aber noch bis in das Jahr 2009 beziehungsweise 2010 hinziehen.

[2] InfraServ: Chemie-Serviceunternehmen (Entsorgungsfachbetrieb) in Gendorf bei Altötting. Das Unternehmen verfügt über eine Werkfeuerwehr, die dem „Transport-, Unfall-, Informations- und Hilfeleistungs-System (TUIS) der Chemischen Industrie angeschlossen ist.

Immer wieder aufflackernde Glutnester im verschachtelten Dachgeschoss wurden über die Drehleitern bekämpft.

Linke Seite: Gegen 22.30 Uhr konnte das Feuer unter Kontrolle gebracht werden. Danach folgten im Verlauf des Sonntags die Nachlösch- und Aufräumarbeiten.

11. November 2000:
Brand der Gletscherbahn zum Kitzsteinhorn

Auffahrt zur Hölle

Vorwort
Wer in die schneebedeckten Berge und auf die Gletscher der Alpen fährt, der möchte Spaß haben: Spaß am Skifahren, Freude an der herrlichen Bergwelt, einige sorglose Stunden ohne Stress und Zeitdruck – Urlaubszeit! So wohl auch die 162 Menschen, die am Samstag, dem 11. November 2000 genau um 09.02 Uhr mit der Kapruner Gletscherbahn die Talstation in Richtung Kitzsteinhorn verließen. Bereits wenige Minuten später wandelten sich Spaß und Freude in Entsetzen, Panik und Tod, als im Zug Feuer ausbrach. Nur wenige Passagiere konnten sich vor den Flammen retten, 155 starben.
Spaß und Freude, Leid und Tod liegen im menschlichen Dasein offensichtlich sehr eng beieinander. Innerhalb von Minuten, vielleicht sogar innerhalb von Sekunden können Brände, Unfälle und Katastrophen alles zuvor Bestehende nachhaltig verändern. Die Beiträge dieses Buches und die dort geschilderten Schadensereignisse machen genau das deutlich. Ob es gut ist, sich auf solche leidvollen Ereignisse in welcher Weise auch immer einzustellen, sei dahingestellt. Vielleicht aber kann ein „vorbeugendes Nachdenken" über mögliche Gefahren im entscheidenden Fall hilfreich, wenn nicht gar lebensrettend sein?
Für die Toten am Kitzsteinhorn kommt diese Überlegung zu spät!

Die „Gletscherbahnen Kaprun AG", im Jahr 1963 durch die Gemeinde Kaprun, das österreichische Bundesland Salzburg und die Tauernkraftwerke gegründet, ist Betreiber von mehreren Luft- und Standseilbahnen auf das „Kitzsteinhorn", einem 3.203 Meter hohen Alpengipfel der „Hohen Tauern". „Salzburgs coolster Berg" nennt die Werbung die Hochregion inmitten ewigen Eises – jährlich nutzen Tausende von Skifahrern, Bergbegeisterten und Touristen die Möglichkeiten der Seilbahnen, um schnell und einfach in das Ganzjahres-Skigebiet und in die Gletscherregion zu gelangen.

Am 11. November 2000 kam es bei der Auffahrt der „Gletscherbahn Kaprun 2"[1] zur bisher größten zivilen Katastrophe in Österreich nach dem Zweiten Weltkrieg. Diverse Gutachten von Brandsachverständigen wiesen später nach, dass die Überhitzung eines im Führerstand des Zuges eingebauten Heizlüfters Ursache für das ausgebrochene Feuer war, das zudem ausgelaufenes Hydrauliköl in Brand setzte. Durch eine Art „Kamineffekt" im aufsteigenden Bahntunnel breiteten sich das Feuer sowie starker Rauch und Rauchgase schlagartig und schnell im gesamten Tunnelsystem bis hin zur Bergstation „Alpincenter" aus, so dass für die meisten Zuginsassen keine Rettungs- und Überlebenschance mehr bestand.

Hunderte Einsatzkräfte von Feuerwehren und Rettungsdiensten hatten nach ihrem Eintreffen keine Möglichkeit mehr, die Menschen vor dem Tod zu bewahren – ihnen blieb letztendlich nur die Bergung der Toten.

An einem sonnigen Wochenende und bei strahlend blauem Himmel – bestens geeignet für einige schöne Stunden im Skiparadies „Kitzsteinhorn" – verließ die Gletscherbahn am Samstagmorgen um kurz nach 09.00 Uhr die Talstation. Der Zug war mit 162 Personen und deren Ausrüstung (Ski, Stöcke, Rucksäcke) voll und dicht besetzt. Kurz nach der Einfahrt in den über drei Kilometer langen und steil aufwärts führenden

[1] Gletscherbahn Kaprun 2: Standseilbahn mit einer Spurweite von 946 mm von der Talstation (911 m) ins Alpincenter (Bergstation auf 2.450 m) auf das „Kitzsteinhorn", Streckenlänge ca. 3.900 m (davon 3.300 m im Tunnel), Fahrzeit ca. neun Minuten.

Ein strahlend schöner Wintertag in den Alpen, Sonne und blauer Himmel – für die ersten Einsatzkräfte an der Gletscherbahn wurde dieser Tag zum Alptraum. Bis auf wenige Ausnahmen blieb den Angehörigen der Feuerwehren nur noch die Leichenbergung. Hier sammeln sich Atemschutzgeräteträger vor der als Atemschutzsammelplatz genutzten „Jägerhütte" zum Einsatz.

Tunnel stoppte die Bahn plötzlich. Passagiere nahmen zu diesem Zeitpunkt Flammen im talwärts liegenden, nicht besetzten Führerstand wahr. Über Sprechfunk meldete der Zugführer um 09.10 Uhr den Brand.

Als in Folge der Strom und damit das Licht im Zug ausfiel, brach Panik unter den Passagieren aus. Durch eingeschlagene Waggonfenster versuchten die Menschen ins Freie beziehungsweise in den Bahntunnel zu gelangen und vor den sich ausbreitenden Flammen und dem dichten Rauch zu flüchten.

Während ein Großteil der Passagiere den schmalen Fluchtweg über Eisenstufen nach oben in Richtung Bergstation wählte, gelang es einer Gruppe von zwölf Personen, das unterhalb des brennenden Zuges in Richtung Talstation liegende Tunnelportal zu erreichen. Sie allein konnten sich damit vor den Flammen und dem todbringenden Rauch retten – alle anderen starben an Rauchvergiftung!

Das durch das ausgelaufene Hydrauliköl in besonderer Weise angefachte Feuer sowie dichter schwarzer Brandrauch und hochgiftige Brandgase breiteten sich in dem ansteigenden Bahntunnel geradezu explosionsartig aus. Die dadurch verursachte Strahlungshitze ließ selbst in der mehr als 3.000 Meter entfernt liegenden Bergstation „Alpincenter“ noch Scheiben zerbersten.

Dichter Brandrauch drang nach wenigen Minuten schlagartig in die Bergstation ein und machte eine Erste Hilfe von dort aus unmöglich. Drei Touristen sowie ein Angestellter der Gletscherbahnen, die sich zu diesem Zeitpunkt in der Bergstation befanden, hatten damit keine Möglichkeit mehr, sich in Freie zu retten. Sie starben an einer Rauchgasinhalation (Rauchvergiftung). Den Tod fanden auch der Zugführer und drei weitere Personen, die sich in der innerhalb des Tunnels abwärts fahrenden Gletscherbahn befanden.

Der Eingang des Querstollens. Von hier aus gelangten die Einsatzkräfte nach über 600 Metern in den Fahrstollen der Gletscherbahn beziehungsweise an die unmittelbare Brandstelle.

Der Einsatz

Um 09.12 Uhr wurde in Kaprun sowie in weiteren Gemeinden der Region über Sirenen Feueralarm ausgelöst. Um 09.15 Uhr beziehungsweise um 09.17 Uhr rückten die Freiwilligen Feuerwehren Kaprun und Zell am See mit mehreren Fahrzeugen in Richtung Talstation Gletscherbahn ab.

Dort hatte man zwischenzeitlich die Brandkatastrophe im oberhalb liegenden Tunnel wahrgenommen und sicherheitshalber die gesamte Talstation geräumt. Zu diesem Zeitpunkt bestand die Gefahr, dass sich die hydraulisch betriebenen Bremsen des brennenden Zuges lösen und die gesamte Einheit unkontrolliert zurück in die Talstation rasen könnte.

Die eigentliche Unfallstelle im Tunnel der Gletscherbahn zum „Kitzsteinhorn“ konnte von den Einsatzkräften nur über einen Bergstollen (Querstollen, 638 m lang) zur Mittelstation erreicht werden. Das notwendige Gerät wurde mit Hubschraubern zum Stolleneingang gebracht. Von dort aus sorgten kleine kettengetriebene Karren und Handwagen für den Transport in den Tunnel.

Bilder oben und unten: Nur unter Atemschutz beziehungsweise mit Langzeit-Atemschutzgeräten war es möglich, zur Brandstelle vorzudringen. Für die jeweiligen Einsatzkräfte bestand dabei eine erhebliche Eigengefährdung.

Nachdem die ersteintreffenden Kräfte der Feuerwehr Kaprun über die im Streckenverlauf zwischen der Talstation und dem Tunnelportal liegenden Bahnbrücke an den Tunneleingang gelangten und von dort versuchten, sich ein Bild von der Lage zu machen, wurden sofort weitere Einsatzkräfte nachgefordert. Für die Feuerwehren und Rettungsdienste der Region wurde Großalarm gegeben. Alarmiert wurden auch Hubschrauber des Österreichischen Bundesheeres, des deutschen Bundesgrenzschutzes (heute: Bundespolizei) und die Rettungshubschrauber des Innenministeriums und des österreichischen Automobilclubs ÖAMTC.

Im Nahbereich der Talstation richteten Kräfte der Feuerwehren einen behelfsmäßigen Hubschrauber-Landeplatz ein.

Die Einsatzleitung richtete um 10.10 Uhr drei Einsatzabschnitte (EA) ein: „EA Tal/Landeplatz", „EA Mitte" (Zugangsstollen zur Mittelstation der Gletscherbahn) und „EA Bergstation/Alpincenter". Die erforderlichen Kräfte wurden per Hubschrauber zu den jeweiligen Einsatzstellen gebracht.

Nach ihrem Eintreffen in der Bergstation (Alpincenter) gelang es Einsatzkräften der Feuerwehr unter Atemschutz, eine im Eingangsbereich bewusstlos liegende Person zu retten – leider die einzige noch mögliche Menschenrettung!

Andere Kräfte nahmen Erkundungen über den Stollenzugang zur Mittelstation vor. Vom Tunnelportal nahe der Talstation aus versuchten Feuerwehrangehörige, den Tunnel mithilfe von Hochleistungslüftern weitgehend rauchfrei zu machen.

Eine Lagebesprechung der Einsatzführungskräfte in den Räumen der Talstation ergab um 12.05 Uhr die traurige und unwiderlegbare Tatsache, dass keine rettende Hilfe mehr möglich sei. Der Zug sei vollständig ausgebrannt, im Bereich des Tunnels bestehe für Passagiere keinerlei Überlebenschance mehr.

Etwa eine Stunde später drangen zwei Feuerwehr-Trupps unter Atemschutz über den Mittelstollen in den Bahntunnel vor. Sie trafen auf etwa 60 Tote, die innerhalb einer Entfernung von rund 50 Metern vom ausgebrannten Zug bergwärts auf den Treppen und Schienen lagen. Andere Passagiere waren noch in den Waggons des Zuges verbrannt.

Teile des eisernen Treppenaufgangs waren durch die Brandeinwirkung und die Strahlungshitze geschmolzen. Unklar blieb auch zu diesem Zeitpunkt noch die Standfestigkeit des Zuges. Die Frage, inwieweit das Zugseil noch beziehungsweise auf Dauer funktionsfähig war und ob die Bremsen den Zug weiterhin vor dem unkontrollierten Zurückrasen in die Talstation bewahren konnten, blieb auch nach der Lageerkundung unbeantwortet.

Um im Ausschlussverfahren eine mögliche Gewissheit über die Namen der Opfer zu erhalten, richtete das Österreichische Rote Kreuz (ÖRK) eine Kontrollstelle ein, die alle vom „Kitzsteinhorn“ abreisenden Touristen passieren mussten. Dabei wurden alle Kraftfahrzeuge angehalten und die Namen der darin befindlichen Personen notiert. Später wurde eine Liste mit den Namen derjenigen veröffentlicht, die sich definitiv unter den Überlebenden der Brandkatastrophe befanden.

Einsatzkräfte aller beteiligten Organisationen (Feuerwehren, Rettungsdienste, Luftrettung, Bergrettung, Grubenwehr, Bundesheer) sowie Staatsanwaltschaft und Gerichtsmediziner nahmen an den beiden Folgetagen

Einsatzablauf

Uhrzeit	Alarmierung, Eintreffen, Maßnahmen
09.12 Uhr	Alarmierung Freiwillige Feuerwehr Kaprun (Tunnelbrand Gletscherbahn)
09.13 Uhr	Alarmierung Freiwillige Feuerwehr Zell am See (Nachrichtengruppe Pinzgau)
09.20 Uhr	Ankunft Freiwillige Feuerwehr Kaprun (Einsatzstelle Talstation)
	Auslösung Alarmstufe 2, Nachalarmierungen weiterer Feuerwehren/Rettungsorgan.
09.21 Uhr	Erkundung am Tunnelportal der Gletscherbahn
09.22 Uhr	Alarmierung Betriebsfeuerwehr Tauernkraftwerke Kaprun
09.23 Uhr	Alarmierung Freiwillige Feuerwehr Bruck (TLF-A)
09.30 Uhr	Anforderung von Hubschraubern
09.33 Uhr	Einrichtung eines behelfsmäßigen Hubschrauberlandeplatzes
10.00 Uhr	Eintreffen der ersten Hubschrauber
10.00 Uhr	Nachalarmierung weiterer Atemschutzträger
10.01 Uhr	Schadensereignis wird zur „Katastrophe“ erklärt
10.10 Uhr	Einteilung Einsatzabschnitte „Berg“, „Mitte“ und „Tal“
10.10 Uhr	Mannschafts- und Gerätetransport per Hubschrauber zur Mittel- und Bergstation
10.15 Uhr	1. Erkundung über den Mittelstollen („Zunächst kein Einsatz möglich!“)
	Weitere Erkundungen in Folge, Einsatz von Hochleistungslüftern
10.16 Uhr	1. Erkundung der Bergstation (Alpincenter)
	Weitere Erkundungen in Folge, Einsatz von Hochleistungslüftern
10.40 Uhr	Alarmierung Freiwillige Feuerwehren Tennengau und Pongau (GW-Atemschutz)
10.40 Uhr	Aufbau Einsatzleitung an der Talstation
10.41 Uhr	Einrichtung Pressestelle in Kaprun
10.58 Uhr	Nachforderung Langzeit-Atemschutzgeräte (LdFwSchule Lebring)
11.34 Uhr	Meldung EA „Berg“: 3 Tote geborgen, 1 Person gerettet
11.45 Uhr	Eintreffen Freiwillige Feuerwehren Bad Gastein und Hofgastein (Atemschutzgeräte)
12.00 Uhr	Einrichtung eines Kontrollpunktes zur Personen-Feststellung (ÖRK)
12.05 Uhr	1. Lagebesprechung (Talstation)
13.00 Uhr	1. Pressekonferenz mit Lagebericht
13.13 Uhr	Weitere Erkundung der unmittelbaren Brandstelle im Tunnel (2 AT-Trupps)
14.00 Uhr	Eintreffen von ca. 30 Langzeit-Atemschutzgeräten (Steiermark)
15.05 Uhr	Weitere Erkundungen ab EA „Berg“ und EA „Mitte“
16.27 Uhr	Rückmeldung: Keine Überlebenschance im Tunnel
ab 17.00 Uhr	Bergeeinsatz!
18.30 Uhr	2. Einsatzleiterbesprechung
19.00 Uhr	2. Pressekonferenz
19.30 Uhr	Gedenkmesse im Feuerwehrhaus Kaprun

die Bergung der Opfer aus dem Tunnel, die Verbringung zur Talstation sowie deren Identifizierung vor. Erste Ermittlungen zur Unfallursache wurden von der Kriminalpolizei im Tunnelbereich vorgenommen.

Einsatzkräfte

Zwischen dem 11. und 16. November 2000 waren zwischen der Talstation der Gletscherbahn Kaprun und der Bergstation „Alpincenter“ insgesamt 773 Kräfte der 36 beteiligten Feuerwehren im Einsatz, 575 davon alleine am Samstag beziehungsweise 110 am Sonntag. Insgesamt wurden über 5.400 Einsatzstunden geleistet, davon mehr als 240 Stunden unter Atemschutz.

Der Fahrtunnel der Gletscherbahn. Neben den Gleisen führen steile und schmale Treppen beziehungsweise Eisenstufen nach oben und nach unten. Das Bild zeigt den inzwischen rauchfrei gemachten Tunnel oberhalb der eigentlichen Brandstelle. Dieser Bereich war zunächst nur über den Querstollen zu erreichen.

Kapitel 2

Leid und Tod beisammen: Unfälle

Die Heckturbine der russischen „Tupolew“ wurde weltweit zum grausamen Symbol einer Flugzeugkatastrophe mit ungeahnten Ausmaßen.

1. Juli 2002:
Der Flugzeugabsturz von Überlingen am Bodensee

Kollision über dem See

Vorwort
Ein solches Ereignis wie die Kollision und der Absturz der beiden Flugzeuge über dem Bodensee bei Überlingen ist gedanklich nur schwer, eventuell gar nicht zu realisieren. Sicherlich, Einsätze nach Großschadensereignissen – zum Beispiel der Absturz eines Flugzeuges mit „unzähligen" Verletzten und Toten sowie mit ganzen „Heerscharen" von Einsatzkräften und -fahrzeugen – werden bei den Feuerwehren und Rettungsdiensten immer mal wieder trainiert. Mit der offensichtlichen Realität haben solche Übungen meist wenig zu tun – das jedenfalls wurde nach dem Ereignis am Bodensee deutlich.
Die ersten Meldungen über den Absturz glichen einem unwirklichen Traum. Nur langsam, sehr langsam wurde aus vielen kleineren Einzelereignissen ein Großschadensfall. Irgendwie weigerte sich das eigene Bewusstsein, einen Realfall diesen Ausmaßes zu akzeptieren. Ein natürlicher Schutz vor dem Grauen – vermutlich?!
Der Flugzeugabsturz am Bodensee jedenfalls hat mit brutaler Realität deutlich gemacht, dass ein solches Großschadensereignis völlig unerwartet auch über eine ansonsten ruhige, eher beschauliche Region hereinbrechen kann, mit all seinen Folgen und Auswirkungen. Niemandem, wirklich niemandem, der sich im Rahmen der Feuerwehren und der Rettungsdienste engagiert und sich mit fiktiven Trainingsereignissen beschäftigt, ist ein solches Ereignis in all seiner „realen Realität" zu wünschen.
Der nachstehende Beitrag versucht, sowohl die organisatorische als auch die menschliche Realität im Rahmen der Feuerwehr- und Rettungseinsätze jener Tage zu vermitteln.
Der Autor Wolfgang Jendsch war zum Zeitpunkt des Ereignisses als Pressesprecher des „Internationalen Bodensee-Feuerwehrbundes" (BFB) sowie als Fachberater PRÖ der Feuerwehr Radolfzell/Bodensee für die Einsatzdokumentation zuständig.

Mit eigenen Augen und Ohren

Es war eine warme, fast schon schwüle Nacht an diesem Montagabend. Am Himmel über dem nord- und südwestlichen Ausläufer des Bodensees sowie über dem hügeligen „Bodanrück", der beide Seebereiche trennt, konnte die aufziehende Bewölkung beobachtet werden. Ein nahendes Gewitter schien wahrscheinlich.

Die Kollision der beiden Flugzeuge über dem Bodensee und der eigentliche Absturz wird in einem Umkreis von mehr als 20 oder 30 Kilometern von zahlreichen Menschen in Überlingen sowie in der Region am nordwestlichen Bodensee unbewusst beobachtet. An einen möglichen Flugzeugabsturz erinnern die beobachteten Ereignisse jedoch zunächst niemanden. Viele denken zunächst an ein Gewitter. „Eine Art Wetterleuchten über den Wolken", so ein Anwohner. Andere registrieren „... mehr als ein Gewitter", eher ein „... Krachen, das Fenster und Einrichtungen erzittern ließ". Wiederum andere Augen- und Ohrenzeugen sprachen von einem „langen lauten Grollen", einer „heftigen Explosion", einem „Feuerball am Himmel". „Ein irres Leuchten, dann brennt der Himmel", titelte etwas überschwänglich gar eine regionale Tageszeitung. Aber auch ein Kapitän einer Autofähre auf dem Bodensee zwischen Konstanz und Meersburg hatte damals dieses „Brennen" beobachtet: „Plötzlich ist es am Himmel ganz hell geworden. Der Himmel sah aus, als wenn er brennt", so seine Beobachtungen.

Eberhard Saur wohnt im Radolfzeller Ortsteil Stahringen, nur unweit vom nordwestlichen Ausläufer des Bodensees entfernt. Der stellvertretende Kommandant der Feuerwehr Radolfzell war an jenem Abend auf dem Heimweg von einer Feuerwehrübung. Gegen 23.30 Uhr nahm Saur einen dumpfen Knall wahr, verbunden mit einem gleißenden Leuchten am Himmel über der dünnen Wolkenschicht. „Ein Gewitter", schoss es auch ihm zunächst durch den Kopf. Als Eberhard Saur unmittelbar danach dann aber weitere explosionsartige Lichtblitze am Nachthimmel wahrnahm, dazu drei leuchtende Feuerbälle aus den Wolken stürzen sah, spürte der erfahrene Feuerwehrmann instinktiv, dass in diesem Moment etwas Schreckliches passiert sein musste.

Hintergründe und Fakten

Um 21.00 Mitteleuropäischer Sommerzeit (MESZ) startete nach einer Zwischenlandung auf dem Flughafen in Moskau ein russisches Passagierflugzeug vom Typ „Tupolew Tu-154M" (Flug 2937, Registrierung: RA-85816) der „Bashkirian Airlines" (Russische Föderation) zum Weiterflug nach Barcelona in Spanien. An Bord waren neben der zwölfköpfigen Besatzung eine 57-köpfige Schülergruppe mit ihren Betreuern aus Ufa im Südural. Die Gruppe mit Jungen und Mädchen im Alter von zwölf bis 18 Jahren befand sich auf dem Weg zu einem Urlaub nach Salou an der Costa Brava/Spanien.

Um 23.06 Uhr erhielt eine aus Bahrain am Persischen Golf kommende Transportmaschine des Frachtdienstes „DHL Worldwide Express" (Flug 611, Registrierung:

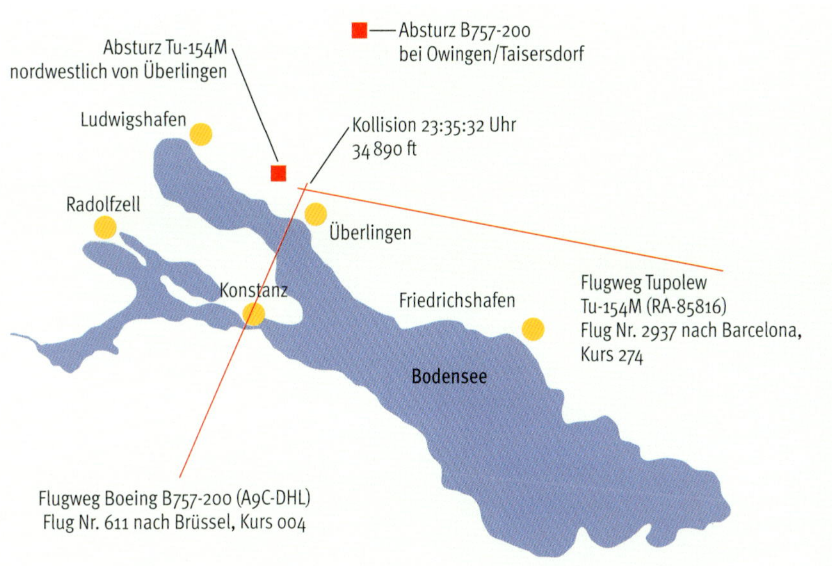

A9C-DHL) auf dem Flughafen im italienischen Bergamo die Freigabe zum Weiterflug nach Brüssel. Die „Boeing B 757-200" war besetzt mit dem Piloten und seinem Co-Piloten. Die Fracht der Maschine bestand aus rund 7 Tonnen Briefen, Päckchen und Paketen, die aus dem Mittleren Osten sowie aus Südosteuropa und Italien nach Brüssel transportiert werden sollten.

Um 23.30 Uhr übergab das Kontrollzentrum der Deutschen Flugsicherung in München die russische „Tupolew Tu-154M" an die für den süddeutschen Luftraum zuständige Schweizer Flugsicherung „Skyguide" in Zürich-Kloten („Area Control Center"/ACC Zürich).

Wenige Minuten vor der Kollision um 23.35 Uhr kam es dann zwischen dem Radarlotsen der „Skyguide", dem russischen Piloten der „Tupolew 154M" und dem in seiner Maschine befindlichen automatischen Kollisionswarngerät („Traffic Alert and Collision Avoidance System"/TCAS) offensichtlich zu Missverständnissen, die letztendlich zur Kollision mit der zu diesem Zeitpunkt auf gleicher Flughöhe („Flight Level"/FL 360) fliegenden „Boeing 757-200" führten.

Die russische Passagiermaschine flog auf einer Flugfläche („Flight Level"/FL 360)[1] von rund 36.000 Fuß (ca. 10.970 m)[2] auf Kurs 274 Grad, als sie um 23.30 Uhr in dem vom ACC Zürich kontrollierten Luftraum eintraf. Laut Untersuchungsbericht der für die Untersuchung des Absturzes zuständigen deutschen[3] „Bundesstelle für Flugunfalluntersuchung" (BFU) in Braunschweig warnte das bordeigene Kollisionswarngerät um 23.34:42 Uhr Ortszeit die Piloten vor möglichem „Konfliktverkehr". Kurz darauf (um 23.34:49 Uhr) erteilte ACC Zürich der Besatzung die Anweisung zum Sinkflug und wies dabei zusätzlich auf möglichen „Konfliktverkehr"[4] hin. Zeitgleich mit dem Ende der verbalen Anweisung generierte das an Bord befindliche TCAS eine sogenannte „Resolution Advisory" (RA)[5] für einen sofortigen Steigflug („Increase climb!").

[1] „Flight Level" – Flugfläche, eine Fläche konstanten Luftdrucks über einen Druckwert von 1013 hPA. Die entsprechende Flughöhe wird in feet (ft) mal 100 errechnet.

[2] ft – feet/Fuß: 1 Fuß = 0,3048 m

[3] Die Kollision der „Boeing B 757-200" und der „Tupolew Tu-154M" über dem Bodensee ereignete sich über deutschem Hoheitsgebiet. Damit war die Bundesrepublik Deutschland und durch gesetzlichen Auftrag des „Flugunfall-Untersuchungsgesetzes" (FlUUG) die „Bundesstelle für Flugunfalluntersuchung" (BFU) für die Untersuchung zuständig.

[4] Verbale Anweisung des Skyguide-Fluglotsen (ACC Zürich) laut BFU: „B-T-C 2937, descend flight level 3-5-0, expedite, I have crossing traffic!"

[5] „Resolution Advisory" – eine vom Kollisionswarnsystem („Trafic Collision Avoidance System"/TCAS) automatisch herausgegebene „Dringende Empfehlung" zur Vermeidung einer akuten Kollisionsgefahr innerhalb der nächsten 15 bis 35 Sekunden.

Die ersten Feuerwehr-Einsatzkräfte trafen zunächst auf kleinere und größere Brände von Teilen der abgestürzten Flugzeuge.

Löscharbeiten am Wrack der „Boeing" im Raum Taisersdorf. Die Frachtmaschine war dort in ein Waldstück gestürzt.

Laut BFU wurden diese Anweisungen von den Piloten zwar nicht bestätigt, aber trotzdem sofort umgesetzt. Nach weiteren sieben Sekunden (23.34:56 Uhr) wiederholte der Radarlotse der „Skyguide" seine Anweisung an die Besatzung der „Tupolew", zügig auf eine Höhe von „FL 350" zu sinken[6]. Die Anweisung wurde von der Besatzung sofort bestätigt. Damit blieb die russische Crew bei ihrer Entscheidung, der Anweisung von ACC Zürich zu folgen.

Um 23.34:42 Uhr Ortszeit warnte das bordeigene „TCAS" die Besatzung der auf Kurs 004 Grad befindlichen DHL-Frachtmaschine vor möglichem „Konfliktverkehr"[7]. Genau 14 Sekunden später um 23.34:56 Uhr erhielt die Boeing-Besatzung vom „TCAS" eine sogenannte „Resolution Advisory" (RA) mit der Aufforderung zum Sinkflug. Die Besatzung folgte dieser Anweisung sofort. Weitere 14 Sekunden später erhielt sie das Kommando „Increase descent!" (Sinkflug verstärken!). Die Aufforderung wird durch die Crew bestätigt[8] und sofort ausgeführt.

Um 23.35:32 Uhr Ortszeit stießen die „Boeing B 757-200" und die russische „Tupolew Tu-154M" in 34.890 feet/ Fuß Flughöhe (ca. 10.634 m) zusammen und stürzten im Bereich der Gemeinden Owingen, Taisersdorf und Brachenreute nördlich der Stadt Überlingen am Bodensee (Bodenseekreis, Baden-Württemberg) ab.

Zum Unfallhergang teilte die „Bundesstelle für Flugunfalluntersuchungen" (BFU) unter anderem Folgendes mit:

- Zum Unfallzeitpunkt herrschten Sichtwetterbedingungen bei dunkler Nacht.
- Ein Ausweichmanöver nach Sicht stellte aufgrund der hohen Annäherungsgeschwindigkeit von 702–718 kt/Knoten (361–369 m/s)[9] und der Dunkelheit für keine der Flugbesatzungen eine Möglichkeit dar, den Zusammenstoß zu verhindern.
- Die Flugbahnen beider Flugzeuge kreuzten sich rechtwinklig. Während die „Boeing B 757-200" einen nördlichen Kurs flog (004°), flog die „Tupolew Tu-154M" einen westlichen Kurs (274°). Der Zusammenstoß erfolgte in einer Höhe von 34 890 ft/ feet/ Fuß.
- Die erste Berührung erfolgte zwischen dem Seitenleitwerk der „Boeing B 757-200" und dem linken Tragflügel und nachfolgend an der linken Rumpfseite der „Tupolew Tu-154M" im Bereich der Notausstiege.
- Die Beschädigungen am Rumpf der „Tupolew Tu-154M" führten zu einem explosionsartigen Druckverlust im Flugzeug.
- Aufgrund der strukturellen Beschädigungen war die „Tupolew Tu-154M" nach der Kollision nicht mehr flugfähig. Sie brach im Fluge auseinander, und Teile gerieten in Brand.
- Bei der Kollision wurde an der „Boeing B 757-200" ca. 80 % des Seitenleitwerkes zerstört.
- Das Flugzeug geriet danach in einen unkontrollierten Flugzustand und prallte mit einer negativen Längsneigung von mindestens 70° in einem Waldgebiet auf.
- Der Unfall war für die Insassen beider Flugzeuge nicht überlebbar.

Ursachen des Flugunfalls

Nach Abschluss ihrer Untersuchungen teilte die „Bundesstelle für Flugunfalluntersuchungen" (BFU) die ermittelten Ursachen für das Schadensereignis mit[10].

[6] Verbale Anweisung des Skyguide-Fluglotsen (ACC Zürich) laut BFU: „B-T-C 2937, descend level 3-5-0, expedite descent! We have traffic at your 2 o'clock position now at 3-6-0! "

[7] Automatische TCAS-Warnung „Traffic, traffic!"

[8] Meldung der Boeing-Crew an ACC Zürich: „Dilmun six hundred, TCAS descent!"

[9] kt – Knoten: 1 kt/Knoten = 1,852 km/h

[10] Bundesstelle für Flugunfalluntersuchung (BFU) am 19. Mai 2004 zur Veröffentlichung des Untersuchungsberichtes

Dabei unterscheidet sie die Ursachen in „unmittelbare Ursachen" (sie stehen in direkter Beziehung zum untersuchten Unfall) und „systemische Ursachen" (vom Einzelfall unabhängige Mängel mit prägendem Einfluss auf das Unfallgeschehen):

Unmittelbare Ursache Nr. 1

Die drohende Staffelungsunterschreitung[11] wurde durch die Flugsicherungskontrollstelle nicht rechtzeitig bemerkt. Die Anweisung zum Sinkflug an die „Tu-154M" erfolgte zu einem Zeitpunkt, als die vorgeschriebene Staffelung zur „B 757-200" nicht mehr gewährleistet werden konnte.

Erläuterung:

Mit dieser Ursache soll ausgedrückt werden, dass die Flugsicherungskontrollstelle zu spät auf die drohende Unterschreitung der Staffelung aufmerksam wurde, folglich die Anweisung zum Sinkflug an die „Tu-154M" zu spät erfolgte, um die Einhaltung der vorgeschriebenen Staffelung zu diesem Zeitpunkt noch sicherzustellen. Die Einhaltung der Staffelung hätte den Zusammenstoß sicher verhindert und TCAS wäre nicht aktiv geworden.

Die Unterschreitung der Staffelung hätte jedoch allein nicht zum Zusammenstoß geführt, weil die Anweisung sofort befolgt worden war und beide Luftfahrzeuge einander in noch ausreichendem Abstand passiert hätten. Erst in der Kombination mit der zweiten unmittelbaren Unfallursache ergibt sich die Bedeutung als Unfallursache.

Unmittelbare Ursache Nr. 2

Die Crew der „Tu-154M" folgte der Anweisung der Flugverkehrskontrollstelle zum Sinkflug und befolgte sie auch weiter als TCAS sie zum Steigflug aufforderte. Damit wurde ein zur TCAS-RA entgegengesetztes Manöver durchgeführt.

Erläuterung:

Mit dieser Ursache soll ausgedrückt werden, dass die Crew der „Tu-154M", die sofort nach der Anweisung durch ACC Zürich den Sinkflug eingeleitet hatte, die Entscheidung nicht revidierte, als zwei Sekunden später TCAS durch eine RA das Kommando zum Steigflug generierte.

Bei dieser Entscheidung wurde nicht beachtet, dass eine RA ein vertikales Ausweichmanöver ist, bei dem die beteiligten Luftfahrzeuge jeweils entgegengesetzte Kommandos zur Kollisionsvermeidung erhalten. Manöver, die entgegengesetzt zur eigenen RA geflogen werden, sind nach allen bekannten Unterlagen und Verfahren unbedingt zu vermeiden.

Das Befolgen der RA hätte den Unfall sicher verhindert.

Systemische Ursache Nr. 1

Die Integration von ACAS/TCAS II in das System Luftfahrt war unzureichend und entsprach nicht in allen Punkten der Systemphilosophie. Das für ACAS/TCAS II von der ICAO[12] veröffentlichte Regelwerk und in der Folge damit auch die Regelungen der nationalen Luftfahrtbehörden sowie die Betriebs- und Verfahrensanweisungen des TCAS-Herstellers und der Luftfahrtunternehmen waren

[11] Staffelungsunterschreitung: Unterschreitung des vorgeschriebenen Sicherheitsabstandes

[12] ICAO: International Civil Aviation Organization (Internationale Zivilluftfahrt-Organisation), gegründet am 7. Dezember 1944 gemäß ICAO-Abkommen. Derzeit gehören der ICAO 187 Vertragsstaaten an.

Im Rahmen von Pressekonferenzen wurden die zahlreich anwesenden Medienvertreter über das Ausmaß des Unglücks informiert. Im Bild (v.r.n.l.) der Leiter der Polizeidirektion Friedrichshafen, Peter Walser, Baden-Württembergs Polizeipräsident Erwin Hetger, Innenminister Thomas Schäuble und Vertreter des Bodenseekreises.

nicht einheitlich, lückenhaft und teilweise in sich widersprüchlich.

Erläuterung:
Mit ACAS/TCAS wurde ein zusätzliches Sicherheitssystem in der Luftfahrt eingeführt. Als in ein Luftfahrzeug eingebautes System arbeitet es bodenunabhängig. ACAS/TCAS ist als „System der letzten Möglichkeit" konzipiert und arbeitet unabhängig von der Flugsicherung. Beiden ist gemeinsam, dass sie u. a. die Aufgabe haben, Kollisionen zu vermeiden.

Die BFU geht davon aus, dass mit der durch internationale Vorgaben vorgeschriebenen Einführung von ACAS/TCAS II in der Luftfahrt auch die Umsetzung der Systemphilosophie konsequent hätte vorgenommen werden müssen.

Die internationalen Regelwerke und in der Folge davon die nationalen Betriebsanweisungen hin bis zu den Verfahren wiesen nicht die notwendige Klarheit, Eindeutigkeit und Unmissverständlichkeit auf, um bei allen Beteiligten zweifelsfreie Entscheidungen zu gewährleisten.

Systemische Ursache Nr. 2
Die Führung und das Qualitätsmanagement des Flugsicherungsunternehmens gewährleistete keine permanente Besetzung der geöffneten Arbeitspositionen mit Flugverkehrsleitern im Nachtdienst.

Bild unten und rechts oben: Aufnahmefahrzeuge und internationale Medienvertreter waren in Überlingen zugegen, um die Nachricht vom Absturz der Flugzeuge in alle Welt zu tragen.

Erläuterung:
Damit soll ausgedrückt werden, dass die normale Besetzung der Nachtschicht beim ACC Zürich mit zwei Lotsen nicht ausreichte, um zwei Arbeitsplätze (RP und RE) besetzen und gleichzeitig die vorgeschriebenen Pausen einhalten zu können.

Systemische Ursachen Nr. 3
Die Führung und das Qualitätsmanagement des Flugsicherungsunternehmens duldete seit Jahren, dass zu verkehrsarmen Zeiten in der Nacht nur ein Lotse arbeitete, während sich der ebenfalls zur Schicht gehörende zweite Lotse zur Ruhe begab.

Erläuterung:
Damit soll ausgedrückt werden, dass es ein durch die Lotsen praktiziertes Verfahren gab, bei dem sich ein Lotse während verkehrsarmer Zeiten zur Ruhe begab und im Normalfall erst während der frühen Morgenstunden – wenn der Verkehr wieder zunahm – in den Kontrollraum zurückkehrte. Während dieser Zeit übernahm der andere Lotse allein die Kontrolle des Luftverkehrs im gesamten Luftraum des ACC Zürich.

Dieses Verfahren entstammt der Zeit als beim Nachtdienst noch mit drei Lotsen gearbeitet wurde. Nach der Reduzierung auf zwei Lotsen wurde es weiter praktiziert. Das war der Führung und dem Qualitätsmanagement bekannt und wurde von ihm geduldet.

Zusammenstöße zwischen zwei Verkehrsflugzeugen weisen immer auf ein Nichtfunktionieren der Sicherheitssysteme in der Luftfahrt hin. Auch dieser Unfall hat sich ereignet, weil viele Ereignisse und Umstände, Handlungen und Unterlassungen zusammentrafen, die für sich allein betrachtet manchmal eine nur geringe Bedeutung für die Flugsicherheit hätten haben können. Aber im zeitlich „unglücklichen" Zusammentreffen verknüpften sie sich, beeinflussten einander und setzten eine Ereigniskette fort, die nicht unterbrochen wurde und zum Unfall führte.

Damit sich ein gleichartiger Unfall nicht wiederholt, hat die BFU Sicherheitsempfehlungen herausgegeben, die an die „Internationale Zivilluftfahrt Organisation" (ICAO), das „Bundesamt für Zivilluftfahrt der Schweiz" (BAZL), die „Federal Aviation Administration der USA" (FAA) und die „Civil Aviation Authority" (CAA) der Russischen Föderation gerichtet wurden.[13]

[13] Bundesstelle für Flugunfalluntersuchung (BFU) am 19. Mai 2004 zur Veröffentlichung des Untersuchungsberichtes. Die angesprochenen Sicherheitsempfehlungen werden aus thematischen Gründen an dieser Stelle nicht veröffentlicht.

Einsatz von Feuerwehren und Rettungsdiensten

Am 01. Juli 2002 befanden sich gegen 23.30 Uhr ein Rettungswagen (RTW) und ein Notarzteinsatzfahrzeug (NEF) der DRK-Rettungswache Überlingen auf der Rückfahrt von einem internistischen Notarzteinsatz in Owingen, etwa vier Kilometer nördlich von Überlingen. Um 23.37 Uhr meldete der RTW der für den Bodenseekreis zuständigen „Integrierten Rettungs- und Feuerwehrleitstelle" (Leitstelle Bodensee) in Friedrichshafen einen „möglichen Flugzeugabsturz". Zur gleichen Zeit beobachtete die Besatzung des NEF, dass Personen aus der Luft knapp vor ihrem Fahrzeug zu Boden stürzten.

Ab 23.39 Uhr gingen die ersten Notrufe aus der Bevölkerung bei der Leitstelle ein. Verschiedene Anrufer aus der Region nördlich von Überlingen meldeten „kleinere Wald- und Flächenbrände" sowie wenig später den vermuteten „Absturz eines Kleinflugzeuges".

Um 23.44 Uhr ging ein Anruf über den „Absturz eines unbekannten Gegenstandes" in ein Waldgebiet bei Taisersdorf (etwa zehn Kilometer nördlich von Überlingen) ein.

Ein Anrufer teilte der Leitstelle um 23.46 Uhr konkret mit, dass sich „... bei Taisersdorf ein brennendes Fahrwerk" befinde. Weitere Meldungen gingen zeitgleich bei der benachbarten Leitstelle Sigmaringen ein.

Alarmierungen

Sofort nach Eingang der ersten Meldungen alarmierte die „Leitstelle Bodensee" mehrere Rettungswagen, einen Löschzug der Freiwilligen Feuerwehr Überlingen sowie die Freiwillige Feuerwehr Owingen. Auch die Leitstellen der Landkreise Sigmaringen und Konstanz alarmierten weitere Kräfte der Freiwilligen Feuerwehren sowie wenig später die DRK-Rettungsdienste aus Überlingen, Sigmaringen und Stockach.

Zahlreiche Feuerwehrangehörige aus Owingen hatten kurz vor dem Alarm ihrer Wehr den Absturz der Flugzeuge beobachtet. Auf der Anfahrt zur Einsatzstelle bei Taisersdorf – etwa vier Kilometer nördlich von Owingen – trafen dann die Einsatzkräfte auf Leichen unweit der Kreisstraße 7788.

Nachdem um 23.46 Uhr die Meldung über ein „brennendes Fahrwerk" einging und sich innerhalb kürzester Zeit die Notrufe aus der Region häuften, gingen die Disponenten der „Leitstelle Bodensee" nunmehr von einem größeren Schadensereignis aus, bei dem „... mindestens ein größeres Passagierflugzeug im Gebiet zwischen Überlingen und Owingen abgestürzt" sein müsste. Sie veranlassten nunmehr die umgehende zusätzliche Alarmierung von Sanitätseinheiten des Bodenseekreises sowie von zwei nachtflugtauglichen Rettungshubschraubern (RTH) der „Schweizer Rettungsflugwacht" (Rega) aus St. Gallen (Rega 7) und Zürich (Rega 1).

Darüber hinaus wurden ab Mitternacht von den Leitstellen des Bodenseekreises und der Landkreise Sigmaringen und Konstanz kontinuierlich weitere Kräfte der Feuerwehren, der Rettungsdienste, die Schnelleinsatzgruppen (SEG) aus Überlingen, Markdorf, Meersburg, Immenstaad und Friedrichshafen sowie die Wasserrettung alarmiert. Außerdem die Führungsgruppe der Feuerwehr Friedrichshafen, die Feuerlöschboote Friedrichshafen und Konstanz, die Löschzüge der Feuerwehren Radolfzell und Stockach (Landkreis Konstanz), eine Rettungshundestaffel des DRK Konstanz und die DRK-Einsatzeinheit 3 des Landkreises Konstanz sowie Feuerwehren und das Technische Hilfswerk (THW) aus dem benachbarten Landkreis Lindau und weitere Schnelleinsatzgruppen des Sanitätsdienstes.

Die ersten Feuerwehren trafen um Mitternacht an den Einsatzstellen ein und begannen schwerpunktmäßig im Bereich der Ortschaften Aufkirch (ca. ein Kilometer nordwestlich von Überlingen), Brachenreute (ca. drei Kilometer nordwestlich von Überlingen), Owingen und Taisersdorf mit der Bekämpfung der durch abstürzende Flugzeugteile ausgelösten Brände.

Als kurze Zeit später aufgrund einer Rückmeldung von der Einsatzstelle bei Brachenreute von einem „in Vollbrand stehenden dreistrahligen Hecktriebwerk mit russischen Hoheitszeichen“ die Rede war, wurde im Zusammenhang mit anderen Notrufen und Lagemeldungen klar, dass es sich um den Absturz von zwei Flugzeugen handeln musste.

Einsatzleitung

Nach Einrichtung der Technischen Einsatzleitung (TEL) im Feuerwehrgerätehaus Überlingen übernahm der Friedrichshafener Stadtbrandmeister (StBM) und Stellvertreter des Kreisbrandmeisters (KBM) Louis Laurösch, unterstützt vom stellvertretenden KBM Wolfgang Maier, die Einsatzführung. Nachdem die um 00.24 Uhr alarmierte Technische Einsatzleitung (TEL) des Bodenseekreises um 01.15 Uhr mit 19 Mitgliedern und elf Fachberatern einsatzbereit war, erfolgte dort zunächst die Aktualisierung der Gesamtlage.

Zur besseren Koordination der zahlreichen und in der Region weit verstreut tätigen Organisationen und Einsatzkräfte bildete die TEL dann drei Einsatzabschnitte (EA):

- EA Bereich Brachenreute (Absturzstelle der „Tupolew“),
- EA Bereich Taisersdorf (Absturzstelle der „Boeing“),
- EA Bereich Owingen (Absturz- und Fundstelle größerer Wrackteile und Leichen).

Absturz in den Bodensee?

Da zum Zeitpunkt des laufenden Einsatzes davon ausgegangen werden musste, dass eines oder mehrere Flugzeuge beziehungsweise Trümmer davon oder Personen in den Bodensee (Überlinger See) gestürzt sein könnten, wurden zunächst vorrangig die verfügbaren Wasserrettungs- und Tauchereinheiten des Bodenseekreises sowie der benachbarten Landkreise Konstanz und Lindau angefordert.

So erfolgte die Alarmierung der Einsatzleitungen der „Deutschen Lebensrettungs-Gesellschaft“ (DLRG) in den Zuständigkeitsbereichen Bodenseekreis und Bodensee-Konstanz, der Wasserwacht Lindau (über die Leitstelle Kempten/Allgäu) sowie der DLRG-Rettungsboote Meersburg, Sipplingen, Spetzgart, Immenstaad, Friedrichshafen, Langenargen, Konstanz und Bodman einschließlich der verfügbaren Rettungstaucher. Zusätzlich angefordert wurden die Feuerlöschboote aus Friedrichshafen und Konstanz sowie die Boote der Feuerwehren Lindau, Lindenberg/Allgäu und des „Technischen Hilfswerks“ (THW) Lindenberg/Allgäu.

Sucheinsatz „See“

Treffpunkt aller Wasserfahrzeuge – allen voran mehrere Boote der Wasserschutzpolizei (WaPo) – war der Bodensee vor Überlingen (Überlinger See).

Mit zunächst insgesamt 15 Booten der Feuerwehr, des THW und der Polizei – die Anzahl der Boote wurde im Verlauf der Nacht auf rund 30 erweitert – wurde ab 02.00 Uhr auf dem Überlinger See zwischen Unteruhldingen und Bodman-Ludwigshafen eine Suchkette mit Bootsabständen von etwa 100 Metern gebildet. Bis zum frühen Morgen des Dienstags (02.07.2002) fuhren die Boote dreimal den gesamten Seebereich ab.

Letztendlich ergab die Suche keinerlei Anhaltspunkte für einen Absturz von Flugzeugteilen oder Personen in den Überlinger See. Gegen Mittag wurde daraufhin der Sucheinsatz „See“ (Polizei-Einsatzabschnitt „See“) eingestellt.

Weitere Erkenntnisse und Maßnahmen

Gegen 00.20 Uhr wurde der Feuerwehr Überlingen über Funk durch die bei Taisersdorf tätigen Einsatzkräfte der Freiwilligen Feuerwehren Owingen und Herdwangen-Schönach gemeldet, dass sich dort ein abgestürztes und nahezu vollständiges Flugzeug (Boeing B 757-200) in Vollbrand befinde. Diese Meldung wurde ergänzt durch weitere Rückmeldungen über aufgefundene Leichenteile sowie über zahlreiche Tote, unter anderem im Bereich der „Klöberkreuzung“ im Gewerbegebiet Owingen (Landesstraßen 195 und 205), in den Ortschaften Owingen und Brachenreute sowie an der Landesstraße 205 zwischen Owingen und Ernatsreute.

Daraufhin sowie aufgrund weiterer bereits vorliegender und kontinuierlich eingehender Meldungen über Flugzeugteile und Leichen erfolgte unter anderem die zusätzliche Alarmierung weiterer Rettungshundestaffeln/-züge aus Sigmaringen, Konstanz, Nürtingen, Ulm, Donaueschingen, Villingen-Schwenningen, Tuttlingen und Biberach.

Um 00.51 Uhr wurden die Freiwilligen Feuerwehren Hagnau und Überlingen-Lippertsreute alarmiert. Sie richteten einen provisorischen Hubschrauberlandeplatz im Bereich eines Kreisverkehrs im Kreuzungsbereich der Landesstraße 195 mit der Kreisstraße 7772 zwischen Überlingen und Owingen unweit des „Adelshofer Weihers“ ein. Zu diesem Zeitpunkt befanden sich bereits die Hubschrauber der schweizerischen Rettungsflugwacht „Rega“ im Einsatz über den Absturzstellen, um dort nach möglichen Überlebenden zu suchen. Im Laufe der Nacht

Bild oben links und unten rechts: Am „Lugenhof“ beginnen die Aufräumarbeiten. Hier war ein Teilstück der „Boeing“ und ein komplettes Fahrwerk unmittelbar neben das Wohnhaus gestürzt.

Alarmierungen - Zeitablauf Flugzeugabsturz Bodensee		
Alarmierung	Einheit/Organisation	Leitstelle
Montag, 1. Juli 2002		
23.35 Uhr	Kollision und Absturz	
23.40 Uhr	Lage: Flugzeugabsturz, Näheres nicht bekannt	
23.40 Uhr	FF Überlingen, 2. Zug	Bodenseekreis
23.40 Uhr	FF Herdwangen-Schönach	Sigmaringen
23.41 Uhr	KBM	Bodenseekreis
23.44 Uhr	FF Owingen	Bodenseekreis
23.45 Uhr	Lage: Vermutlich Absturz Kleinflugzeug	
23.45 Uhr	Lage: Gebäudebrand Owingen	
23.45 Uhr	NEF/RTW Rettungswache Überlingen	Bodenseekreis
23.45 Uhr	NEF/RTW/KTW DRK-Rettungswache Stockach	Konstanz
23.46 Uhr	2 RTH Rega Zürich/Schweiz	Rega-Zentrale
23.46 Uhr	Lage: Brennendes Fahrwerk Taisersdorf	
23.46 Uhr	FF Überlingen, 1. und 3. Zug	Bodenseekreis
23.46 Uhr	Führungsgruppe FF Überlingen	Bodenseekreis
23.46 Uhr	RTW Rettungswache Salem	Bodenseekreis
23.46 Uhr	2 RTW Rettungswache Friedrichshafen	Bodenseekreis
23.46 Uhr	Leitender Notarzt (LNA)	Bodenseekreis
23.46 Uhr	SEG Überlingen	Bodenseekreis
23.46 Uhr	SEG Markdorf	Bodenseekreis
23.46 Uhr	SEG Meersburg	Bodenseekreis
23.46 Uhr	SEG Immenstaad	Bodenseekreis
23.46 Uhr	SEG Friedrichshafen	Bodenseekreis
23.46 Uhr	NEF/RTW DRK Pfullendorf	Sigmaringen
23.55 Uhr	Lage: Brennende Wrackteile Aufkirch	
23.58 Uhr	FF Frickingen	Bodenseekreis
Dienstag, 2. Juli 2002		
00.05 Uhr	THW Überlingen	THW
00.05 Uhr	THW Stockach	THW-Information
00.05 Uhr	THW Radolfzell	THW-Information
00.05 Uhr	THW Konstanz	THW-Information
00.05 Uhr	THW Friedrichshafen	THW-Information
00.05 Uhr	THW Weingarten	THW-Information
00.05 Uhr	THW Biberach	THW-Information
00.05 Uhr	THW Weingarten	THW-Information
00.11 Uhr	Führungsgruppe FF Friedrichshafen	Bodenseekreis
00.11 Uhr	FLB Friedrichshafen	Bodenseekreis
00.11 Uhr	FFA Ailingen (Gebietsabdeckung)	Bodenseekreis
00.11 Uhr	FLB Konstanz	Konstanz
00.11 Uhr	FF Lindau (Boote, Taucher)	Kempten
00.11 Uhr	FF Lindenberg (Boot, Taucher)	Kempten
00.11 Uhr	THW Lindau (Boot, Taucher)	Kempten
00.12 Uhr	RTW DRK Sigmaringen	Sigmaringen
00.12 Uhr	SEG DRK Pfullendorf	Sigmaringen
00.17 Uhr	FF Salem	Bodenseekreis
00.17 Uhr	FFA Frickingen-Leustetten	Bodenseekreis
00.18 Uhr	SEG DRK Ravensburg	Ravensburg
00.18 Uhr	SEG JUH Ravensburg	Ravensburg
00.21 Uhr	FF Frickingen	Bodenseekreis
00.24 Uhr	TEL Bodenseekreis, Landrat	Bodenseekreis
00.24 Uhr	Fachberater Bergung (THW)	Bodenseekreis
00.30 Uhr	SEG JUH Friedrichshafen	Bodenseekreis
00.42 Uhr	DLRG-Einsatzleitung Bodenseekreis	Bodenseekreis
00.42 Uhr	DLRG-Einsatzleitung Bodensee-Konstanz	Konstanz
00.42 Uhr	Wasserwacht Lindau	Kempten
00.45 Uhr	DLRG-Rettungsboot Meersburg	Bodenseekreis
00.45 Uhr	DLRG-Rettungsboot Sipplingen	Bodenseekreis
00.45 Uhr	DLRG-Rettungsboot Spetzgart	Bodenseekreis

Alarmierungen - Zeitablauf Flugzeugabsturz Bodensee		
Alarmierung	Einheit/Organisation	Leitstelle
Dienstag, 2. Juli 2002		
00.45 Uhr	DLRG-Rettungsboot Immenstaad	Bodenseekreis
00.45 Uhr	DLRG-Rettungsboot Friedrichshafen	Bodenseekreis
00.45 Uhr	DLRG-Rettungsboot Langenargen	Bodenseekreis
00.46 Uhr	DLRG-Rettungsboote Konstanz	Konstanz
00.46 Uhr	DLRG-Rettungsboote Bodman	Konstanz
00.47 Uhr	FF Radolfzell (Bereitstellung)	Konstanz
00.47 Uhr	FF Stockach (Bereitstellung)	Konstanz
00.47 Uhr	DRK-Rettungshundestaffel Konstanz	Konstanz
00.47 Uhr	RTW DRK Radolfzell (Bereitstellung)	Konstanz
00.50 Uhr	FFA Überlingen-Nußdorf	Bodenseekreis
00.51 Uhr	FF Hagnau	Bodenseekreis
00.56 Uhr	DRK-Einsatzeinheit (SEG) 3, Landkreis Konstanz	Konstanz
01.15 Uhr	TEL Bodenseekreis: Einsatzbereitschaft hergestellt	
01.20 Uhr	Lage: Heckleitwerk bei Taisersdorf	
01.20 Uhr	Lage: Leichen/Leichenteile Owingen, Brachenreute	
01.30 Uhr	Lage: Weitere Wrackteile in der Region	
01.30 Uhr	FF Markdorf	Bodenseekreis
01.35 Uhr	Stabsleiter KatS-Stab Bodenseekreis	Bodenseekreis
01.38 Uhr	Lage: Leichen Brachenreute	
01.38 Uhr	Lage: Leichen/Leichenteile Brachenreute, Owingen	
01.50 Uhr	FF Meersburg	Bodenseekreis
01.50 Uhr	Rettungshundestaffel Sigmaringen	Sigmaringen
01.50 Uhr	Rettungshundestaffel Nürtingen	Nürtingen
01.53 Uhr	FF Uhldingen-Mühlhofen	Bodenseekreis
01.54 Uhr	FF Bermatingen	Bodenseekreis
02.00 Uhr	Lage: Triebwerk/Heckleitwerk Brachenreute	
02.05 Uhr	DRK-Rettungshundestaffel Ulm	Ulm
02.10 Uhr	Sucheinsatz Land, Suchgruppe 1	
02.13 Uhr	Lage: Leichen Brachenreute	
02.12 Uhr	Sucheinsatz Überlinger See	
02.18 Uhr	Sucheinsatz Land, Suchgruppe 2	
02.25 Uhr	FF Sipplingen	Bodenseekreis
02.25 Uhr	ASB-Rettungshundezug Tuttlingen	Tuttlingen
02.30 Uhr	Polizeialarm Bodenseekreis	Polizeidirektion
02.30 Uhr	FF Markdorf	Bodenseekreis
02.35 Uhr	Sucheinsatz Land, Suchgruppe 3	
02.35 Uhr	ASB-Rettungshundezug Biberach	Ravensburg
02.39 Uhr	Sucheinsatz Land, Suchgruppe 4	
02.40 Uhr	Sucheinsatz Land, Suchgruppe 5	
02.42 Uhr	Lage: Weitere Leichen Brachenreute	
02.45 Uhr	Lage: Grössere Wrackteile Owingen-Ernatsreute	
02.49 Uhr	FFA Überlingen-Nesselwangen	Bodenseekreis
02.50 Uhr	Lage: Leichen Umgebung Brachenreute	
02.56 Uhr	Lage: Tupolew-Rumpf bei Brachenreute, Cockpit	
03.00 Uhr	Presseinformation FF Überlingen	
03.04 Uhr	FF Tettnang (Gebietsabdeckung)	Bodenseekreis
03.11 Uhr	Lagebesprechung „Suchkette See“	
03.20 Uhr	Anfrage an BFU, Detailinformationen	
03.20 Uhr	Lagebericht TEL an KatS-Stab	
03.34 Uhr	FF Markdorf (Brandeinsatz/Fehleinsatz)	Bodenseekreis
03.45 Uhr	Lage: Kein Gefahrgut an Bord der Boeing	
04.00 Uhr	Medienkonferenz Kursaal Überlingen	
05.02 Uhr	FF Bermatingen	Bodenseekreis
05.02 Uhr	FFA Bermatingen-Ahausen	Bodenseekreis
05.33 Uhr	FF Deggenhausertal	Bodenseekreis
05.43 Uhr	Lage: Kerosin in Kanalisation, Owingen	
06.20 Uhr	Auflösung TEL Bodenseekreis	

beziehungsweise am frühen Morgen des Dienstags trafen weitere Maschinen der Bundeswehr (SAR Landsberg und Ingolstadt, G-RTH Ulm) sowie des Bundesgrenzschutzes (heute: Bundespolizei) und der Polizei ein.

Für an- und nachrückende Einsatzkräfte aus dem östlichen Teil des Bodenseekreises und aus Bayern sowie aus dem Landkreis Konstanz wurden Bereitstellungsräume eingerichtet. So verblieben die Rettungstaucher der Feuerwehren Lindau und Lindenberg (Bayern) mit ihren Einsatzfahrzeugen auf einem Parkplatz der Kloster- und Wallfahrtskirche Birnau an der Bundesstraße 31 (ca. zwei Kilometer östlich von Überlingen). Ein weiterer Bereitstellungsraum im Bodenseekreis wurde am Feuerwehrgerätehaus Markdorf (ca. 20 Kilometer nordöstlich von Überlingen) eingerichtet. Den Kräften aus dem Landkreis Konstanz wurde das Gelände der Firma „Tox-Dübel" am Ortsrand von Ludwigshafen/Bodensee (B 33, ca. acht Kilometer westlich von Überlingen) zugewiesen. Die bereits im Schadensgebiet befindlichen Sanitätseinheiten sowie nicht mehr zur Brandbekämpfung benötigte Einsatzkräfte der Feuerwehren wurden neben dem Hubschrauber-Landeplatz am „Adelshofer Weiher" an der Landesstraße 195 zusammengezogen.

Sucheinsatz „Land"

Um 02.10 Uhr meldete sich das Deutsche Rote Kreuz (DRK) mit sieben Schnelleinsatz-Gruppen (SEG; rund 100 Kräfte und zehn Notärzte) einsatzbereit im Bereitstellungsraum „Adelshofer Weiher".

Nachdem etwa ab 01.30 Uhr weitere konkrete Meldungen und Fakten über die abgestürzten Flugzeuge sowie zur Anzahl der jeweiligen Passagiere eingingen, bildeten Kräfte der Feuerwehren, des Technischen Hilfswerkes (THW), der Schnelleinsatzgruppen (SEG) sowie der Rettungshundestaffeln zunächst fünf Gruppen zur kontrollierten Absuche folgender Gebiete nach Überlebenden, Toten, Leichen- und Wrackteilen:

- Suchbereich 1: Hohenlinden, Höllwangen, Spetzgart, Aufkirch;
- Suchbereich 2: Brachenreute-Ort, Risthof, Aufkirch;
- Suchbereich 3: Industriegebiet Owingen, Lippertsreute, Ernatsreute, Hohenreute, Hansenhof, Risthof;
- Suchbereich 4: Bruckfelden, Gaihhöfe, Taisersdorf, Wälde, Owingen, Ernatsreute;
- Suchbereich 5: Bruckfelden, Lippertsreute.

Alarmierungen - Zeitablauf Flugzeugabsturz Bodensee

Alarmierung	Einheit/Organisation	Leitstelle
Dienstag, 2. Juli 2002		
	Polizeilage	
06.30 Uhr	Übernahme Einsatzkoordination FüGr FF Überlingen	
	für in Bereitschaft stehende Feuerwehreinheiten	
06.30 Uhr	Lage: Abbruch Tauchereinsatz Überlinger See	
10.07 Uhr	FF Überlingen (Nachlöscharbeiten Lugenhof)	Bodenseekreis
15.12 Uhr	FF Überlingen (Abpumpen Kerosin, Aufkirch)	Bodenseekreis
15.21 Uhr	FF Owingen	Bodenseekreis
16.47 Uhr	FF Bermatingen (LiMa)	Bodenseekreis
16.54 Uhr	FF Eriskirch (LiMa)	Bodenseekreis
16.57 Uhr	FF Heiligenberg (LiMa)	Bodenseekreis
19.50 Uhr	Lagebesprechung Bergung, Brachenreute	
21.30 Uhr	FF Owingen (LiMa)	Bodenseekreis
Mittwoch, 3. Juli 2002		
10.30 Uhr	THW Überlingen (Bergung)	Bodenseekreis
10.30 Uhr	THW Pfullendorf (Bergung)	
12.00 Uhr	FF Überlingen (Bergung)	Bodenseekreis
15.30 Uhr	FF Owingen (Technische Hilfeleistung)	Bodenseekreis
18.30 Uhr	THW Stockach (Bergung)	Konstanz
Donnerstag, 4. Juli 2002		
04.00 Uhr	Lage: Leichenbergung Tupolew-Rumpf beendet	
11.06 Uhr	THW Überlingen (Bergung)	Bodenseekreis
11.06 Uhr	FF Überlingen (Bergung/Brandschutz)	Bodenseekreis
11.41 Uhr	THW Überlingen (Bergung)	Bodenseekreis
11.41 Uhr	FF Owingen (Bergung/Brandschutz)	Bodenseekreis
12.00 Uhr	THW Radolfzell (Lkw-Kran; Bergung)	Konstanz
13.00 Uhr	THW Friedrichshafen (FGr. Räumen; Bergung)	Bodenseekreis
16.00 Uhr	THW Friedrichshafen (Bergung)	Bodenseekreis
16.00 Uhr	THW Überlingen (Bergung)	Bodenseekreis
16.00 Uhr	THW Weingarten (Bergung)	Ravensburg
Freitag, 5. Juli 2002		
07.00 Uhr	THW Überlingen (Bergung)	Bodenseekreis
07.00 Uhr	THW Weingarten (Bergung)	Ravensburg
07.00 Uhr	FF Überlingen (Abpumpen Kerosin, Taisersdorf)	Bodenseekreis
09.00 Uhr	FF Owingen (Bergung/Brandschutz)	Bodenseekreis
11.40 Uhr	FF Überlingen (Bergung/Brandschutz, Kerosin)	Bodenseekreis
Samstag, 6. Juli 2002		
	DLRG Radolfzell (Leichensuche Adelshofer Weiher)	Konstanz
	THW Überlingen (Technische Hilfe Leichensuche)	Bodenseekreis
	THW Überlingen (Bergung)	Bodenseekreis
Sonntag, 7. Juli 2002		
	THW Überlingen (Technische Hilfe)	Bodenseekreis
Montag, 8. Juli 2002		
	THW Überlingen (Technische Hilfe)	Bodenseekreis

Im Verlauf dieser großräumigen Gebietsabsuchungen fanden die Einsatzkräfte zahlreiche Tote, Leichenteile und Wrackteile. Kleinere Wrackteile fanden sich verstreut über ein rund 30 Quadratkilometer großes Gebiet, zum Teil auch in den nördlich angrenzenden Landkreisen Sigmaringen und Ravensburg.

Alle ausgemachten Fundstellen und Funddetails wurden genau dokumentiert und an die Einsatzleitung gemeldet. Weitere Suchgruppen (einzelne Hundestaffeln, Kleingruppen) wurden daraufhin je nach Eingang der Fundmeldungen (Wrackteile, Leichen, Leichenteile) gezielt zur Personen- und Leichensuche eingesetzt.

Alle Straßen und Zufahrten der betroffenen Region wurden von der Polizei für jeglichen nicht-einsatzgebundenen Straßen- und Personenverkehr gesperrt.

Am Folgetag (Dienstag, 02. Juli 2002) liegen dann endgültige und gesicherte Erkenntnisse über das Absturzereignis und seine unmittelbaren Folgen vor. Nach den Informationen der „Bundesstelle für Flugunfalluntersuchungen" (BFU) handelte es sich um eine Frachtmaschine der DHL[14] vom Typ „Boeing B 757-200" mit zwei Besatzungsmitgliedern, 7 Tonnen Fracht (kein Gefahrgut) und 8 Tonnen Treibstoff (Kerosin) an Bord. Für die russische Passagiermaschine „Tupolew Tu-154M" wurden mindestens 93 Passagiere und Besatzungsmitglieder angegeben.

[14] DHL Vertriebs GmbH & Co. OHG, Bonn. „DHL" bezeichnet die Anfangsbuchstaben der Firmengründer Dalsey, Hillblom und Lynn. Hauptaktionär der DHL ist die „Deutsche Post World Net".

Aufgrund der vorliegenden Informationen, Erkenntnisse und Fakten musste am frühen Dienstagmorgen davon ausgegangen werden, dass alle Insassen der beiden Flugzeuge das Unglück nicht überlebt hatten. Darüber hinaus hatte es bei dem Absturz keine weiteren Opfer am Boden gegeben. Sämtliche Absturzstellen von Flugzeugteilen lagen außerhalb beziehungsweise am Rande bebauter und bewohnter Gebiete, die Schäden an Gebäuden wurden als „minimal" eingestuft – wenngleich vor allem an zwei Stellen riesige Trümmerteile unmittelbar neben einem Wohnhaus bei Taisersdorf (Lugenhof) und einem Schul-Internat bei Brachenreute abstürzten.

An manchen Stellen hatten sich Wrackteile tief in den Boden gebohrt. Einsatzkräfte der Feuerwehren mussten dort auch Reste von Kerosin abpumpen.

Plötzliches Einsatzende – „Polizeilage"!

Am Dienstag, 02. Juli 2002 um 06.20 Uhr wurde die TEL nach einer Absprache zwischen dem Landrat des Bodenseekreises und der Polizeiführung kurzfristig aufgelöst. Der Flugzeugabsturz von Überlingen wurde damit zum „Tatort", die weiteren Maßnahmen zur „Polizeilage". Der Einsatz von Feuerwehr, THW und Rettungsdiensten war damit beendet – eine Entscheidung, die von den Führungs- und Einsatzkräften der Feuerwehr sowie der Hilfs- und Rettungsorganisationen nicht verstanden wurde. Fachlich gesehen hätte die TEL schon allein aufgrund der Folgeeinsätze in reduzierter Besetzung für weitere ein bis zwei Tage weiter in Funktion bleiben müssen. Menschlich und psychologisch gesehen hätte man den Einsatzkräften auf jeden Fall die Gelegenheit geben müssen, den Einsatz „verarbeiten" und „abschließen" zu können.

Von den Freiwilligen Feuerwehren Überlingen und Owingen wurden ab diesem Zeitpunkt lediglich noch Wachbereitschaften eingerichtet, um bei weiteren Anforderungen im Rahmen der „Technischen Hilfe" (TH) zur Verfügung zu stehen. Neben rund 40 kleineren Folgeeinsätzen (Berge-, Nachlösch- und Gefahrguteinsätze) erforderte beispielsweise die Bergung einer auf einem Baugerüst aufgespießten Leiche über die Drehleiter die ganze psychische Kraft der eingesetzten Feuerwehrangehörigen.

Wrack- und Leichenbergung

Am Dienstag, dem 02. Juli 2002 wurde um 15.12 Uhr der Gefahrgutzug der Freiwilligen Feuerwehr Überlingen alarmiert. In einer der bis zu vier Metern im Boden steckenden Tragflächen befanden sich noch insgesamt rund 3.500 Liter Kerosin, die von der Feuerwehr abgepumpt und entsorgt werden mussten.

Ebenfalls am 02. Juli 2002 erreichte das Technische Hilfswerk (THW) Überlingen um 19.50 Uhr eine Anfrage der Polizeidirektion Friedrichshafen zur Öffnung des „Tupolew"-Rumpfes sowie des Cockpits mit den darin eingeschlossenen Absturzopfern.

Nach entsprechenden Vorbereitungen begannen die Technischen Züge (TZ) des THW Überlingen und des THW Stockach im Auftrag der „Bundesstelle für Flugunfall-Untersuchung" (BFU) am Mittwoch (03. Juli 2002, 10.30 Uhr) mit der Öffnung des Rumpfes. Bei diesem

Stilles Gedenken der Anwohner an die zahlreichen Opfer des Flugzeugabsturzes.

für die beteiligten Kräfte wohl belastendsten Teileinsatz im Verlauf des bisherigen Geschehens wurden in enger Kooperation mit den Mitarbeitern des Bundeskriminalamtes (BKA, Erkennungsdienst), mit Gerichtsmedizinern und den Mitarbeitern der BFU sowie unter dem Schutz eines Löschtrupps der Feuerwehr Überlingen (Sicherstellung des Brandschutzes) die Trümmer mit Rettungsscheren, Trennschleifern, Hebegeräten und einem Mobilkran (Zivilunternehmen) zerlegt und abgetragen. Bis 18.00 Uhr wurden aus dem Wrack die beiden Piloten sowie 22 überwiegend bis zur Unkenntlichkeit verstümmelte Opfer – meist Kinder und Jugendliche – geborgen. Während der Bergemaßnahmen standen Notfall-Seelsorger der Feuerwehr und Mitarbeiter des DRK-Kriseninterventionsdienstes an der Einsatzstelle zur Verfügung.

Die Bergungsarbeiten dauerten bis zum Donnerstag (04. Juli 2002, 04.00 Uhr) an. Einheiten des THW und der Feuerwehr wurden auch in den Folgetagen zu Bergungsarbeiten eingesetzt.

Zum Abschluss – Gedenken an die Opfer

Auf Wunsch der beteiligten Einsatzkräfte fand am Abend des Sonntags (06. Juli 2002) ein Gottesdienst zum Gedenken an die Opfer des Flugzeugabsturzes an der Absturzstelle der „Tupolew" bei Brachenreute statt, an dem auch rund 3.000 Menschen aus der Region teilnahmen. Insbesondere für die an den Schwerpunkten eingesetzten Einsatzkräfte wurde dieser Gedenkgottesdienst zum eigentlichen Ende des aus psychischer Sicht überaus belastenden Einsatzes.

Dass die psychische Belastung der Einsatzkräfte aber nicht über ein erträgliches Maß hinausging, wie es zahlreiche Medien später der Öffentlichkeit weismachen wollten, lag an der Tatsache, dass es nach dem Absturz weder Verletzte noch weitläufige Schäden innerhalb bewohnter Dörfer gab. Ein solcher Fall hätte die Belastungsgrenzen der dort eingesetzten Kräfte im Einzelfall dann sicherlich unkontrollierbar erhöht.

„Wir konnten von Beginn des Einsatzes an für die Betroffenen nichts mehr tun", so das Fazit einer der Notärzte im Hinblick darauf, dass von Anfang an nur noch Leichen aufgefunden wurden. Ein anderer Notarzt mit bitterer Stimme: „Keine Arbeit mehr für uns!". Auch ein Rettungssanitäter des DRK konnte sichtlich ergriffen nur noch über Tote und Leichenteile berichten.

„Wir hofften ja noch, dass in den größeren Wrackteilen noch Überlebende waren", so auch Zugführer Uwe Mark vom ASB-Rettungshundezug Biberach. Diese Hoffnung wurde letztendlich enttäuscht: „Wir haben dann ja nur noch Trümmer gefunden!".

Während des gesamten Einsatzes standen jedoch ausgebildete Psychologen der Polizei, Mitarbeiter des Kriseninterventionsdienstes und Notfall-Seelsorger für diejenigen Einsatzkräfte zur Verfügung, die unterstützende Hilfe benötigten. Auch nach dem Einsatz wurde ein entsprechendes Hilfsangebot über längere Zeit hinweg aufrecht erhalten.

Der Gesamteinsatz anlässlich des Absturzes nach einer Kollision von zwei Flugzeugen über dem Bodensee wurde am Montag, 08. Juli 2002, gegen 23.00 Uhr offiziell beendet.

Der wohl schwerste und belastendste Einsatz ergab sich am Rumpf der abgestürzten „Tupolew". Hier mussten zahlreiche Kinderleichen aus dem Wrack geborgen werden.

30. März 2007:
Illegales Autorennen auf der Bundesstraße 33

Todesfalle Selbstüberschätzung

Vorwort
Die Raserei auf deutschen und europäischen Straßen hat in den letzten Jahren zugenommen. Mit hohen Geschwindigkeiten und nicht selten rücksichtslos gegenüber anderen, langsameren Verkehrsteilnehmern bahnen sich gewisse Zeitgenossen ihren vermeintlichen „freien Weg für freie Bürger" hin zur Arbeitsstelle, zum Freizeitspaß oder in den Urlaub. Wer sich als Hindernis erweist, wird gnadenlos angeblinkt und durch nahes Auffahren gehetzt.
Aber diese fast schon „normale" Raserei wird zunehmend überboten durch eine Art „Freizeitsport" Jugendlicher und junger Erwachsener, die ihre „Kräfte" auf öffentlichen Straßen im Rahmen von illegalen Autorennen messen. Mit Geschwindigkeiten von nicht selten über 200 km/h jagen diese Fahrzeuge dann über Autobahnen oder Landstraßen, ohne dass sich deren Fahrer der potenziellen Gefahr eines solchen Wahnsinns bewusst zu sein scheinen. Die völlige Selbstüberschätzung führt dabei nicht selten zu schweren Verkehrsunfällen, zu lebensgefährlichen Verletzungen Beteiligter und Unbeteiligter sowie zum Unfalltod von Fahrer und Beifahrer.
Der folgende Beitrag schildert ein solch grausames und zugleich tödliches Ende eines illegalen Autorennens, das sich auf der Bundesstraße 33 zwischen Radolfzell und Konstanz abspielte.
Der Autor Wolfgang Jendsch war zum Zeitpunkt des Unfalles als Fachberater Presse- und Öffentlichkeitsarbeit der Feuerwehr Radolfzell tätig sowie für die Einsatzdokumentation zuständig.

Der 30. März 2007 war ein Freitag. Am späten Nachmittag trat langsam Ruhe ein in den bis dahin geschäftigen Gemeinden am Bodensee. Auch der Straßenverkehr aus den größeren Städten in die Wohngebiete nahm langsam ab. Die Menschen am westlichen Bodensee stimmten sich langsam auf das Wochenende ein, als die Funkmeldeempfänger der Feuerwehr Radolfzell um 18.40 Uhr die beginnende Wochenendstimmung mit durchdringendem Piepsen unterbrachen.

„Schwerer Verkehrsunfall mit eingeklemmter Person, Fahrzeug brennt. B 33-neu Richtung Konstanz!" lautete die Durchsage der Integrierten Leitstelle Konstanz an die Kräfte von Feuerwehr und Rettungsdienst.

Für Feuerwehrangehörige gehört eine solche Meldung zu den wohl unangenehmsten und Besorgnis erregendsten Einsatzinformationen, die eine Leitstelle machen kann. „Eingeklemmte Person – Fahrzeug brennt!" – hier ist regelmäßig höchste Eile angesagt, das körpereigene Adrenalin steigt dabei unweigerlich. Trotzdem gilt es Ruhe zu bewahren, auch auf der Anfahrt zur etwa vier Kilometer entfernt liegenden Einsatzstelle auf der autobahnähnlich ausgebauten Bundesstraße 33.

Bundesstraße 33-neu

Die Bundesstraße 33-neu führt vom Autobahnkreuz Hegau (A 81 Stuttgart–Singen, A 98 Singen–Stockach) entlang des „Untersees" (südwestlicher Teil des Bo-

Bei Eintreffen der ersten Einsatzkräfte stand das Unfallfahrzeug in Vollbrand. Unbekannt war zu diesem Zeitpunkt, ob sich noch Insassen in dem brennenden Wrack befanden.

densee) in Richtung Konstanz. Bis kurz vor der Gemeinde Allensbach ist die autobahnähnliche Straße vierspurig ausgebaut. Die zwei Fahrbahnen in jede Richtung werden von einem durchgehenden und mit Grünbewuchs versehenen Mittelstreifen unterteilt. Befestigte Randstreifen (Pannenstreifen) stehen in diesem Abschnitt der Bundesstraße nicht zur Verfügung.

Der Verkehrsunfall ereignete sich auf der in Richtung Allensbach/Konstanz führenden Richtungsfahrbahn unmittelbar im Bereich der Kreisstraße K 6167 von Radolfzell nach Möggingen, die unter der B 33-neu hindurchführt. Die Bundesstraße liegt in diesem Bereich auf einem aufgeschütteten Damm inmitten eines Waldstücks und ist von der Kreisstraße aus nicht erreichbar.

Die Einsatzfahrzeuge der Feuerwehr und des Rettungsdienstes aus Radolfzell mussten somit über die aus der Kernstadt führende Bundesstraße 34 zur Anschlussstelle Güttingen/Stockach der B 33-neu fahren und erreichten von dort nach etwa einem Kilometer die gemeldete Unfallstelle.

Die erste Lage

Bereits an der Auffahrt zur B 33-neu staute sich der Fahrzeugverkehr in Richtung Konstanz. Da ein Pannenstreifen entlang der Richtungsfahrbahnen nicht zur Verfügung stand, mussten die Einsatzfahrzeuge ihren Weg durch die mehr oder weniger gebildete „Gasse" nehmen. Schon aus der Entfernung war eine hohe schwarze Rauchsäule wahrnehmbar, die auf einen Fahrzeug-Vollbrand hinwies. Während der Anfahrt der Einsatzfahrzeuge hatte es keine ergänzenden beziehungsweise klärenden Hinweise der Leitstelle gegeben, so dass noch immer von mindestens einer eingeklemmten Person in dem brennenden Fahrzeug ausgegangen werden musste.

Bei Eintreffen an der Einsatzstelle stand ein Pkw in Vollbrand. Die Flammen hatten bereits das komplette Fahrzeug erfasst. Zeitgleich waren der Kommandowagen (KdoW) und der Vorausrüstwagen (VRW) eingetroffen, das erste Löschgruppenfahrzeug (LF 16/12) befand sich zeitnah auf der Anfahrt und musste sich langsam seinen Weg durch die zum Teil enge Fahrspur zwischen den im Stau stehenden Fahrzeugen bahnen.

Eine erste Lageerkundung durch den Kommandanten der Feuerwehr Radolfzell und durch die Besatzung des VRW ergab keine unmittelbaren Erkenntnisse über die möglicherweise im brennenden Fahrzeug eingeklemmte(n) Person(en). Die dichten Flammen ließen eine Sicht ins Innere des Fahrzeugs nicht zu. Ein zweites unfallbeteiligtes Fahrzeug war nicht auszumachen.

Fazit eines illegalen Autorennens: Ein völlig ausgebranntes Autowrack, ein schwerverletzter Fahrer und ein toter Beifahrer!

Aus der Entfernung konnten die Einsatzkräfte wahrnehmen, dass im rückwärtigen Bereich der Brandstelle im Grünbereich hinter der Leitplanke offensichtlich schwer verletzte Personen von Passanten erstversorgt wurden.

Eingesetzte Fahrzeuge

Bezeichnung	Kürzel	Funkrufname
Alarmierung		Florian Radolfzell
Feuerwehr		
Kommandowagen	KdoW	Florian Radolfzell 1/10
Vorausrüstwagen	VRW	Florian Radolfzell 1/50
Dokumentation/Presse	DokuF	Florian Radolfzell 6/4
Löschgruppenfahrzeug	LF 16/12 (TH)	Florian Radolfzell 1/44-2
Kreisbrandmeister	KdoW	Florian Konstanz 1
Mannschaftstransportwagen	MTW	Florian Radolfzell 1/19-1
Löschgruppenfahrzeug	LF 16/12 (B)	Florian Radolfzell 1/44-1
Wechselladerfahrzeug	WLF-Rüst	Florian Radolfzell 1/65-1
Einsatzende		Florian Radolfzell
Rettungsdienst		
Notarzteinsatzfahrzeug	NEF	Rotkreuz 4/82-1
Rettungswagen	RTW	Rotkreuz 4/83-1
Rettungswagen	RTW	Rotkreuz 4/83-2
Krankentransportwagen	KTW	Rotkreuz 4/85-1
Rettungshubschrauber	RTH	Christoph 45

Zwischenzeitlich war das Löschgruppenfahrzeug (LF 16/12) eingetroffen, die Besatzung leitete den Löschangriff ein.

Langsam ergab sich für die Einsatzkräfte jetzt auch ein klareres Bild des Unfallgeschehens vor Ort. Aussagen von Augenzeugen zufolge war das nunmehr brennende Fahrzeug – ein technisch auf 300 PS hochgerüsteter VW-Golf II – offensichtlich in ein „illegales Autorennen" verwickelt gewesen. Sie berichteten ferner von einem schwarzen Porsche-Carrera, der möglicherweise an diesem Rennen beteiligt gewesen sei, nach dem Unfall jedoch weitergefahren sei.

Die Löscharbeiten der Feuerwehr standen unter einem hohen psychischen Druck. Möglicherweise hätten sich noch Insassen im Unfallfahrzeug befinden können.

Der VW-Golf sei dann außer Kontrolle geraten, mehrfach gegen die Mittelleitplanke geprallt, habe ein großes Hinweisschild umgerissen und sich anschließend überschlagen. Das Fahrzeug sei danach sofort in Flammen aufgegangen. Beide Insassen seien herausgeschleudert worden.

Insbesondere die letzte Information der Augenzeugen ließ bei den Einsatzkräften der Feuerwehr eine gewisse Erleichterung aufkommen. Offensichtlich befanden sich somit keine Insassen mehr in dem lichterloh brennenden Fahrzeug – was sich nach Ablöschen des Pkws dann auch als richtig herausstellte. Fahrer und Beifahrer wurden somit während der mehrfachen Überschläge aus dem Fahrzeug auf die Fahrbahn geschleudert und erlitten lebensgefährliche und schwere Verletzungen.

Mutprobe und Selbstüberschätzung: Illegale Autorennen

Ein Film aus dem Jahr 1955 hat bis heute international einen zweifelhaften „Kultstatus": „Denn sie wissen nicht, was sie tun", so der Titel der deutschen Synchronfassung des Ende Oktober 1955 erstaufgeführten US-Streifens „Rebel without a Cause". Der Film hat die Zukunftsangst und Richtungslosigkeit amerikanischer Teenager der 50er-Jahre und ihre Rebellion gegen die Selbstzufriedenheit ihrer bürgerlichen Elternhäuser zum Thema. Der Schauspieler James Dean, der darin als „Jim Stark" an einem illegalen Autorennen beteiligt ist, wurde in der Rolle des „aufmüpfigen und unangepassten“ Jugendlichen zum Weltstar und zugleich auch zum Idol der deutschen Nachkriegsjugend. Der durch den Film ausgelöste „Mythos“ wurde noch verstärkt durch den frühen Unfalltod von James Dean[1], der am 30. September 1955 mit seinem Porsche 550 „Spyder“ in den Tod raste.

Auch auf der Bundesstraße 33-neu fand am Abend des 30. März 2007 ein illegales Rennen zweier Pkw statt, so die späteren Erkenntnisse der Staatsanwaltschaft Konstanz nach ihren Ermittlungen. Eines der beteiligten Fahrzeuge war ein Porsche. Das Rennen war zwischen den aus Konstanz stammenden vier jungen Männern im Alter von 20 und 26 Jahren verabredet. Aber nicht nur das – die abenteuerliche Verfolgungsjagd der beiden Fahrzeuge wurde zudem noch mit einer Kamera gefilmt – mit aufgenommen wurde damit auch der Ablauf des Unfalls.

Der Polizei sind solche illegalen Autorennen in Deutschland längst nicht mehr unbekannt. Immer häufiger würden sich die jugendlichen Teilnehmer spontan treffen, um sich auf Autobahnen und Autostraßen sowohl außerhalb und innerhalb von Städten und Gemeinden ihrer Sucht nach Geschwindigkeit hinzugeben. Fatal dabei ist die eigene Selbstüberschätzung, die immer wieder zu schweren Unfällen und nicht selten zu schweren Verletzungen der Beteiligten und zum Tod führt.

In den meisten Fällen ist die Polizei gegen diese Art von „Zeitvertreib“ völlig machtlos. Erfährt sie eher zufällig von illegalen Autorennen und taucht sie dann am Schauplatz des gefährlichen Geschehens auf, sind die jugendlichen Akteure meist längst verschwunden, da sich die Beteiligten über Handys frühzeitig gewarnt haben.

Selbst kurze Zeit nach dem im Februar 2008 vor dem Konstanzer Landgericht verhandelten Unfall auf der Bundesstraße 33 wurde der Autobahnpolizei gemeldet, dass sich auf der Autobahn 81 zwischen Rottweil und Singen zwei Maserati offenbar ein Rennen lieferten.

Der Unfallhergang

Nach den späteren Ermittlungen der Polizei, der Staatsanwaltschaft und der Unfallsachverständigen der DEKRA[2] begann das illegale Autorennen zwischen dem

mit zwei Personen besetztem VW-Golf II und dem ebenfalls mit Fahrer und Beifahrer besetzten Porsche-Carrera bereits im Stadtgebiet von Singen, wo die Fahrzeuge wegen überhöhter Geschwindigkeit und rücksichtlosem Fahren auffällig wurden.

Von Singen aus befuhren die beiden Fahrzeuge die autobahnähnlich ausgebaute Bundesstraße 33-neu in Richtung Konstanz. Zwischen der Anschlussstelle Güttingen/Stockach und der rund einen Kilometer entfernten Unfallstelle erreichten der Golf und der Porsche eine Geschwindigkeit von deutlich mehr als 200 km/h auf der auf 120 km/h begrenzten Strecke. Kurz vor dem

[1] James Dean: geboren am 08.02.1931 in Indiana/USA, verunglückt am 30.09.1955 in Kalifornien/USA. Theater- und Filmschauspieler, zahlreiche Auszeichnungen.

[2] DEKRA: Deutscher Kraftfahrzeug-Überwachungs-Verein, international tätiges Dienstleistungsunternehmen mit Sitz in Stuttgart. Zum Angebot des Unternehmens gehören unter anderem Schadensgutachten sowie unfallanalytische und technische Gutachten.

Crash befand sich der Golf mit rund 210 km/h auf der linken Fahrspur neben dem Porsche, als der plötzlich einen vor ihm fahrenden unbeteiligten und dem Tempolimit angepassten Pkw mit etwa 230 km/h überholte. Der Fahrer des Golf wich mit unreduzierter Geschwindigkeit nach links aus, weil er fürchtete, vom Porsche „abgeschossen“ zu werden und fuhr dabei mit den linken Rädern auf den unbefestigten Mittelstreifen. Das Fahrzeug geriet danach außer Kontrolle und schleuderte über beide Fahrbahnen nach rechts auf die Böschung. Dort überfuhr es ein großes Autobahn-Hinweisschild, überschlug sich mehrfach quer zur Fahrbahn und wurde nach einem Crash mit der Mittelleitplanke wieder auf die rechte Fahrbahn zurückgeworfen, wo es letztendlich in Flammen aufging.

Bei dem Zusammenprall mit dem Hinweisschild wurde ein mehrere Meter langes Teilstück des Schildes über die Mittelleitplanke auf die gegenüberliegende Richtungsfahrbahn geschleudert. Es grenzte dabei an ein Wunder, dass es dort nicht zu weiteren schwerwiegenden Unfällen kam. Im Verlauf des Überschlags wurden die beiden nicht angeschnallten Fahrzeuginsassen aus dem Pkw auf die Fahrbahn geschleudert. Beide erlitten schwere bis lebensgefährliche Verletzungen.[3]

[3] Angaben gemäß der gemeinsamen Mitteilung der Staatsanwaltschaft Konstanz und der Polizeidirektion Konstanz vom 23.10.2007 zur Anklage wegen fahrlässiger Tötung.

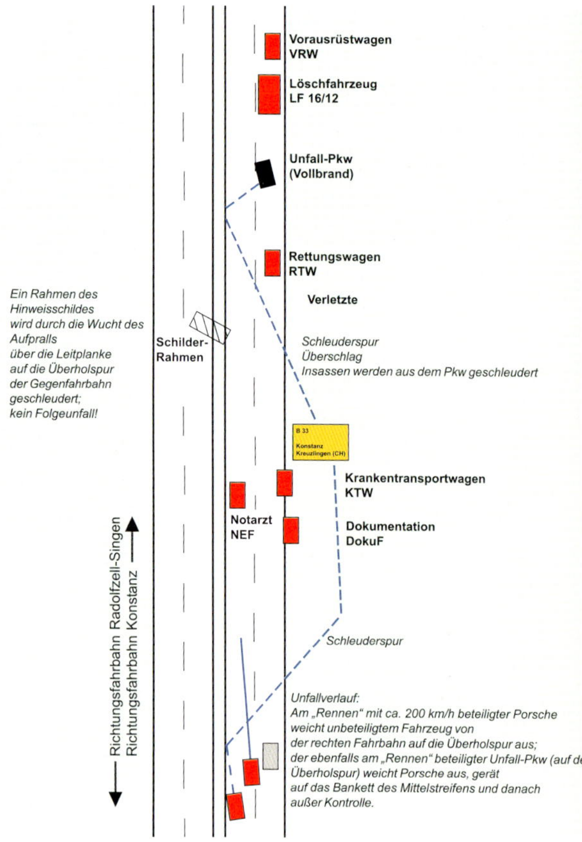

Die Skizze zeigt die temporäre Lage des Unfalls auf der Bundesstraße 33-neu. Zudem gibt die Skizze den Ablauf des Crashs wider und die Position der Einsatzfahrzeuge.

Weiterer Einsatzverlauf

Zwischenzeitlich konnte der Pkw-Brand von der Feuerwehr Radolfzell gelöscht werden. Das aufgrund der Alarmierungsmeldung ausgerückte zweite Löschgruppenfahrzeug (LF 16/12) und ein Wechselladerfahrzeug mit Abrollbehälter „Rüst“ (WLF, AB-Rüst) wurden nicht mehr benötigt und konnten wieder einrücken.

Nach den Löscharbeiten musste die Feuerwehr Radolfzell großflächig über mehrere 100 Meter ausgelaufenes Öl und Benzin binden und entsorgen.

Eines der Löschgruppenfahrzeuge verblieb bis gegen 22.45 Uhr zur Ausleuchtung der Unfallstelle für die polizeilichen Ermittlungen an der Einsatzstelle, während alle anderen Kräfte der Feuerwehr nach Beendigung der Aufräumarbeiten wieder einrücken konnten.

Im Verlauf des Schleudervorganges hatte der Wagen ein großes Hinweisschild umgefahren und völlig auseinandergerissen.

Eingetroffen waren auch zwei Rettungswagen (RTW), das Notarzteinsatzfahrzeug (NEF) und ein Krankentransportwagen (KTW) der DRK-Rettungswache Radolfzell. Die zwei schwerstverletzten Insassen des VW-Golf wurden zunächst am Einsatzort erstversorgt. Zum Transport des lebensgefährlich verletzten 20-jährigen Beifahrers wurde der Rettungshubschrauber „Christoph 45" der „Deutschen Rettungsflugwacht" (DRF) aus Friedrichshafen nachgefordert. Der Helikopter landete noch um kurz vor Einbruch der Dunkelheit auf der B 33 vor der Unfallstelle.

Während der 26-jährige Golf-Fahrer mit dem Rettungswagen und in Begleitung des Notarztes ins Krankenhaus Konstanz verbracht wurde, flog „Christoph 45" mit dem Beifahrer des Unfallfahrzeuges das Krankenhaus Ravensburg an. Dort erlag der 20-jährige noch am gleichen Abend seinen schweren Verletzungen.

Während der Rettungs-, Bergungs- und Ermittlungsarbeiten sperrte die Polizei zeitweise beide Richtungsfahrbahnen der Bundesstraße 33-neu für den gesamten Verkehr. Die Fahrbahn in Richtung Konstanz blieb bis in die späten Abendstunden gesperrt.

Der „Raser"-Prozess

In dem im Februar 2008 stattfindenden Prozess um das tödlich endende illegale Autorennen hatten die drei überlebenden Angeklagten ein Geständnis abgelegt. Sie waren wegen fahrlässiger Tötung, Körperverletzung sowie unerlaubten Entfernens vom Unfallort angeklagt, der Beifahrer des Porsches zudem wegen Beihilfe zu fahrlässiger Gefährdung des Straßenverkehrs.

Die Angeklagten gaben im Verlauf ihrer Vernehmung an, sie hätten sich zuvor schon „... mehrere Wettrennen geliefert, um die Beschleunigungsleistungen der Fahrzeuge zu vergleichen". Alle Beteiligten seien daran interessiert daran gewesen, ob der technisch modifizierte und aufgerüstete VW-Golf mit dem Porsche mithalten könne. Als weiteren Grund für die Autorennen nannte der Porsche-Fahrer dem Gericht „Zeitvertreib".

Der Vertreter der Staatsanwaltschaft Konstanz sah es letztlich als erwiesen an, dass die drei 26-jährigen eine erhebliche Mitschuld am Tod ihres 20-jährigen Beifahrers trügen und forderten Haftstrafen von eineinhalb und zwei Jahren ohne Bewährung für die drei Angeklagten.

Ein Träger des Hinweisschildes wurde auf die Gegenfahrbahn geschleudert. Glückliche Umstände verhinderten hier weitere Unfälle.

Das Landgericht Konstanz verhängte nach dreitägiger Verhandlung je eineinhalb Jahre Freiheitsstrafe auf Bewährung wegen vorsätzlicher Straßenverkehrsgefährdung gegen die Fahrer sowie gegen den dritten Angeklagten eine Haftstrafe von acht Monaten zur Bewährung wegen Beihilfe zur vorsätzlichen Straßenverkehrsgefährdung. Ein Fahrverbot beziehungsweise eine Führerscheinsperre von drei Jahren für die Fahrer sowie von zwei Jahren für den Beifahrer ergänzten das Urteil.

Für den Tod des weiteren Teilnehmers seien sie „zusammen und jeder für sich mitverantwortlich", so der Vorsitzende Richter in seiner Urteilsbegründung.

Ein Blick in Fahrtrichtung auf die Unfallstelle: Von der rechts neben der Fahrbahn befindlichen Böschung war der Unfallwagen quer über beide Fahrspuren an die Mittelleitplanke geprallt und hatte sich dabei überschlagen.

11. September 2001:
Anschlag auf das World Trade Center, New York

America under Attack

Vorwort
Der Angriff vom 11. September 2001 auf die Zwillingstürme des „World Trade Centers" in New York und der damit verbundene sinnlose Tod von rund 3.000 Menschen – unter ihnen 343 Feuerwehrangehörige – hat die Welt nachhaltig verändert. Angst und Unsicherheit bestimmten in den Jahren danach und aktuell bis heute das Leben der Menschen und das Wirken von Behörden und Organisationen. Die „Abwehr von Terrorgefahren" wurde zum weitverbreiteten Synonym, wenn es um die vorsorgliche Verstärkung der Sicherheit gefährdeter Bereiche auf dieser Welt ging, aber auch dann, wenn diesem Bestreben nach vermeintlicher Sicherheit die persönliche, innere und äußere Freiheit von Menschen zum Opfer fiel.
Mittlerweile ist der nach den Attentaten in New York aufgebaute Mythos der „heldenhaften Einsatzkräfte" einer kritischen Realität gewichen. Untersuchungen und Gutachten von Sachverständigen haben Fehler aufgedeckt, die zu den Folgen des Angriffs maßgeblich beigetragen haben. Inwieweit man in New York und darüber hinaus weltweit aus diesen Erkenntnissen die entsprechenden Konsequenzen zieht, sei dahingestellt. Ein Fragezeichen diesbezüglich ist sicherlich angebracht.
Trotz aller derzeitigen sinnvollen und sinnlosen Sicherheitsaktivitäten wird es weitere Anschläge auf dieser Welt geben. Die auf das „World Trade Center" jedoch haben Zeichen gesetzt – mit welchem Ergebnis auch immer!
Der Autor Wolfgang Jendsch war nach dem 11. September 2001 durch seine beruflichen und privaten Kontakte in die USA und nach New York in die Bewältigung der Ereignisse sowie in die publizistische Dokumentation des WTC-Einsatzes involviert. Im Rahmen einer Initiative seiner Heimatfeuerwehr unterstützte er organisatorisch die Einladung an 20 Angehörige des „Fire Department New York" (FDNY) zu einem Ferienaufenthalt am Bodensee.

Die terroristischen Anschläge auf die beiden Bürotürme des „World Trade Centers" (WTC)[1] waren bisher weltweit einzigartig im Hinblick auf deren Ausführung, Größe und Folgen. In der Geschichte des ohnehin schrecklichen weltweiten Terrorismus hat es niemals zuvor Anschläge mit voll besetzten Linienflugzeugen auf Hochhäuser gegeben, niemals zuvor waren bei terroristischen Akten solch verheerende Schäden entstanden und niemals zuvor forderte ein solcher Angriff eine so hohe Anzahl an menschlichen Opfern.

Niemals zuvor in der Geschichte internationaler Großschadensfälle und Katastrophen hatte es zudem einen so hohen Verlust an Einsatzkräften der Feuerwehr gegeben, die im Einsatz zur Rettung anderer ihr Leben verloren. Die Angehörigen des „Fire Department New York" (FDNY) starben in Ausübung ihres Dienstes, während sie versuchten, rund 25.000 Menschen aus den beiden Bürotürmen des „World Trade Centers" zu retten – die bis dahin größte Rettungsaktion in der Geschichte der Vereinigten Staaten von Amerika (USA).

Der Umfang und die Komplexität dieses Großeinsatzes sowie die Tatsache, dass entsprechende Details und Berichte über Jahre hinweg längst in den Fachmedien veröffentlicht wurden, lassen es wenig sinnvoll erscheinen, an dieser Stelle die gleichen Details zu wiederholen. Mit dem nachstehenden, bestimmte und wesentliche Fakten des Einsatzes zusammenfassenden Beitrag soll jedoch einmal mehr an die Vorkommnisse des Jahres 2001 erinnert werden. Einige Ergebnisse des sogenannten „McKinsey-Gutachtens" sollen aber auch aufmerksam machen auf die ständige und zugleich oftmals vernachlässigte Verpflichtung von Feuerwehren und anderen Rettungsdiensten, ihre Technik und Taktik sowie ihre personellen Ressourcen den sich ständig erweiternden Einsatzrealitäten anzupassen. Der Feuerwehr- und Rettungseinsatz am 11. September wies im Nachhinein erhebliche technische und taktische Fehler auf, was das übermenschliche Engagement der einzelnen Kräfte an dieser Stelle jedoch keineswegs mindern soll.

Der Einsatz

Der Großeinsatz des „Fire Department New York" (FDNY) begann an einem herrlichen Morgen mit blauem wolkenlosen Himmel um 08.46 Uhr[2], als ein Battalion Chief (BC 1) der Feuerwehr New York von einer nahe liegenden

Eine von über 60 „Ladder Companies“ (Drehleiter-Fahrzeug mit Mannschaft) des „Fire Department New York“ (FDNY) im Einsatz vor den Trümmern der WTC-Türme.

Linke Seite:
Der Einsturz des „World Trade Centers“ hatte den Tod von mehr als 3.000 Menschen zur Folge – unter ihnen allein 343 Angehörige der Feuerwehr New York, die in Ausübung ihres Dienstes starben.

Straße aus beobachtete, wie ein Passagierflugzeug[3] in den Nordturm (WTC 1)[4] des „World Trade Centers“ flog. Er informierte sofort die Einsatzzentrale, die entsprechende Feuerwehreinheiten[5] zum Gebäudekomplex im Zentrum von Manhatten entsandte.

Der BC 1 richtete eine Einsatzleitung (Command Post) zunächst in der Lobby des Nordturms ein, die gegen 09.00 Uhr dann jedoch unter Führung des „Chief of Department“ (Kommandant des FDNY) aus Sicherheitsgründen sowie auf Grund von herabfallenden Trümmerteilen in ein gegenüberliegendes Gebäude an der West-/Liberty Street verlegt wurde und von hier aus als zentrale Leitstelle (Incident Command Post) betrieben wurde.

Bereits zu diesem Zeitpunkt zogen Führungskräfte der Feuerwehr einen teilweisen Zusammenbruch des ersten Büroturms in Betracht, rechneten jedoch nicht mit einem vollständigen Einsturz des 110 Stockwerke hohen Gebäudes.

In der Lobby des „WTC 1“ verblieb trotz der vorgenannten Sicherheitsbedenken eine „Technische Einsatzleitung“ zum Führen der im Gebäude operierenden Einsatzkräfte.

Nach kurzer Zeit entschied sich die Feuerwehr-Einsatzleitung für einen Einsatz zur Evakuierung des Gebäudes. Angriffs- und Rettungstrupps unter Atemschutz und mit dem erforderlichen Gerät machten sich auf den Weg durch die Treppenhäuser in die oberen Stockwerke.

In der Zwischenzeit bis gegen 09.00 Uhr wurde die ursprüngliche Alarmierung kontinuierlich auf „Alarmstufe 5“ (5th alarm) erhöht. Damit standen rund um die Schadensstelle insgesamt 28 „Engine Companies“ sowie 16 „Ladder Companies“ sowie zahlreiche Sondereinheiten und -fahrzeuge zur Verfügung.

Nach einer weiteren Alarmierung aufgrund des zweiten Flugzeug-Crashs in den „WTC 2“ erhöhte sich die Zahl der „Engine Companies“ zwischen 09.00 Uhr

[1] WTC: Welthandelszentrum in Manhattan/New York, USA.

[2] Zeitzone in den USA: „Eastern Standard Time“ (EST), sechs Stunden hinter der Mitteleuropäischen Zeit (MEZ).

[3] Boeing 767 der „American Airlines“ (AA), Flug AA 11, 92 Passagiere/Flugbegleiter.

[4] WTC 1 (Nordturm): Höhe 417 m, 110 Stockwerke.

[5] Feuerwehreinheiten: Engine Companies (Löschfahrzeuge mit Besatzung), Ladder Companies (Drehleiterfahrzeuge mit Besatzung).

[6] „Emergency Medical Service“ (EMS) des FDNY.

[7] Im Einsatz rund 30% der insgesamt 354 in New York zur Verfügung stehenden Ambulanzfahrzeuge: u. a. 14 städtische und 23 freiwillige Einheiten des „Advanced Life Support“ (ALS), 51 städtische und 18 freiwillige Einheiten des „Basic Life Support“ (BLS).

und 10.00 Uhr um 68 sowie zwischen 10.00 Uhr und 12.00 Uhr um weitere 25 auf insgesamt 121 -, die Zahl der eingesetzten „Ladder Companies" stieg in gleichem Zeitraum um weitere 46 auf insgesamt 62.

Ab 08.55 Uhr richten der Rettungsdienst der Feuerwehr[6] sowie zahlreiche private und hospitaleigene Organisationen rund um die Schadensstelle zahlreiche Verletztensammelplätze, Triage- und Behandlungsstellen für Verletzte sowie Bereitstellungsräume für die etwa 80 (später bis zu 250[7]) Rettungsfahrzeuge ein. Das größte Triage Center befindet sich in den Sportanlagen der „Chelsea Piers" im Norden Manhattans. Hier stehen in 50 Behandlungs- und Operationsräumen rund 100 Ärzte und medizinische Fachkräfte zur Verfügung.

Blutspendestationen werden beim „New York Blood Center", in der Rotkreuz-Zentrale sowie in 14 Schulen und Einkaufszentren in Manhattan, Brooklyn, Staten Island, Long Island, Westchester County und New Jersey eingerichtet.

Später läuft das Lazarett-Schiff der U.S.-Marine „USNS Comfort" in den Hafen von Manhattan ein. Es verfügt über zwölf Operationssäle, eine Intensivstation mit 80 Betten sowie rund 1.000 Patientenbetten. Die „USNS Comfort" wird dann aber lediglich als Quartierschiff für Einsatzkräfte genutzt.

Eine Einsatzleitung wird zunächst gegenüber dem „WTC 1" an der West Street, später im Kreuzungsbereich der West- und Versey Street postiert. Führungskräfte nehmen Kontakt mit der in der Lobby des „WTC 1" eingerichteten Einsatzleitung der Feuerwehr auf.

Erste Verletzte werden mit Ambulanzfahrzeugen in die Krankenhäuser der Umgebung gebracht, Hunderte aus den Gebäuden flüchtende Menschen werden betreut.

Die New Yorker Polizei (New York Police Department/NYPD) unterstützt die Arbeiten der Feuerwehr zur Evakuierung der Hochhäuser (WTC 1 und 2). Insbesondere die Polizei-Helikopter liefern wichtige Informationen über die Lage in den Gebäuden. Aufgrund der sich entwickelnden Schadenslage erreichen diese und weitere Informationen in weiten Teilen allerdings nicht die Einsatzleitungen der Feuerwehr.

Auch die Hafenbehörde von New York[8] unterstützt die Arbeit der New Yorker Feuerwehr und der Polizei. Allerdings wird ein Teil ihrer internen Leitstellen bereits früh durch die Explosion der beiden Flugzeuge in den Türmen zerstört.

Die „U.S. National Guard" (Nationalgarde) kommt mit rund 2.000 Mann zum Einsatz.

Um 9.03 Uhr fliegt ein zweites Flugzeug[9] in den Südturm (WTC 2)[10] des „World Trade Centers". Weitere Feuerwehr- und Rettungseinheiten werden angefordert beziehungsweise vom „WTC 1" abgezogen. In der Lobby des „WTC 2" sowie im Marriot Hotel (WTC 3) werden weitere Einsatzleitungen (Command Posts) eingerichtet.

Um 09.37 Uhr stürzt ein weiteres Flugzeug[11] in das Pentagon in Arlington/Virginia. Dabei kommen alle Passagiere ums Leben.

Gegen 10.00 Uhr bricht der Südturm (WTC 2) des „World Trade Centers" vollständig zusammen. Neben den im Gebäude befindlichen Zivilisten kommen dabei

[8] „Port Authority of New York and New Jersey" (PANYNJ), gemeinsame Hafenbehörde beider US-Staaten, eigenes Police Department (ca. 1.600 Kräfte).

[9] Boeing 767 der „United Airlines" (UA), Flug UA 175, 65 Passagiere/Besatzungsmitglieder.

[10] WTC 2 (Südturm): Höhe 415 m, 110 Stockwerke.

[11] Boeing 757 der „American Airlines" (AA), Flug AA 77, 64 Passagiere/Besatzungsmitglieder.

[12] WTC 4, 5 und 6: Gebäude mit sieben Stockwerke.

Bei den Einstürzen der zum „World Trade Center" zählenden Gebäude wurden auch zahlreiche Einsatzfahrzeuge der Feuerwehr, der Rettungsdienste und der Polizei verschüttet und zerstört.

auch eine große Anzahl von Einsatzkräften der Feuerwehr ums Leben. Weitere umliegende Gebäude – so auch die Gebäude „WTC 3“ und „WTC 4“[12] – werden bei dem Einsturz weitgehend zerstört oder beschädigt.

Durch den Einsturz der Gebäude werden auch die dort eingerichteten Einsatzleitungen (Incident Command Post, Command Posts) und deren Führungskräfte und Mannschaften verschüttet beziehungsweise getötet. Die Führungsstruktur der Feuerwehr New York sowie des Rettungsdienstes bricht damit zusammen. Auch das im 23. Stock des „WTC 7“ befindliche „Office of Emergency Management“ (OEM)[13] muss aufgrund der Gebäudeschäden und der damit verbundenen Brandgefahr evakuiert werden und ist damit für längere Zeit ebenfalls nicht mehr einsatzfähig. Ein Teil der Führungseinrichtungen werden innerhalb kurzer Zeit organisatorisch und personell behelfsweise neu aufgebaut.

Um 10.10 Uhr stürzt ein weiteres Flugzeug[14] bei Shanksville/Pennsylvania ab. Alle Passagiere kommen dabei ums Leben.

Es ist 10.29 Uhr, als der Nordturm (WTC 1) des „World Trade Centers“ zusammenbricht. Auch bei diesem Kollaps werden wieder Hunderte von Menschen getötet und verletzt sowie weitere Gebäude im Umkreis (u.a. „WTC 5“ und „WTC 6“) zerstört und beschädigt. Die dort noch bestehenden beziehungsweise die nach dem Einsturz des „WTC 2“ wieder reorganisierten Einsatzleitungen und damit die gesamte personelle Führungsstruktur der Feuerwehr New York und des Rettungsdienstes werden ebenfalls wieder zerstört und inaktiviert.

Von den rund 200 im unmittelbaren Schadensgebiet befindlichen Feuerwehr-Einsatzfahrzeugen sowie den Sanitäts-, Rettungs- und Polizeifahrzeugen werden ein Großteil von den Trümmern der einstürzenden Gebäude

Angriffe auf ein Wahrzeichen! Von Terroristen gekaperte Linienflugzeuge schlagen in die Zwillingstürme des New Yorker „World Trade Center“ ein und verursachen eine bisher nie dagewesene Katastrophe. Damit verbunden war einer der größten und spektakulärsten Feuerwehr- und Rettungseinsätze in der Geschichte der USA.

[13] Office of Emergency Management (OEM): Regionale Katastrophenschutz-Behörde

[14] Boeing 757 der „United Airlines“ (UA), Flug UA 93, 45 Passagiere/Besatzungsmitglieder

[15] WTC 7: Hochhaus mit 47 Stockwerken

verschüttet, zerstört und beschädigt. Damit bricht auch die technische Struktur der Einsatzkräfte weitgehend zusammen.

Gegen 11.30 Uhr kann die Führungs- und Organisationsstruktur der Feuerwehr New York und des Rettungsdienstes in Teilen wieder hergestellt werden und die Einsatzleitung (Incident Command Post) ihre Arbeit wieder aufnehmen. Im Verlauf des frühen Nachmittags ist auch das „Office of Emergency Management" (OEM), das sich in Räumlichkeiten der New Yorker Polizeiakademie etabliert hat, wieder einsatzbereit.

Zur Unterstützung der New Yorker Rettungs- und Bergungskräfte werden zusätzlich die von der „Federal Emergency Management Agency" (FEMA) für Großschadenseinsätze und Katastrophen vorgehaltenen „Urban Search and Rescue Teams" aus Virginia, Massachusetts, Ohio, Missouri, Pennsylvania, Indiana, California, Maryland und Tennessee eingesetzt. Die Einheiten sind spezialisiert auf die Rettung von Personen aus Trümmern sowie auf Bergungsmaßnahmen unter schwierigsten Bedingungen.

Ein „Type 1 Incident Management Team" des „National Interagency Fire Center" (NIFC) in Boise/Idaho unterstützt die Einsatzführung und -koordination.

Um 17.20 Uhr stürzt das „WTC 7"[15] ein.

Die Zeit danach

Manhattan, New York, Amerika und nicht zuletzt die restliche Welt sind nach diesen terroristischen Angriffen nicht mehr das, was sie bis dahin waren – und sie werden es nie wieder sein! Wohl niemand wird dieses Ereignis und seine unglaublichen Folgen jemals vergessen können.

Feuerwehren und Rettungsdienste führten in den kommenden Tagen und Wochen ihre Rettungs- und Bergungseinsätze fort. Später blieb ihnen nur noch die Suche nach Leichen und Leichenteilen – insbesondere nach den eigenen Kameraden. Bis zum Mai 2002 wurden rund 40.000 Personen am ehemaligen „World Trade Center" für Rettungs-, Bergungs- und Aufräumarbeiten eingesetzt.

In den Folgetagen stiegen beziehungsweise variierten die Zahlen der bei den Einstürzen des „World Trade Centers" getöteten, verletzten und vermissten Personen ständig. So mussten nach offiziellen Angaben der Behörden insgesamt 6.291 verletzte Personen in den Krankenhäusern von Manhattan und der umliegenden Region behandelt werden. Der Angriff auf das „World Trade Center" forderte unmittelbar 2.590 Tote, weitere Personen verstarben nach ihrer Einlieferung in Krankenhäuser (insgesamt 2.602 Tote). In den vier zum Absturz gebrachten Flugzeugen starben 246 Passagiere und Besatzungsmitglieder.

Auch die Feuerwehren, andere Hilfs- und Rettungsdienste, die New Yorker Polizei und die Hafenbehörde von New York hatten eine überaus hohe Zahl von Toten in den eigenen Reihen zu beklagen. So verloren beispielsweise allein 343 Angehörige des „Fire Department New York" (FDNY) ihr Leben im Einsatz – unter ihnen oftmals komplette Fahrzeug- und Wachbesatzungen!

Durch den engagierten und unermüdlichen Einsatz von mehr als 11.000 Feuerwehrangehörigen und Angehörigen der Hilfs- und Rettungsorganisationen konnten über 15.000 Menschen gerettet werden.

Das Gutachten

Zahlreiche Fachgutachten analysierten in den Folgejahren die Abläufe während der Rettungseinsätze der Feuerwehr New York und der Sanitäts- und Rettungsdienste am „World Trade Center" und deckten zum Teil wesentliche taktische und technische Fehler sowie Organisationsmängel auf.

So ist in den vier Teilen des „McKinsey-Reports" unter anderem von gravierenden Mängeln in der funktechnischen Kommunikation, in der Kommunikation mit anderen Organisationen, in der Führungs- und Befehlsstruktur sowie im Bereich individueller Entscheidungen die Rede. Im Auftrag des „Fire Department New York" (FDNY) untersuchte das Unternehmen „McKinsey & Company" fünf Monate lang den Einsatz sowie die Strukturen der Behörde im Hinblick auf notwendige Veränderungen und Ergänzungen.

Das im Jahr 2002 erstellte und veröffentlichte Gutachten behandelt im Teil 1 die entscheidenden Fakten in den Bereichen „Einsatzleitung" und „Einsatzkontrolle", „Kommunikation" und „Einsatzmittel". Im Teil 2 erheben die Gutachter zukunftsorientierte fachliche Forderungen für die Bereiche „Einsatz und Einsatzführung" (u. a. eine verstärkte Einbeziehung des „Incident Command System"/ICS[16], Einrichtung eines

Feuerwehr-Einsatzzentrums, Einrichtung von Führungs- und Organisations-Teams für Großschadensfälle, Verbesserung des Anforderungs- und Abwicklungs-Managements), „Einsatzplanung und Management" (u. a. generelle Verbesserung der Abläufe), „Kommunikation und Kommunikationstechnik" (u.a. generelle Verbesserung der vorhandenen Technik und der kommunikativen Abläufe) sowie „Unterstützung für Mitglieder der Feuerwehr und deren Angehörige" (u. a. bei Verletzungen und Todesfällen, Verbesserung der Personalangaben).

Der dritte Teil des Gutachtens beschäftigt sich mit Vorschlägen zur Zusammenarbeit und Kooperation verschiedener Hilfs- und Rettungsorganisationen und der vierte Teil enthält Ausführungen zur detaillierten Umsetzung und Dokumentation der im Teil 1 angesprochenen Bereiche.

Fazit solcher Gutachten: Es erscheint generell wünschenswert – nicht nur für die Feuerwehr New York und für ihren Einsatz am „World Trade Center" – sondern für alle Feuerwehren und Hilfs- und Rettungsdienste in aller Welt, dass fachliche Erkenntnisse aus Einsätzen zukunftsorientiert und offen analysiert, Fehler und Unzulänglichkeiten erkannt und diese Erkenntnisse in die Praxis weiterer Einsätze übernommen werden. „Retten – Löschen – Bergen – Schützen!" – oder international „Search and Rescue" – sollte jederzeit in möglichst optimaler Form zum Wohl der Bevölkerung möglich sein.

Bis an den Rand der Erschöpfung, zum Teil tage- und nächtelang, waren Angehörige der New Yorker Feuerwehr im Einsatz, um Menschen zu retten, Verletzte zu versorgen oder letztendlich nur noch Tote zu bergen.

[16] Incident Command System (ICE): Staatenweites einheitliches Führungs- und Organisationssystem zur Bewältigung von Großeinsätzen.

2. März 2005:
Massenkarambolage auf der Westautobahn

Dichter Nebel und Rücksichtslosigkeit

Vorwort
Gut ausgebaute Autobahnen in Deutschland, Österreich, der Schweiz oder in anderen Staaten Europas sollten eigentlich zu den schnellsten und sichersten Verkehrsverbindungen gehören. Sie „sollten" es – wenn es denn nicht dort immer wieder und immer häufiger zu kilometerlangen Staus, Verkehrsbehinderungen durch Baustellen oder eben durch schwere Verkehrsunfälle kommen würde. Stetig zunehmender Straßenverkehr durch Pkw und Lastfahrzeuge machten die einstigen „Schnellstraßen" innerhalb weniger Jahre zu Verbindungen, bei denen in vielen Fällen keinesfalls mehr von „Schnelligkeit" und unbelastetem Fahren die Rede sein kann.
Hinzu kommt die zunehmende Rücksichtslosigkeit von motorisierten Zeitgenossen, die Autobahnen offensichtlich mit einem „Formel-1-Parcour" verwechseln. Maßloses Rasen, zu geringer Sicherheitsabstand und andere verkehrsrelevante „Rüpeleien" spiegeln zunehmend nicht nur eine Entwicklung dieser Gesellschaft wider, sondern sie machen die als „schnellste und sicherste Verkehrsverbindungen" konzipierten Autobahnen auch zu potenziell gefährlichen Wegstrecken, denen manch einer kaum noch gewachsen ist.
Zu welchen dramatischen Folgen solche Rücksichts- und Sorglosigkeiten letztendlich führen können, zeigt der nachstehende Beitrag.
Wolfgang Jendsch, Fachjournalist und Fachbuchautor, beschäftigt sich hauptberuflich schwerpunktmäßig mit den Bereichen „Feuerwehren" und „Rettungsdienste". In diesem Zusammenhang ist er immer wieder auf zahlreichen Straßen Europas unterwegs und kennt die hier angesprochene Problematik auch aus eigenem Erleben.

Die Westautobahn

Die Autobahn 1 (A 1) ist eine der längsten sowie zugleich verkehrstechnisch und volkswirtschaftlich wichtigsten Fernstraßenverbindungen in Österreich und in Europa. Über rund 300 Kilometer führt sie – in Verlängerung der deutschen Autobahn 8 (Karlsruhe-München-Salzburg) – von Salzburg in die österreichische Bundeshauptstadt Wien. Die „A 1" war die erste in Österreich gebaute Autobahn[1] und führt durch die Bundesländer Salzburg, Oberösterreich, Niederösterreich und Wien. Autobahnabzweigungen (Kreuze; österr.: Knoten) gibt es in Salzburg zur A 10 (Tauern-Autobahn), am Voralpenkreuz zur A 8 (Innkreis-Autobahn) und zur A 9 (Pyhrn-Autobahn), am Kreuz Haid zur A 25 (Welser Autobahn), am Kreuz Linz zur A 7 (Mühlkreis-Autobahn) und am Kreuz Steinhäusl zur A 21 (Wiener Außenring-Autobahn).

Die Westautobahn (A 1) zwischen Seewalchen am Attersee und der Gemarkung Aurach am Hongar zählt zu den gefürchtetesten Nebelgebieten in Österreich. Das häufige und zudem sehr plötzliche Aufkommen von dichten Nebelbänken ist eine der extremsten Naturerscheinungen im oberösterreichischen Seengebiet zwischen dem dem Atter- und dem Traunsee – sowohl hinsichtlich der Geschwindigkeit als auch hinsichtlich der Dichte ihres Auftretens. Nebelbänke dieser Art können die Sicht auf diesem Abschnitt der Westautobahn schlagartig und „nahezu auf Null" setzen.

Obwohl die für die österreichischen Autobahnen zuständige Verwaltungsgesellschaft ASFINAG[2] nach dem bisher folgenschwersten Massenunfall im September 2002[3] bei Seewalchen ab Herbst 2004 Nebelwarnanlagen eingerichtet hat, kam es auf diesem Abschnitt auch im März 2005 sowie im März 2008 wieder zu sehr schweren Massenkarambolagen, die nicht nur Sachschäden in Millionenhöhe forderten, sondern auch zahlreiche Verletzte und Tote.

So waren am 24. Februar 2004 insgesamt 25 Fahrzeuge an einem Massen-Crash beteiligt. Bei starkem Schneefall und schneeglatter Fahrbahn fuhren zahlreiche Fahrzeuge mit offensichtlich überhöhter Geschwindigkeit in einen querstehenden Lastzug. Dabei wurden sechs Personen verletzt, drei davon schwer.

Ein weiterer schwerer Verkehrsunfall auf der Westautobahn ereignete sich am 11. Januar 2005. Etwa 40 Pkw und Lkw kollidierten in Fahrtrichtung Salzburg bei Amstetten. Sechs Menschen wurden dabei schwer verletzt. Ausgelöst wurde der Unfall durch einen im dichten Nebel ins Schleudern geratenen und umgestürzten Lastwagen.

Folgenschwere Kettenreaktion

Der 2. März 2005 war ein Mittwoch. Während in der Region zwischen Seewalchen und Aurach am Hongar noch Schnee lag, war die Westautobahn schneefrei und trocken. Der Himmel an diesem frühen Morgen war wolkenlos – nur zwischen den beiden Gemeinden zog sich eine dichte Nebelwand über die A 1. Die Warnanlagen der ASFINAG signalisierten deutlich „Achtung Nebel!", und ein Streifenwagen der Autobahn-Gendarmerie hatte sich mit Blaulicht in diesem Bereich postiert, um die anfahrenden Verkehrsteilnehmer noch zusätzlich vor dem berüchtigten Naturereignis zu warnen.

[1] Autobahn 1: Spatenstich im April 1938, Bauende in den 70er-Jahren.

[2] ASFINAG: Autobahn- und Schnellstraßen-Finanzierungs-Aktiengesellschaft, in staatlichem Besitz Österreichs befindliche Infrastruktur und Aktiengesellschaft, Berechtigung zur Einziehung von Straßengebühren.

[3] Massenkarambolage am 30. September 2002 auf der A 1 zwischen Schörfling und Seewalchen: acht Tote, 57 zum Teil Schwerverletzte, ca. 80 beteiligte Fahrzeuge, Kfz-Brand. Ursache: eine plötzlich auftretende Nebelwand.

Gegen 07.00 Uhr ereignete sich auf der A 1 in Fahrtrichtung Linz/Wien zwischen den Anschlussstellen Schörfling (Nr. 233) und Regau (Nr. 224) in dichtem Nebel ein Auffahrunfall zwischen einem Pkw und einem Lkw. In Folge kollidierten in Höhe der Ortschaft Aurach am Hongar weitere Pkw mit den Unfallfahrzeugen, insbesondere aber ein mit Diesel voll beladener Tankzug, der mit hoher Geschwindigkeit auf einen Lkw mit Kühlanhänger sowie auf einen Sattelschlepper auffuhr. Der Fahrer des Tankzuges wurde im völlig zerstörten Führerhaus eingeklemmt und verstarb noch an der Unfallstelle. Ein links neben dem Kühltransporter zum Stehen gekommener Pkw wurde vom Aufbau des Kühlkoffers zwar nahezu vollständig begraben, jedoch nicht zerquetscht.

Nahezu „im Sekundentakt" fuhren danach weitere Fahrzeuge gegen die im Nebel stehenden und nur auf sehr kurze Entfernung sichtbaren Hindernisse. Auch der Fahrer eines weiteren Pkws hatte vermutlich die Unfallstelle nicht mehr rechtzeitig bemerkt und fuhr mit hoher Geschwindigkeit heckseitig in den Auflieger des Tankzuges. Auch für ihn gab es keine Überlebenschance.

Bild unten:
Ein mit Diesel beladener Tankzug (links) war mit hoher Geschwindigkeit auf einen Lastzug mit Kühlanhänger (Mitte oben) sowie auf einen Sattelschlepper (rechts) aufgefahren. Der Fahrer des Tankzuges wurde in seinem völlig zerstörten Führerhaus eingeklemmt und verstarb noch an der Unfallstelle.

Bild oben:
Der Bergekran der Feuerwehr im Einsatz! Der Kühlanhänger (hinten rechts) wird mit der Traverse angehoben. Vorn eine der völlig zerstörten Zugmaschinen.

Eingesetzte Fahrzeuge

Bezeichnung	Zuordnung	Kürzel	Funkrufname
Einsatz am 02. März 2005			
Freiwillige Feuerwehr Aurach	nördöstlich an der A 1		
Kleinlöschfahrzeug		KLF	Pumpe Aurach
Tanklöschfahrzeug		TLF	Tank Aurach
Freiwillige Feuerwehr Seewalchen	südwestlich an der A 1		
Kommandofahrzeug		KDO	Kommando Seewalchen
Löschfahrzeug		LF	Pumpe Seewalchen
Rüstlöschfahrzeug		RLF-A	Rüst Seewalchen
Ölschadensfahrzeug		ÖSF	Öl Seewalchen
Tanklöschfahrzeug		TLF	Tank Seewalchen
Freiwillige Feuerwehr Vöcklabruck	nördlich der A 1		
Kommandofahrzeug		KDO 1	Kommando 1 Vöcklabruck
Bergekran		KRAN KF 70	Kran Vöcklabruck
Kranbegleitfahrzeug		LAST 1	Last 1 Vöcklabruck
Rettungs- und Sanitätsdienste (ÖRK)			
Notarzteinsatzfahrzeug	Vöcklabruck	NEF	
Notarztwagen		NAW	
Sanitätsfahrzeuge/Ambulanzen		RTW/KTW	
Notarzteinsatzfahrzeug	Gmunden	NEF	
Sanitätsfahrzeuge/Ambulanzen		RTW/KTW	
Gesamt	3 Feuerwehren	ca. 40 Einsatzkräfte	
	2 ÖRK-Rettungsdienste	ca. 50 Einsatzkräfte	

Die meisten unfallbeteiligten Personen kamen jedoch mit leichteren Verletzungen davon, während der Sachschaden an den insgesamt 38 beteiligten Fahrzeugen und der jeweils mitgeführten Ladung in die Millionen ging.

Ein Bild wie nach einem Bombenangriff! Die Westautobahn war nach der Massenkarambolage übersät von Wrackteilen und Ladegut.

Großeinsatz für Feuerwehr und Rettungsdienst

In Unkenntnis des wahren Ausmaßes des Unfalls auf der A 1 wurde von der zuständigen Bezirkswarnstelle Vöcklabruck (Feuerwehr- und Rettungsleitstelle) um 07.07 Uhr zunächst die Freiwillige Feuerwehr Aurach alarmiert. Die Wehr rückte mit einem Tanklöschfahrzeug (TLF) und einem Kleinlöschfahrzeug (KLF) sowie mit 18 Kräften zur Einsatzstelle in Richtung Linz/Wien aus.

Bei Eintreffen des ersten Feuerwehrfahrzeugs an der Einsatzstelle blieb die Gesamtlage zunächst unklar. Das rückwärtige Ende des gemeldeten Auffahrunfalls war zunächst geprägt von mehreren Kollisionen mit Blechschäden. Erst nach dem Vordringen der Einsatzkräfte in den vorderen Unfallbereich wurde das Ausmaß einer weitläufigen Massenkarambolage deutlich.

Somit wurden um 07.38 Uhr die Freiwilligen Feuerwehren Seewalchen mit einem Kommandofahrzeug (KDO), einem Rüstlöschfahrzeug (RLF-A), einem Löschfahrzeug (LF) und einem Ölschadensfahrzeug (ÖSF) sowie die Freiwillige Feuerwehr Vöcklabruck mit einem weiteren Kommandofahrzeug (KDO), einem Bergekranfahrzeug (KRAN) und einem Kranbegleitfahrzeug (LAST)

Linke Seite oben:
Das schwere Bergekranfahrzeug der Stützpunktfeuerwehr Vöcklabruck kam auf der Westautobahn zum Einsatz, um die zum Teil übereinanderliegenden Lkw- und Pkw-Wracks auseinanderzuheben und -zuziehen.

Auch Pkw waren nach den Crashs völlig ineinander verkeilt. Die meisten Fahrzeuginsassen wurden dabei leicht, einige von ihnen jedoch schwer verletzt.

nachalarmiert. Insgesamt erreichten damit weitere 25 Feuerwehreinsatzkräfte die Unfallstelle.

Für die Feuerwehren bot sich vor Ort ein „wahres Schlachtfeld". Im Verlauf des mehrstündigen Einsatzes mussten mehrere Rettungs- und Bergungsmaßnahmen zum Teil parallel durchgeführt werden, so die Rettung einzelner Personen aus den Unfallfahrzeugen unter Einsatz von hydraulischem Rettungsgerät (u.a. Schneidgerät, Spreizer), die Bergung des in seinem Führerhaus eingeklemmten Tankzug-Fahrers, der unmittelbar nach

Die Zugmaschine des Tankzuges. Der Fahrer konnte nur noch tot geborgen werden. Links im Bild die Reste des Wracks nach den Bergungsarbeiten durch die Feuerwehr.

dem Aufprall des Fahrzeugs an seinen schweren Verletzungen verstarb. Zuvor musste die auf den Fahrbahnen verstreute Ladung sowie der auf dem Zugfahrzeug des Tankwagens liegende Kühlkoffer eines Transporters beseitigt werden.

Die rund 30.000 Liter Diesel des Tankzuges wurden aus Sicherheitsgründen angepumpt und in den Tank eines zweiten Fahrzeugs des Unternehmens umgefüllt.

Ein weiterer Toter musste aus einem Pkw geborgen werden, der sich in Folge des Aufpralls völlig unter dem Heck des Tanksattelzuges verkeilt hatte. Mit der Seilwinde des Rüstwagens wurde das völlig zerquetschte Fahrzeug hervorgezogen, bevor man an die eigentliche Bergung des eingeklemmten Fahrers gehen konnte. Kurz nach 15.00 Uhr waren die Arbeiten zur Bergung der Toten abgeschlossen.

Die unterstützenden Arbeiten bei der Bergung der Unfallfahrzeuge sowie das Aufnehmen und Entsorgen von ausgetretenen Treib- und Schmierstoffen forderte die Einsatzkräfte nochmals eine gute Stunde, so dass die Feuerwehren gegen 16.30 Uhr wieder einrücken konnten.

Die Rettungskräfte des Österreichischen Roten Kreuzes (ÖRK) aus Vöcklabruck und Gmunden wurden um 07.19 Uhr alarmiert. Insgesamt 14 Einsatzfahrzeuge (Notarzteinsatzfahrzeuge, Notarztwagen, Sanitätsfahrzeuge) mit drei Notärzten und rund 40 Sanitätskräften sowie der Notarzt- und Rettungshubschrauber „Martin 3"[4] erreichten innerhalb weniger Minuten die Einsatzstelle. Die Einsatzkräfte versorgten drei Schwer- und zehn Leichtverletzte und verbrachten sie – soweit erforderlich – in die umliegenden Krankenhäuser Vöcklabruck, Gmunden und Wels. Die an der Massenkarambolage beteiligten, jedoch nicht verletzten Fahrzeuginsassen wurden in einem bereitgestellten Bus mit heißem Tee versorgt. Ein Kriseninterventionsteam (KIT) des ÖRK stand zur psychologischen Betreuung bereit. Auf Wunsch konnten betroffene Personen im Jugendgästehaus Litzlberg des ÖRK am Attersee untergebracht werden.

[4] Rettungshubschrauber „Martin 3": Betreiber ist das Flugunternehmen Knaus, Standort Ebensee am Traunsee/Salzkammergut

Rücksichtslos und gefährlich

Gefährliche und nahezu unbeschreibliche Szenen spielten sich während des Einsatzes mehrmals auf der Gegenfahrbahn der Westautobahn in Richtung Salzburg ab. Dort hatte die Autobahn-Gendarmerie mit Warndreiecken auf den Unfall aufmerksam gemacht und die Autofahrer zu langsamer und vorsichtiger Fahrweise aufgefordert. Trotzdem kam es durch überhöhte Geschwindigkeiten, durch Unaufmerksamkeiten und durch rücksichtloses Verhalten gleich zu mehreren „Beinahe-Unfällen". Lastzugfahrer „trieben" plötzlich und offensichtlich aus purer Neugierde abrupt abbremsende Pkw-Fahrer laut hupend zur Eile, gefährliche Ausweichmanöver waren zudem keine Seltenheit. Eine dieser „Aktionen" versetzte den Einsatzkräften auf der anderen Fahrbahnseite dann doch einen gehörigen Schrecken. Ein nach einem Ausweichmanöver bedrohlich schwankender Sattelschlepper geriet in Höhe der Einsatzstelle auf den Überholstreifen und wäre beinahe umgestürzt beziehungsweise auf die Gegenfahrbahn geraten – und damit direkt in die dort tätigen Einsatzkräfte von Feuerwehr und Rettungsdienst.

Die Feuerwehren setzten schweres hydraulisches Rettungs- und Bergegerät (u. a. Schneidgeräte, Spreizer) ein, um die Fahrzeuginsassen befreien zu können.

25. März 2008:
Massenkarambolage auf der Westautobahn

Schneeglätte und hohe Geschwindigkeit

Szenenwechsel! Drei Jahre später, ebenfalls im März. Wieder kommt es auf der Westautobahn (A 1) zu einer Massenkarambolage. Wieder ereignet sich der Crash im oberösterreichischen Seengebiet – nur unweit der Unfallstelle aus dem Jahre 2005. Und wieder sterben Menschen und werden Menschen verletzt.

An diesem Unfall, der sich an einem Dienstagvormittag gegen 10.00 Uhr in Höhe der Autobahnanschlussstelle St. Georgen[5] ereignete, waren rund 60 Fahrzeuge beteiligt. Ursache war diesmal nicht der dichte Nebel, sondern heftiger Schneefall, der die Sicht auf der Autobahn erheblich einschränkte.

Überhöhte und nicht angepasste Geschwindigkeiten der Autofahrer waren jedoch letztendlich der wirkliche Grund für den Massenunfall. Obwohl die 2005 von der ASFINAG[6] eingerichteten Warnanlagen in Betrieb waren, reduzierten nur wenige Verkehrsteilnehmer ihre Geschwindigkeit auf ein den Umständen angemessenes Maß. Die Unvernunft vieler Autofahrer zeigte sich selbst bei der Anfahrt der Feuerwehr-Einsatzfahrzeuge. Bewusst fuhren diese in der Mitte beider Richtungsfahrbahnen an den Verkehrsstau heran, um die nachfolgenden Fahrzeuge möglichst frühzeitig zu warnen. Trotzdem „hingen“ sich zahlreiche Fahrzeuge direkt an die Feuerwehrfahrzeuge an, um möglichst schnell nach vorn zu gelangen, andere „drängelten“ und hupten, weil es ihnen offensichtlich nicht schnell genug ging.

Mehrere Pkw wurden durch Wrack- und Ladungsteile völlig begraben. Einsatzkräfte der Feuerwehr versuchen hier, an die Fahrzeuginsassen heranzukommen.

Crashes „Schlag auf Schlag“!

Ausgelöst wurde die Massenkarambolage vermutlich durch einen Auffahrunfall, an dem bereits mehrere Lkw und Pkw beteiligt waren. Danach ging es „Schlag auf Schlag“: Immer mehr Lkw und Pkw fuhren teils mit hoher Geschwindigkeit ineinander, verkeilten sich neben- und übereinander, schwere Ladungsteile stürzten auf

Unten:
Folgen der Massenkarambolage im März 2008. Heftiger Schneefall und Schneeglätte hatten diesmal zu den Unfällen geführt und behinderten nunmehr die Rettungs- und Bergungsarbeiten der Feuerwehr.

5 A 1, Anschlussstelle St. Georgen/Attergau (Nr. 234): südwestlich von Seewalchen, westlich des Attersees; etwa 12 Kilometer von der Unfallstelle 2005 entfernt.

6 ASFINAG: Autobahn- und Schnellstraßen-Finanzierungs-Aktiengesellschaft, in staatlichem Besitz Österreichs befindliche Infrastruktur und Aktiengesellschaft, Berechtigung zur Einziehung von Straßengebühren.

Einer der Lkw hatte tonnenschwere Papierrollen geladen, die nach dem Aufprall zum Teil auf die Fahrbahn gefallen waren.

die Fahrbahn (u. a. Papierrollen mit einem Gewicht von je zweieinhalb Tonnen). Auch nachfolgende Pkw, die „im letzten Moment“ noch bremsen und anhalten konnten, wurden von rückwärtig aufprallenden Fahrzeugen zusammengeschoben. Andere Pkw und Lkw blieb nur noch die Möglichkeit, in das abschüssige Gelände neben der Autobahn auszuweichen, um nicht in die Karambolage verwickelt zu werden.

Feuerwehr vor Ort

Ein Mannschaftstransportfahrzeug (MTF) der Freiwilligen Feuerwehr Pillichsdorf (Niederösterreich) gab um 10.01 Uhr den ersten Notruf an die Oberösterreichische Landeswarnzentrale (LWZ; Leitstelle) ab. Das Fahrzeug fuhr ebenfalls auf der Westautobahn in Richtung Salzburg, konnte jedoch im Rahmen des Unfallgeschehens rechtzeitig bremsen. Die MTF-Besatzung konnte nunmehr der Leitstelle sehr präzise Angaben zum Unfallgeschehen und zur Lage machen. Nur so war es möglich abzuschätzen, dass es sich in Höhe St. Georgen um ein Schadensereignis größeren Ausmaßes handeln würde.

Um 10.02 Uhr wurden die Freiwilligen Feuerwehren Schörfling, Seewalchen und Lenzing sowie das Kranfahrzeug der Feuerwehr Vöcklabruck alarmiert. Aufgrund der Lage vor Ort sowie der Tatsache, dass ein Anfahren der Kräfte in Fahrtrichtung Salzburg unmöglich erschien, erfolgte die Anfahrt der Einsatzfahrzeuge entgegen der Fahrtrichtung zur Unfallstelle.

Nachalarmiert wurden die Freiwilligen Feuerwehren aus Puchheim, Sankt Georgen und Unterach.

Bei Eintreffen und nach einer ersten Erkundung der Gesamtlage im Bereich der sich über rund 400 Meter erstreckenden Unfallstelle bot sich den Einsatzkräften von Feuerwehr und Rettungsdienst das redensartliche „Bild des Grauens“: Zwischen Lkw eingeklemmte Pkw, aufgerissene Lkw und Fahrerkabinen, herumliegendes Ladegut, auf der Autobahn ziellos herumirrende Fahrzeuginsassen, in Fahrzeugen eingeklemmte Menschen, zahlreiche Schwerverletzte und überall Blut.

Ein völlig zerstörter Lkw wird mit dem Kran geborgen. Unter zum Teil erheblich erschwerten Bedingungen konnten die Einsatzkräfte sechs in Fahrzeugwracks eingeklemmte Personen befreien und an die Rettungskräfte des ÖRK übergeben.

Auch diesmal kennzeichneten völlig zerstörte Personen- und Lastwagen das Ausmaß der Massenkarambolage, bei der wieder Menschen verletzt wurden und starben.

Unter zum Teil erheblich erschwerten Bedingungen konnten die Einsatzkräfte sechs in den Fahrzeugwracks eingeklemmte Personen befreien und an die Rettungskräfte des Österreichischen Roten Kreuzes (ÖRK) übergeben. Insgesamt 31 Personen wurden zum Teil schwer verletzt. Eine Frau erlag noch an der Unfallstelle ihren schweren Verletzungen, nachdem sie beim Zusammenprall ihres Pkws herausgeschleudert und von anderen Fahrzeugen erfasst worden war.

Zur Einrichtung einer „Triage“[7] wurde die Westautobahn auch in Fahrtrichtung Wien komplett gesperrt. Das ÖRK war mit rund 60 Rettungsfahrzeugen und 150 Kräften im Einsatz. Eingesetzt wurden auch die Rettungshubschrauber des „Österreichischen Automobil-, Motorrad- und Touring-Club (ÖAMTC) aus Salzburg (Christopherus 6), Linz (Christopherus 10) und Innsbruck (Christopherus 1).

Bis um 20.30 Uhr konnte der Einsatz der Feuerwehren und des Rettungsdienstes auf der Westautobahn (A 1) beendet werden.

Damit ereigneten sich auf der A 1 im Abstand von jeweils drei Jahren drei schwere und folgenreiche Massenkarambolagen zwischen den Anschlussstellen Regau und St. Georgen, die insgesamt elf Tote, zahlreiche Verletzte und extrem hohe Sachschäden verursachten.

[7] Triage: Sichtungs- und Sammelstelle für Verletzte

Feuerwehrangehörige bergen die Ladung der Lastwagen.

6. September 1992:
Der Busunfall bei Bad Dürrheim

Das Ende einer Urlaubsreise

Vorwort
Verkehrsunfälle – egal in welcher Größenordnung und mit welchen Folgen – gehen meistens mit Ärger, Leid und manchmal auch mit dem Tod einher. Und selbst, wenn es sich bei solchen Ereignissen „nur um einen Blechschaden“ handelt, so stehen Ärger mit Versicherungen, eventuell mit dem Unfallgegner und finanzielle Folgen nur allzu häufig am Ende des Geschehens.
Zu einer besonderen Kategorie von Verkehrsunfällen, bei denen sich all' diese Folgen möglicherweise noch um ein Vielfaches potenzieren, gehören die Unfälle mit Reisebussen. Steht am Anfang einer Busreise noch die Freude auf einen schönen Urlaubstag oder auf das entfernte Ziel im Grünen oder am blauen Meer, so brechen persönliches Leid und auch der Tod meist plötzlich und völlig unerwartet über den Reisenden ein. Die Vorfreude und die Hoffnung auf das, was am Ende der ursprünglich geplanten Reise kommen sollte, wird so zunichte gemacht.
Die Liste der schweren Busunfälle in Deutschland, Europa und darüber hinaus ist lang und traurig. Die beiden nachstehenden Schilderungen können daher nur Beispiele sein von Ereignissen, die bei Feuerwehren und Rettungsdiensten zu den wohl tragischsten Erfahrungen im Rahmen eines Einsatzes zählen.
Der Autor Wolfgang Jendsch war als Pressesprecher des Kreisfeuerwehrverbandes (KFV) Konstanz und des DRK-Kreisverbandes Konstanz sowie für die Einsatzdokumentation im Landkreis Konstanz zuständig. Im Rahmen der Dokumentation nahm er damals an den Einsatz-Nachbesprechungen in Bad Dürrheim und Titisee-Neustadt teil und schrieb für die Fachmedien die Einsatzberichte über die Busunfälle.

Es sollte eine fröhliche Wanderfahrt werden. 51 Mitglieder des Fichtelgebirgsvereins[1] aus dem bayerisch-fränkischen Hof waren mit einem Reisebus vom Typ „Kässbohrer Setra 315 HDH“ unterwegs nach Zell im Wiesental (Schwarzwald, Baden-Württemberg). Dort wollte die Gruppe eine Woche lang Wanderurlaub im Schwarzwald machen.

Um 04.00 Uhr am Morgen war der Bus voll besetzt in Hof/Saale abgefahren. Es war ein Sonntag, und es sollte ein herrlich warmer Sommertag werden. Die Fahrt ging auf Autobahnen über Nürnberg zur Neckartalbrücke bei Heilbronn (A 6), wo eine etwa einstündigen Pause eingelegt wurde. Danach fuhr der Bus weiter über Stuttgart und auf der Autobahn A 81 in Richtung Süden. Am Autobahndreieck Bad Dürrheim ging es dann auf die A 864 in Richtung Donaueschingen/Freiburg.

Es war kurz vor 12.00 Uhr. Im Bereich des Kreuzungs-Dreiecks mit der Bundesstraße 27/B 33 (Villingen-Donaueschingen) – hier endet die Autobahn und mündet im Verlauf einer leichten „Schikane“ nach links in eine einspurige Gegenverkehrsstrecke (Tangente auf die B 27/B 33 Richtung Donaueschingen) – geriet der Bus mit den Rädern nach rechts auf einen unbefestigten Seitenstreifen.

Es waren vermutlich nur Bruchteile einer Sekunde, in denen der Busfahrer unaufmerksam war. Er versuchte dann, den Bus wieder auf den befestigten Fahrstreifen zurückzuführen, übersteuerte das schwere Fahrzeug jedoch, so dass es nach etwa 100 Metern nach links umstürzte. Dabei rutschte der Bus im Bereich der Überquerung der B 27/B 33 über die rechte Leitplanke der Gegenfahrbahn. Durch die Planke und das dortige Brückengeländer wurde der Bus an seiner linken Seite aufgerissen, teilweise wurden die Dachabdeckungen

[1] Fichtelgebirgsverein: Wander- und Heimatverein mit 55 Ortsgruppen und 21.000 Mitgliedern

Das Ende einer Urlaubsreise – sicher für die 20 Toten, die dieser schwere Busunfall auf der A 864 forderte. Von oben kommend (im Bild oben die A 864 aus Richtung Autobahndreieck Bad Dürrheim) geriet der Bus im Bereich der leichten „Schikane“ zunächst nach rechts auf den Grünstreifen. Beim Gegenlenken stürzte er nach links um und rutschte die Gegenfahrbahn entlang. Im Bild links der ebenfalls am Unfall beteiligte Pkw.

herausgerissen. Durch die Vorwärtsbewegung des rutschenden Fahrzeugs wurden Wrackteile, Businsassen, Einrichtungen und Gepäckstücke „knäuelartig“ nach hinten und zum Teil aus dem Bus herausgerissen. Einige Personen wurden einen abschüssigen Hang zur Bundesstraße 27/B 33 hin hinuntergeschleudert. 20 Businsassen starben, 31 Reisende und der Fahrer wurden zum Teil schwer verletzt.

Bei dem Manöver kam es zudem zu einer Kollision mit einem VW-Passat auf der Gegenfahrbahn. Die vier Insassen des Pkw wurden dabei zum Teil schwer verletzt.

Großeinsatz für Rettungsdienst und Feuerwehren

Um 11.54 Uhr ging der erste Anruf über einen Notrufmelder an der B 27/B 33 ein. Er klang zunächst so unglaublich, dass der diensthabende Disponent der zuständigen Rettungsleitstelle[2] zunächst Mühe hatte, „Ernst oder Bluff“ zu unterscheiden. Erst als zwischen 11.56 Uhr und 11.59 Uhr weitere drei Notrufe gleichen Inhalts eingingen, bestätigte sich das Ausmaß eines Verkehrsunfalls, wie ihn die Region um Bad Dürrheim, Donaueschingen und Villingen-Schwenningen seit Jahrzehnten nicht erlebt hatte.

Bereits um 11.55 Uhr gab die Leitstelle „Alarm für alle Rettungsfahrzeuge im Schwarzwald-Baar-Kreis!“[3]. In den wenigen Minuten bis 12.01 Uhr wurden zunächst das Notarzteinsatzfahrzeug (NEF) aus Villingen, der Rettungshubschrauber (RTH) „Christoph 11“ aus Villingen, ein Arzttruppwagen (ATrW KatS) des Katastrophenschutzes des Landkreises Schwarzwald-Baar, das NEF aus Donaueschingen sowie die Rettungswagen (RTW) aus Bad Dürrheim, Villingen, Blumberg, Spaichingen und Trossingen an die Unfallstelle entsandt.

Um 12.01 Uhr wurde die Freiwillige Feuerwehr Bad Dürrheim, um 12.06 Uhr die Freiwillige Feuerwehr Donaueschingen und um 12.13 Uhr die Freiwillige Feuerwehr Schwenningen alarmiert.

Die ersten Lagemeldungen

Um 12.01 Uhr trifft der Rettungswagen aus Bad Dürrheim als erstes Fahrzeug des Rettungsdienstes an der Unfallstelle ein. Die unmittelbare Lagemeldung (12.02 Uhr) der Besatzung bestätigt das katastrophale Ausmaß des Unfalls. Gemeldet werden zunächst „... über zehn Schwerverletzte, zahlreiche Tote!“.

Nach dem Umstürzen kam der Bus auf der Gegenfahrbahn beziehungsweise auf der Brücke über die Bundesstraße 27/33 zum Liegen. Das Heck des Fahrzeugs wurde vom Brückengeländer und von der Leitplanke aufgerissen.

Zugleich wird mitgeteilt, dass der Chefarzt der Anästhesie der Städtischen Kliniken Villingen-Schwenningen zufällig vor Ort sei und eine erste Sichtung des Schadensumfangs vorgenommen hätte. Der Mediziner hätte vorgeschlagen, Katastrophenalarm auszulösen und die vorsorgliche Benachrichtigung sämtlicher Krankenhäuser vorzunehmen.

Der Anästhesist und Notarzt war es auch, der sich in den ersten Minuten nach dem Unfall einen „groben Überblick“ verschaffte. Nachdem dabei „... ganz zu Anfang nur Masse gesichtet werden konnte“, war später dann auch die Durchführung einer „Triage“ möglich. Der Mediziner informierte die nach und nach eintreffenden Kräfte und wies sie entsprechend der Lage in ihre Aufgaben ein. Die später hinzukommenden 25 Notärzte – meist Anästhesisten, die bereits Erfahrung im Notarztdienst hatten – wurden ebenfalls sofort eingeteilt.

Zwischen 12.09 Uhr und 12.30 Uhr wurden anforderungsgemäß alle Krankenhäuser und Kliniken der Umgebung über das Unfallgeschehen informiert und im Hinblick auf ihren freien Bettenbestand abgefragt, des Weiteren die Krankenhäuser Balingen und Ebingen sowie die Kliniken Freiburg und Tübingen.

[2] Leitstelle Schwarzwald-Baar: Integrierte Feuerwehr- und Rettungsleitstelle in Trägerschaft des Deutschen Roten Kreuzes (DRK), Kreisalarmierungszentrale, Sitz in Villingen-Schwenningen

[3] „Alarm für alle Rettungsfahrzeuge!“: Mit dieser Durchsage der Leitstelle sollte eine außergewöhnlich erscheinende Unfallsituation schnell und unkompliziert an alle relevanten Einsatzfahrzeuge des Rettungsdienstes übermittelt werden.

Einsatzablauf „Busunfall bei Bad Dürrheim"

Zeit	Fahrzeug	Kurzbez.	Zugehörigkeit	Funkrufname	an	ab	Bemerkung
11:54							1. Notfallmeldung
11:56							2. Notfallmeldung
11:58							3. Notfallmeldung
11:59							4. Notfallmeldung
11:55							Alarm aller Rettungsfahrzeuge im Schwarzwald-Baar-Kreis
11:56	Notarzteinsatzfahrzeug	NEF	Schwenningen	1/82-1			
11:56	Rettungshubschrauber	RTH	Schwenningen	Christoph 11		12:36	1 Schwerverletzter Krankenhaus Schwenningen
11:57	Arzttruppkraftwagen	ATrKw	Schwenningen	Baar 29-2	12:4		
11:57	Rettungswagen	RTW	Bad Dürrheim	3/83-1	12:1	12:32	1 Schwer-, 2 Leichtverletzte Krankenhaus Tuttlingen
11:58	Krankentransportwagen	KTW	Bad Dürrheim	3/85-1	12:4		
11:58	Rettungswagen	RTW	Villingen	1/83-2	12:6	12:33	1 Schwerverletzer Krankenhaus Donaueschingen
11:58	Notarzteinsatzfahrzeug	NEF	Villingen	1/82-1	12:4	13:2	
12:00	Notarzteinsatzfahrzeug	NEF	Donaueschingen	5/82-1	12:4		
12:00	Rettungswagen	RTW	Blumberg	4/83-1		12:43	1 Schwerverletzter Krankenhaus Furtwangen
12:01	Rettungswagen	RTW	Donaueschingen	5/83-1			
12:01	Feuerwehr Bad Dürrheim	FF	Bad Dürrheim	Florian BD			
12:01	Einsatzleitwagen	ELW	Bad Dürrheim	Florian BD 1/11		21:10	
12:02							1. Lagemeldung 3/83-1
12:03	Rettungshubschrauber	RTH (DRF)	Leonberg				durch Leitstelle Rottweil
12:03	Rettungshubschrauber	RTH (DRF)	Friedrichshafen	Christoph 45	12:27	12:40	durch Leitstelle Rottweil; 1 Schwerverletzter Krankenhaus Konstanz
12:03	Notarztwagen	NAW	Rottweil	1/83-1	12:26	13:2	durch Leitstelle Rottweil; 1 Schwerverletzter Krankenhaus Rottweil
12:03							3/83-1: Anforderung Feuerwehren mit Rettungs- und Bergegerät
12:03	Kreisbrandmeister	KBM	Schwarzwald-Baar	Florian Baar 1	12:38		
12:04	Rüstwagen	RW 2	Bad Dürrheim	Florian BD 1/52	12:8	21:10	
12:05	Tanklöschfahrzeug	TLF 16	Bad Dürrheim	Florian BD 1/23	12:8	21:10	
12:06							Alarmierung Hintergrunddienst Leitstelle Villingen
12:06							3/83-1: ca. 6 Tote, 6 Schwerverletzte
12:06	Feuerwehr Donaueschingen	FF	Donaueschingen	Florian D			
12:08	Rettungshubschrauber	RTH (DRF)	Stuttgart	Stuttgart 71	12:20		durch Leitstelle Böblingen
12:08	Rettungshubschrauber	RTH	Mannheim		12:45	13:2	durch Leitstelle Böblingen; 1 Schwerverletzer Uniklinik Tübingen
12:08	Rüstwagen	RW 2	Donaueschingen	Florian D 1/52	12:16	14:45	
12:09	Tanklöschfahrzeug	TLF 16	Donaueschingen	Florian D 1/23	12:16	21:10	
12:09	Mannschaftstransportwagen	MTW	Donaueschingen	Florian D 1/19	12:16	14:45	
12:09	Rettungswagen	RTW	Königsfeld	7/83-1		12:47	1 Leichtverletzer Krankenhaus Tuttlingen
12:09	Rettungswagen	RTW	St. Georgen	8/83-1			
12:09	Schnelleinsatzgruppe	SEG	Königsfeld		12:39		
12:09							12:09-12.30: Abfrage Kliniken nach Bettenstand, Information
12:10	Rettungswagen	RTW	Schwenningen	2/83-1	12:16		
12:10							3/83-1: Anforderung Repantatbeutel und Eis
12:11							3/83-1: 4 Schwerverletzte (Politrauma) im Hanggelände
12:11							4/83-1: Anmeldung als NAW
12:13	Feuerwehr Schwenningen	FF	Schwenningen	Florian S		14:14	
12:14	Rüstwagen	RW 2	Schwenningen	Florian S 1/52	12:24	14:14	
12:14	Einsatzleitwagen	ELW	Schwenningen	Florian S 1/11	12:35	14:14	
12:14	Krankentransportwagen	KTW	Königsfeld	7/85-1			
12:14	Rettungshubschrauber	RTH	Ulm	SAR 75	12:53		durch Leitstelle Rottweil
12:15	Krankentransportwagen	KTW	Schwenningen	2/85-3	12:19	12:28	2 Leichtverletzte Krankenhaus Villingen
12:15	Krankentransportwagen	KTW	Villingen	1/85-1	12:36		

Einsatzablauf „Busunfall bei Bad Dürrheim"

Zeit	Fahrzeug	Kurzbez.	Zugehörigkeit	Funkrufname	an	ab	Bemerkung
12:15	Krankentransportwagen	KTW	EL-RD	2/85-1	12:31		
12:16	Schnelleinsatzgruppe	SEG	Schwenningen				
12:16	Krankentransportwagen	KTW	Donaueschingen	5/85-2	12:36		
12:16	Rettungsdienst-Schule			DRK Baden 2			Ausbildungskurs (3 Ärzte, 10 RS) zur Einsatzstelle
12:16	Rettungswagen	RTW	Trossingen				durch Leitstelle Tuttlingen
12:16	Rettungswagen	RTW	Spaichingen				durch Leitstelle Tuttlingen
12:16	Tanklöschfahrzeug	TLF 16	Schwenningen	Florian S 1/23-2		14:14	
12:18							EL-RD (1/8): Anforderung Bus für Leichtverletzte
12:18	Vorausrüstwagen	VRW	Schwenningen	Florian S 1/50	12:23	14:14	
12:21	Krankentransportwagen	KTW	Schwenningen	2/85-2	12:24		
12:21	DRK-Bereitschaft		Villingen				
12:22	Rettungswagen	RTW	Tuttlingen	2/83-1		13:0	1 Schwer-, 1 Leichtverletzter Krankenhaus Tuttlingen
12:22	Rettungswagen	RTW	Tuttlingen	3/83-1	12:39	12:43	1 Schwerverletzter Krankenhaus Tuttlingen
12:22	Krankentransportwagen	KTW	Tuttlingen	1/85-1	12:39		
12:22	Notarzteinsatzfahrzeug	NEF/ELW	Tuttlingen	Florian Tuttl. 1/11	12:41		
12:22							2. Erkundung durch Feuerwehr (Heck): 12 Schwerstverletzte, 7 Tote
12:24	Behelfskrankenwagen	H-KTW	Schwenningen	1/86-1			
12:24	Einsatzleitwagen	ELW 2	Blumberg	Florian Baar 12	12:36	19:0	
12:24							Pressekonferenz 15.00 Uhr Gerätehaus Bad Dürrheim
12:26	Krankentransportwagen	KTW	Rottweil	7/85-1			durch Leitstelle Rottweil
12:30							Anforderung Einschränkung Flugverkehr (Flugplatz Donaueschingen)
12:32	Krankentransportwagen	KTW	Furtwangen	6/85-2			nach St. Georgen (Gebietsabdeckung)
12:36							Lagemeldung Baar 12: Reisebus, ca. 15-20 Tote, Schwerverletzte
12:45	Krankentransportwagen	KTW	Donaueschingen	5/85-1			in Bereitschaft
12:45							Einsatzbesprechung Führung (alle Organisationen)
12:50	Rettungshubschrauber	RTH	Schwenningen	Christoph 11			2. Einsatz
12:51	Rettungswagen	RTW	Villingen	1/83-2			2. Einsatz
12:53	Krankentransportwagen	KTW	Schwenningen	2/85-3			2. Einsatz
12:54	Krankentransportwagen	KTW	Villingen	1/85-2			Krankenhaus St. Georgen frei
12:54	Mannschaftsfahrzeug	MTW	Villingen	RK 34			7 Leichtverletzte Krankenhaus Goldenbühl Villingen
	4-Tragen-Krankentransportwagen	KTW/KATS	Villingen	Baar 27-2-1	12:56		
12:58	4-Tragen-Krankentransportwagen	KTW/KATS	Villingen	Baar 27-1	13:1		
13:01	Rettungswagen	RTW	Bad Dürrheim	3/83-1			2. Einsatz
	Krankentransportwagen	KTW (MHD)	Villingen	12/85-2	13:1		
13:07							Lagemeldung: Alle Patienten versorgt, keine weiteren Kräfte
13:59							Florian Baar 12: Anforderung Autokrane 18 t
14:05							Leitstelle: Flugplatz Donaueschingen gesperrt

Weitere Alarmierungen

Um 12.03 Uhr (bis 12.14 Uhr) übernimmt die benachbarte Rettungsleitstelle Rottweil die Alarmierung der Rettungshubschrauber (RTH) aus Leonberg, Ulm, Stuttgart, Mannheim und Friedrichshafen sowie des Notarztwagens (NAW) aus Rottweil. Ab 12.08 Uhr alarmiert die Leitstelle Villingen weitere Rettungswagen (RTW) aus Königsfeld, St. Georgen, Blumberg sowie die DRK-Schnelleinsatzgruppe (SEG) aus Königsfeld.

Von der Rettungsleitstelle Tuttlingen werden um 12.17 Uhr die Rettungswagen (RTW) aus Trossingen und Spaichingen zur Einsatzstelle entsandt.

Ab 12.16 Uhr werden weitere Kräfte und Fahrzeuge des Rettungs- und Sanitätsdienstes zur Unfallstelle geschickt, unter anderem die DRK-Schnelleinsatzgruppe (SEG) Schwenningen mit einem Arzttruppwagen (ATrW), ein Ausbildungsabschlusskurs der DRK-Landesschule Bad Dürrheim mit drei Ärzten und zehn Rettungssanitätern

Die Bilder auf diesen Seiten zeigen deutlich sichtbar das vom Brückengeländer und von der Leitplanke aufgerissene Heck des Busses. An dieser Stelle starben die meisten Fahrgäste, zahlreiche weitere wurden hier zum Teil schwerst verletzt. Einige von ihnen wurden auf den Abhang zur B 27/33 hinuntergeschleudert.

sowie weitere Krankenwagen (KTW) und Transportfahrzeuge (Busse).

Währenddessen erfolgt die Verstärkung des Leitstellenpersonals in Villingen (bis zu vier Mitarbeiter für den Rettungsdienst, weitere zwei Mitarbeiter der Feuerwehr) sowie die interne Gebietsabdeckung der einzelnen Rettungswachen im Landkreis durch Personal und Fahrzeuge. Zu diesem Zeitpunkt fordert die RTW-Besatzung aus Bad Dürrheim „... mehrere Feuerwehren mit schwerem Rettungsgerät“ zur Unterstützung an. Die an der Unfallstelle befindlichen Kräfte melden zwischenzeitlich weitere Schwerverletzte und Tote und fordern unter anderem „... größere Mengen von Replantatbeuteln und Eis“ an.

Der Feuerwehreinsatz

Um 12.01 Uhr erreichte der Leitstellenalarm die Freiwillige Feuerwehr Bad Dürrheim. „Schwerer Verkehrsunfall A 864/B 27, vermutlich mit Bus!“ lautete die Einsatzmeldung. In kurzer Zeit waren der Einsatzleitwagen (ELW), der Rüstwagen (RW 2), das Tanklöschfahrzeug (TLF 16) und die Drehleiter (DLK 23-12) einsatzbereit, da sich Teile der Führung und der Mannschaft zu diesem Zeitpunkt bereits im Gerätehaus befanden.

Nach Eintreffen der Kräfte ergab eine erste Erkundung, dass die Frontscheibe des Busses bereits eingeschlagen war und etwa sechs bis acht Personen im Begriff waren, den Innenraum zu verlassen. Weitere etwa zehn Personen liefen deutlich geschockt und zum Teil völlig ziellos im näheren Bereich der Unfallstelle herum.

Um 12.09 Uhr traf der Rüstwagen (RW 2) der Freiwilligen Feuerwehr Bad Dürrheim an der Unfallstelle ein, gefolgt vom Bad Dürrheimer Tanklöschfahrzeug (TLF 16). Die Besatzungen ließen nach kurzer Erkundung der Unfallstelle die Freiwillige Feuerwehr Schwenningen mit dem Vorausrüstwagen (VRW) und dem Rüstwagen (RW 2) alarmieren. Um 12.24 Uhr wurde der kreiseigene Einsatzleitwagen (ELW 2) aus Schwenningen an die Unfallstelle beordert.

Die Besatzung des TLF 16 aus Bad Dürrheim übernahm sofort die Sicherstellung des Brandschutzes, die Besatzungen des RW 2 und des ELW aus Bad Dürrheim wurden zur Menschenrettung eingesetzt. Weitere Sichtungen im Bereich des umgestürzten Busses machten das ungeheure Ausmaß des Schadens deutlich. Mehrere Personen waren unter den Fensterholmen des auf der Seite liegenden Busses eingeklemmt.

Probleme brachte zunächst die Entfernung der Sitze im Innern des Busses, auch hier waren einige der Fahrgäste eingeklemmt – Schwerverletzte, Leichtverletzte, Tote! Mit hydraulischem Rettungs- und Bergegerät (u. a. Schneidgerät, Spreizer) konnten die Einsatzkräfte der Feuerwehr allerdings wenig ausrichten, die meisten Sitze mussten einzeln per Hand abgeschraubt werden.

Weitere Sichtungen an der Unfallstelle ergaben einen zweiten Schwerpunkt im Heckbereich des umgestürzten Busses. Durch die Leitplanke und das Brückengeländer waren hier sowie im Dachbereich große Teile des Fahrzeuges aufgerissen – der wohl schlimmste Bereich der Unfallstelle, nachdem Einsatzkräfte hier zahlreiche Schwerstverletzte, aber auch abgetrennte Gliedmaßen und Leichenteile vorfanden. Vier Schwerverletzte wurden abseits der Autobahn auf einem abschüssigen Hang zur Bundesstraße B 27/B 33 hin aufgefunden.

Zur Führung vor Ort erfolgt die Einrichtung der „Technischen Einsatzleitung" (TEL) im Einsatzleitwagen (ELW 2) des Landkreises. Die Einsatzleitung insgesamt wurde von Vertretern der Feuerwehr, des Deutschen Roten Kreuzes (DRK), der Polizei und des Landratsamtes gebildet.

Die Leitstelle in Villingen-Schwenningen übernahm die Alarmierung/Nachalarmierung der Rettungsdienste, der Feuerwehren, die Verständigung der Kliniken, die Ermittlung der Personalien der Verletzten, die Verständigung der Behördenvertreter und die Unterstützung des Polizei-Einsatzleiters.

Nach den Rettungs- und Bergungsmaßnahmen, die bis gegen 13.00 Uhr abgeschlossen waren, wurden Kräfte der Feuerwehren bis gegen 17.00 Uhr eingesetzt zum Binden von Dieselöl, bei den Aufräumarbeiten, beim Einsammeln von medizinischem Verbrauchsmaterial, beim Aufnehmen und Sicherstellen der noch aufgefundenen Körperteile sowie zur Amtshilfe bei der Aufbahrung der Toten in der Schwenninger Eissporthalle.

Der Rettungs- und Betreuungseinsatz

Als erstes Fahrzeug traf um 12.01 Uhr der Rettungswagen (RTW) des Deutschen Roten Kreuzes (DRK) aus Bad Dürrheim an der nur etwa fünf Kilometer von der Stadt entfernt liegenden Unfallstelle ein. Weitere Rettungs- und Krankentransportfahrzeuge folgten innerhalb der nächsten 20 Minuten.

Die Verletzungen der Businsassen, vor allem der im Bereich der linken Fensterreihe und im Heckbereich aufgefundenen Personen, erwiesen sich nach der ersten Sichtung durch die Notärzte als außergewöhnlich schwer: Mehrfachamputationen, Köpfungen, offene Bauch- und Brustverletzungen.

Insgesamt acht Patienten waren zu diesem Zeitpunkt noch im Bus eingeklemmt.

Keinerlei Probleme gab es im Zusammenhang mit der bis 12.30 Uhr erfolgten Abfrage der Krankenhäuser nach freien Betten und mit der Belegung. Es gab sehr schnell „präzise und konkrete Angaben und Aufnahmeangebote". Nach Eingang der entsprechenden Rückmeldungen der Kliniken zum Bettenbestand beziehungsweise zu kurzfristig möglichen Aufnahmekapazitäten erfolgte ab 12.36 Uhr der Abtransport zunächst der Schwerverletzten, später der Leichtverletzten.

Innerhalb von rund 70 Minuten konnten alle 36 Schwer- und Leichtverletzten notärztlich versorgt und durch Rettungs- und Notarztwagen sowie durch Rettungshubschrauber (RTH) in die Krankenhäuser der umliegenden Landkreise verbracht werden.

Um 13.07 Uhr – rund eine Stunde nach Beginn der Rettungsmaßnahmen – erreichte die Leitstelle in Villingen-Schwenningen die Rückmeldung, dass „... alle Patienten versorgt und abtransportiert!" seien. Weitere Kräfte und Fahrzeuge seien „... nicht mehr erforderlich!".

Hinsichtlich der Behandlungskapazität und der Belegung der Kliniken ergaben sich ebenfalls keine Probleme. Jede Klinik wurde maximal mit fünf Patienten, darunter jedoch nicht mehr als zwei Schwerverletzte, belegt. So konnten zehn Schwerverletzte in neun Kliniken verbracht werden. Ein Patient starb auf dem Flug in die Universitätsklinik Tübingen.

Bereits gegen 15.00 Uhr wurde der DRK-Kreisverband Donaueschingen beauftragt, für die Versorgung und Unterbringung von insgesamt 16 Leichtverletzten zu sorgen. So wurden unmittelbar Teile der DRK-Bereitschaft Donaueschingen alarmiert und ein im DRK-Heim befindlicher großer Saal mit Tischen, Stühlen und Betten eingerichtet.

Nach dem Eintreffen der Unfallbeteiligten führte der zuständige DRK-Bereitschaftsarzt erste Gespräche mit den Frauen und Männern, von denen sich einige ihrer Partner unter den Schwerverletzten befanden. Andere hatten den Tod von Ehepartnern oder engen Freunden zu beklagen. Das Reden über das Unglück, so die Einschätzung des DRK-Bereitschaftsarztes, sei in diesem Fall „... äußerst vorteilhaft zur Bewältigung des Geschehenen" gewesen. Die Aktiven des DRK standen hier während der zwei nächsten Tage durchgängig als Ansprechpartner zur Verfügung.

Materiell ersetzt werden musste vor allem die Bekleidung der Reisenden, die als Folge des Unfalls weitgehend verschmutzt oder zerrissen war. Hier bot die DRK-Kleiderkammer zunächst eine Ersatzausstattung. Da das persönliche Gepäck der Reisenden im Bus geblieben war, fehlte es den meisten Personen vor allem auch an Geld und persönlichen Medikamenten. Hier musste das DRK entsprechend für Ersatz sorgen, nicht zuletzt auch für weitere Dinge des täglichen Bedarfs, zum Beispiel Handtücher, Zahnbürsten und Ähnliches.

Unterstützung leisteten die Helferinnen und Helfer zudem bei Telefonrückrufen der Verletzten zu Verwandten, ferner bei der Organisation der polizeilichen Vernehmung sowie bei Unterbringungsfragen für die zwei Folgetage. Hier ergab sich eine gute Zusammenarbeit mit einem außerhalb der Stadt liegenden Hotel-Restaurant. Zur persönlichen Betreuung und zur Beruhigung und Entlastung der Betroffenen während dieser Zeit wurden ebenfalls die Helfer des DRK eingesetzt.

Die Unfallbetroffenen wurden bis zu ihrer Rückreise nach Hof (Dienstag, 8. September 1992), intensiv

[4] Dr. Hartmut und Sybille Jatzko: Arzt für Innere Medizin, Psychotherapie und Psychosomatik; Psychotherapeutin. Das Ehepaar Jatzko wurde bereits durch seine Arbeit im Zusammenhang mit der Flugzeugkatastrophe von Ramstein bekannt.

Das aufgerissene Dach und das Heckteil des umgestürzten Busses. (Bild unten und rechts oben)

betreut. Für den DRK-Kreisverband Donaueschingen galt es dabei, eine ganze Reihe menschlicher, verwaltungstechnischer, rechtlicher und organisatorischer Fragen abzuklären.

Psychologische Betreuung der Einsatzkräfte

Eine nachgehende Betreuung wurde auch für die an den Rettungsmaßnahmen beteiligten Einsatzkräften aller Organisationen als notwendig angesehen. Nach übereinstimmender Beurteilung der Ärzte, Sanitäter, Feuerwehrangehörigen und Polizeibeamten waren die schrecklichen Eindrücke derart massiv, dass über Tage und Wochen hinweg entsprechende Auswirkungen bei den Einsatzkräften zu beobachten waren.

Durch Vermittlung des Landratsamtes Villingen-Schwenningen wurden die Psychotherapeuten Dr. Hartmut und Sibylle Jatzko aus Kaiserslautern[4] beauftragt, mit den Einsatzkräften Informations-, Einzel- und Gruppengespräche auf freiwilliger Basis zu führen. Ziel der angebotenen Maßnahmen sollte unter anderem die psychische Verarbeitung des Erlebten, der damit verbundenen optischen und akustischen Eindrücke sowie die Verhinderung von Belastungsreaktionen aufgrund der Ereignisse für die Zukunft sein.

Einsatznachbesprechung

Eine Nachbesprechung mit allen Führungskräften bestätigte kurze Zeit später, dass „… der Einsatz optimal gelaufen“ sei, „… es hätte im Wesentlichen nicht besser laufen können!“. Übereinstimmend gelobt wurde dabei insbesondere die „hervorragende Zusammenarbeit zwischen Feuerwehren, Rettungsdienst, der Polizei und den beteiligten Behörden“. „Außergewöhnliche Disziplin, großes persönliches Engagement bis an die Grenzen psychisch-physischer Leistungsfähigkeit sowie ein hohes qualitatives Können der beteiligten Kräfte“ habe dazu geführt, dass auch ein Großschadensereignis mit überdurchschnittlich zahlreichen Opfern bewältigt werden konnte.

Eine ganze Reihe von Umständen waren für den Gesamteinsatz von besonderer Bedeutung:

Der Schadensort lag zentral zwischen den Städten Bad Dürrheim, Donaueschingen und Villingen. Das bedeutete vor allem kurze Anfahrten der Rettungskräfte in einer ansonsten eher ländlich-weitläufigen Region.

Zum Unfallzeitpunkt (Sonntagmittag) waren die meisten Angehörigen der Rettungsdienste und der Freiwilligen Feuerwehren trotz des warmen Sommertages noch zu Hause und konnten in der Regel im Verlauf der Alarmierungen sofort erreicht werden.

Der Chefarzt der Zentralanästhesie Villingen-Schwenningen war durch Zufall mit seinem Pkw in der

Bei Eintreffen der ersten Rettungskräfte hatten Helfer bereits die Frontscheibe des Busses eingeschlagen. Ein Teil der Fahrgäste fand so den Weg nach draußen.

Die Feuerwehr musste den umgestürzten Bus mit hydraulischem Gerät anheben, um eingeklemmte und verletzte Personen befreien zu können.

Nähe der Unfallstelle und konnte somit unmittelbar koordinierend eingreifen.

In der DRK-Landesschule Bad Dürrheim stand ein kompletter Abschlusskurs für Rettungssanitäter (10 Personen) mit drei Ärzten sofort für den Einsatz zur Verfügung.

Als für die Einsatzkräfte „entlastend" erwies sich die Entscheidung, gegen 15.00 Uhr für die an der Einsatzstelle befindlichen Medienvertreter eine Pressekonferenz abzuhalten. Damit konnten die vor Ort befindlichen Führungskräfte von Informationsanfragen freigehalten werden. Organisatorisch durchgeführt wurde die Pressearbeit weitgehend von Führungskräften der Polizei, da die Feuerwehren und das DRK damals noch nicht über Pressesprecher verfügten.

Lob von offizieller Seite erhielten auch eine Reihe von Autofahrern, die die anfänglichen Rettungsmaßnahmen sofort tatkräftig und effektiv unterstützten.

Trotzdem gab es auch einige Probleme kleinerer Art: So wurde aufgrund der Straßenführung die An- und Abfahrt der Rettungsfahrzeuge zeitweise zum Problem (Stichzufahrt, eingeschränkte Wendemöglichkeit). Die Verständigung zwischen den Ärzten und Rettungskräften zum Einsatzbeginn wurde durch die laufenden Motoren der Feuerwehr- und Rettungsfahrzeuge erheblich erschwert. Als störend erwies sich zunächst auch der nahe gelegene Sportflughafen in Donaueschingen. Die dort startenden und landenden Maschinen wurden zunehmend zur Gefahr für die zahlreichen Rettungshubschrauber. Die Flugleitung wurde dann aufgefordert, den Luftverkehr einzustellen. Auf die Notwendigkeit einer sofortigen Einstellung des Flugverkehrs hätte man jedoch noch konsequenter hinweisen müssen.

Die Bilanz des Busunfalls

Bei dem schweren Unfall auf der A 864 starben 21 Businsassen. Insgesamt 36 Personen wurden verletzt, davon zehn Personen schwer. Nach unmittelbarer ambulanter Behandlung in den Krankenhäusern konnten 16 der leichter verletzten Personen wieder entlassen werden.

„Menschliches Versagen" sowie „Übermüdung des Fahrers" galt als Ursache für eines der schwersten Busunglücke in Deutschland. Von der Schwurgerichtskammer des Landgerichts Konstanz wurde der Busfahrer später wegen „fahrlässiger Tötung in 21 Fällen" und „fahrlässiger Körperverletzung in 32 Fällen" zu einer Freiheitsstrafe von drei Jahren und fünf Jahren Führerscheinentzug verurteilt.

10. Mai 2001:
Der Busunfall bei Titisee-Neustadt

Das Ende einer Schwarzwaldfahrt

An einem Donnerstagvormittag gegen 10.00 Uhr trafen sich 22 Senioren aus dem schweizerischen Riehen bei Basel in der badischen Grenzstadt Lörrach, um von dort aus eine Busfahrt nach Freiburg zu unternehmen. An diesem Tag zeigte sich das Wetter von seiner besten Seite. Der Himmel über den bewaldeten Höhen des südlichen Schwarzwaldes strahlend blau, die Sonne erwärmte bereits die morgendliche Kühle – ideale Voraussetzungen also für einen Ausflug in die herrliche Umgebung zwischen Hotzenwald, Feldberg und dem Titisee.

Die Teilnehmer der Busreise gehörten der Wandergruppe des Turnvereins St. Marien aus Basel an. Es sind Senioren, zum Teil über 80 Jahren alt, aber noch immer engagiert und fit genug, Freiburg und den Schwarzwald „per pedes" kennenzulernen.

Szenenwechsel – rund 150 Kilometer im Norden des Schwarzwaldes. Etwa zur selben Zeit stieg in Baden-Baden eine 76-jährige Frau in ihren Pkw. Sie war dort zu Besuch und wollte nun zu ihrem Wohnort im Landkreis Waldshut zurückfahren. Statt der Autobahn wählte sie die Bundesstraße 500 – die sogenannte und wohl weit über die Grenzen des Schwarzwaldes hinaus bekannte „Schwarzwaldhochstraße" – über Freudenstatt, Alpirsbach, Triberg, Furtwangen und Titisee-Neustadt in Richtung Süden.

Von Süden her fuhr der Reisebus aus Lörrach in Richtung Schopfheim und „erklomm" über die kurvenreiche Bundesstraße 317 die Schwarzwaldhöhen in Richtung Todtnau und Bärental. Von dort laufen die Bundesstraßen 317 und 500 gemeinsam bis nach Titisee-Neustadt.

Es war etwa 12.30 Uhr. Der Reisebus hatte gerade die Abzweigung der B 315 nach Lenzkirch passiert, als ihm in einer leichten Linkskurve der Pkw aus Baden-Baden entgegenkam. Der Busfahrer konnte noch sehen, wie das Fahrzeug auf die Gegenfahrbahn geriet, frontal auf ihn zukam – dann folgte der Aufprall, ein lauter Knall. Durch den heftigen Aufprall wurde die Lenkung des Busses beschädigt, das linke Vorderrad blockierte. Der Bus wurde herumgerissen, durchbrach die Leitplanke und stürzte etwa 20 Meter den steilen Abhang herunter. Nur die im Steilhang stehenden Bäume stoppen den Fall, ansonsten wäre das schwere Fahrzeug direkt auf die un-

Der unfallverursachende Pkw auf der Bundesstraße. Die Fahrerin wurde nach dem Aufprall eingeklemmt und schwer verletzt. Sie verstarb später im Krankenhaus.

Die Unfallstelle auf der Bundesstraße 315. Ein entgegenkommender Pkw prallte frontal auf den Reisebus, der manövrierunfähig nach links in den Abhang fuhr. Das Bild zeigt den Pkw am linken Straßenrand sowie die Schleuderspur des Busses über die Leitplanke hinweg in den Abgrund.

Eingesetzte Fahrzeuge

Bezeichnung	Zuordnung	Kürzel	Funkrufname
Freiwillige Feuerwehr Titisee-Neustadt			
Vorausrüstwagen		VRW	Florian Neustadt 1/50
Tanklöschfahrzeug		TLF 16	Florian Neustadt 1/23
Rüstwagen		RW 2	Florian Neustadt 1/52
Gerätewagen-Messtechnik	Einsatzleitwagen (ELW)	GW-Mess	Florian Neustadt 1/59
Freiwillige Feuerwehr Altglashütten			
Löschgruppenfahrzeug		LF 16	Florian Altglashütten 1/44
Freiwillige Feuerwehr Lenzkirch			
Einsatzleitwagen		ELW 1	Florian Lenzkirch 1/11
Tanklöschfahrzeug		TLF 16	Florian Lenzkirch 1/23
Löschgruppenfahrzeug		LF 16-TS	Florian Lenzkirch 1/45
Freiwillige Feuerwehr Hinterzarten			
Tanklöschfahrzeug		TLF 16	Florian Hinterzarten 1/23
Löschgruppenfahrzeug		LF 16-TS	Florian Hinterzarten 1/45
Rüstwagen		RW 2	Florian Hinterzarten 1/52
Freiwillige Feuerwehr St. Blasien			
Einsatzleitwagen		ELW 1	Florian St. Blasien 1/11
Löschgruppenfahrzeug		LF 16-TS	Florian St. Blasien 1/45
Löschgruppenfahrzeug		LF 16	Florian St. Blasien 1/44
Freiwillige Feuerwehr Feldberg-Bärental			
Tragkraftspritzenfahrzeug		TSF	Florian Feldberg 1/47

Nach dem Crash stürzte der Bus den steilen Abhang zwischen der Bundesstraße und der Bahnstrecke nach Titisee-Neustadt hinunter.

terhalb des Hanges führenden Eisenbahnschienen der Regionalbahn Titisee-Neustadt-Schluchsee/Seebrugg gestürzt. Inmitten des Steilhanges kommt der Reisebus auf der linken Seite zum Liegen.

Der 48-jährige Busfahrer und ein vorn im Bus sitzender 83-jähriger Fahrgast starben noch an der Unfallstelle. 20 Businsassen erlitten leichte, acht davon schwere Verletzungen. Die 76-jährige Pkw-Fahrerin wurde in ihrem völlig zerstörten Fahrzeug eingeklemmt und verstarb später im Krankenhaus Villingen-Schwenningen an den Folgen ihrer schweren Verletzungen.

Ungenauer Notruf

Um 12.32 Uhr geht über Handy bei der Rettungsleitstelle des DRK-Kreisverbandes in Freiburg der Notruf eines ortsfremden Autofahrers ein. Unklar ist nach den Angaben des Anrufers für die Disponenten dabei sowohl die genaue Örtlichkeit der Unfallstelle als auch das Ausmaß des Schadensereignisses. Die Rede ist zunächst von einem „Verkehrsunfall mit Pkw!". Dass dieser Bus einen Abhang hinuntergestürzt ist, wurde der Leitstelle vom Anrufer nicht mitgeteilt. Der Mann erwähnte auch nicht, dass eine Person im Pkw eingeklemmt wurde.

Großeinsatz von Feuerwehr und Rettungsdienst

Um 12.32 Uhr und um 12.33 Uhr alarmiert die Rettungsleitstelle in Freiburg das Notarzt-Einsatzfahrzeug (NEF) und einen Rettungswagen (RTW) aus Neustadt, den Rettungswagen aus Schluchsee sowie zwei Krankentransportwagen (KTW) der Rettungswache Neustadt.

Um 12.34 Uhr geht die Alarmierung auch bei der Freiwilligen Feuerwehr Titisee-Neustadt ein. Die Alarmierungsbestätigung durch die Feuerwehr erfolgt um 12.37 Uhr mit der Rückfrage nach der „genauen Einsatzstelle". „Kreuzungsbereich B 317/B 500" lautete die ergänzende Information der Leitstelle, und weiter: „Zu Ihrer Information: VU mit Bus, 22 Personen noch im Fahrzeug, Rettungsdienst und Polizei auf der Anfahrt!".

Aus der etwa sechs Kilometer von der Unfallstelle entfernten Kleinstadt Titisee-Neustadt rücken um 12.38 Uhr ein Vorausrüstwagen (VRW), um 12.39 Uhr ein Tanklöschfahrzeug (TLF 16) und ein Rüstwagen (RW 2) sowie um 12.41 Uhr der als Einsatzleitwagen (ELW) genutzte Gerätewagen-Messtechnik (GW-Mess) aus.

Als sich das erste Einsatzfahrzeug (VRW) der Freiwilligen Feuerwehr Titisee-Neustadt etwa 200 Meter vor der Einsatzstelle (Kreuzung B 317/B 500) befindet, wird über Funk ergänzend mitgeteilt, dass ein „Bus mit Insassen ca. 20 Meter tief abgestürzt sei".

Aufgrund dieser Information erfolgt noch auf der Anfahrt der Fahrzeuge aus Titisee-Neustadt die Alarmierung der Freiwillige Feuerwehr Altglashütten. Um 12.46 Uhr erreicht der Vorausrüstwagen (VRW) die Einsatzstelle.

Es ist genau 12.33 Uhr. Sascha P. trifft als erster Rettungsassistent an der Einsatzstelle auf der Bundesstraße 317 ein. Auch für ihn war auf der Anfahrt zur Einsatzstelle die Lage an der Unfallstelle zunächst unklar.

Nach seinem Eintreffen führt P. sofort eine Lageerkundung durch. Er sieht den völlig zerstörten Pkw an der Leitplanke, entdeckt den abgestürzten Bus. Sein erster Eindruck von den Businsassen: „Sie waren alle ausgesprochen ruhig und diszipliniert".

Danach setzt der Rettungsassistent über Funk eine erste Lagemeldung ab: „Etwa 20 Personen verletzt, Bus am Steilhang abgestürzt, ein weiteres Fahrzeug am Unfall beteiligt. Benötigt wird die Bergwacht, da das Gelände nur schwer zugänglich ist".

Zwischenzeitlich sind – nach dem Vorausrüstwagen (VRW) – auch der Rüstwagen (RW 2), das Tanklöschfahrzeug (TLF 16) und der Gerätewagen-Messtechnik (GW-Mess) aus Titisee-Neustadt an der Einsatzstelle eingetroffen. Die Besatzung des VRW beginnt um 12.46 Uhr mit der technischen Rettung der im Pkw eingeklemmten Fahrerin, während weitere Kräfte der Feuerwehr versuchen, den abgestürzten Bus über die Frontseilwinde des RW 2 zu sichern.

Weitere Einsatzkräfte erforderlich

Die Rettungsleitstelle in Freiburg nimmt ab 12.49 Uhr weitere Alarmierungen vor, schickt auch den vom ersteintreffenden Rettungswagen zusätzlich angeforderten „Leitenden Notarzt" (LNA). Die benachbarten Rettungsleitstellen in Villingen-Schwenningen, Waldshut und Lörrach bieten den Freiburger Kollegen ihre Unterstützung an. So werden von dort die Freiwilligen Feuerwehren Lenzkirch, Hinterzarten (beide Landkreis Breisgau-Hochschwarzwald) und St. Blasien (Landkreis Waldshut) alarmiert.

Eingesetzte Fahrzeuge

Bezeichnung	Zuordnung	Kürzel	Funkrufname
Rettungs- und Sanitätsdienste			
Notarzteinsatzfahrzeug	Neustadt	NEF	7/82-1
Notarzteinsatzfahrzeug	Freiburg	NEF	9/82-1
Notarzteinsatzfahrzeug	Donaueschingen	NEF	5/82-1
Notarzteinsatzfahrzeug	Bereich Leitstelle Waldshut	NEF	80/82-1
Notarzteinsatzfahrzeug	Bereich Leitstelle Lörrach	NEF	4/82-1
Notarzteinsatzfahrzeug	Freiburg	NEF (LNA)	1/82-3
Rettungswagen	Neustadt	RTW	7/83-1
Rettungswagen	Neustadt	RTW	7/83-2
Rettungswagen	Schluchsee	RTW	9/83-1
Rettungswagen	Löffingen	RTW	8/83-1
Rettungswagen	Kirchzarten	RTW	10/83-1
Rettungswagen	Villingen-Schwenningen	RTW	1/83-2
Rettungswagen	Bad Dürrheim	RTW	3/83-1
Rettungswagen	St. Georgen	RTW	6/83-1
Rettungswagen	Waldshut	RTW	10/83-2
Rettungswagen	Bereich Leitstelle Lörrach	RTW	4/83-1
Rettungswagen	Bereich Leitstelle Waldshut	RTW	70/83-1
Krankentransportwagen	Neustadt	KTW	7/85-1
Krankentransportwagen	Neustadt	KTW	7/85-2
Krankentransportwagen	Kieslich Ambulance Mülheim	KTW	13/85-3
Krankentransportwagen	Bereich Leitstelle Waldshut	KTW	10/85-1
Krankentransportwagen	Bereich Leitstelle Waldshut	KTW	20/85-1
Krankentransportwagen	Bereich Leitstelle Waldshut	KTW	33/85-1
Schnelleinsatzgruppe	Neustadt	SEG	
Schnelleinsatzgruppe	Schluchsee	SEG	
Schnelleinsatzgruppe	Löffingen	SEG	
Schnelleinsatzgruppe	Waldshut	SEG	
Rettungshundestaffel Hochschwarzwald	Freiburg		
Luftrettung			
Rettungshubschrauber	Freiburg	RTH	Freiburg 71 (DRF)
Rettungshubschrauber	Stuttgart	RTH	Stuttgart 71 (DRF)
Rettungshubschrauber	Leonberg	RTH	Christoph 41 (DRF)
Rettungshubschrauber	Villingen-Schwenningen	RTH	Christoph 11 (DRF)
Rettungshubschrauber	Basel/Lörrach	RTH	Lörrach 301 (Rega)
Bergwacht Schwarzwald			
Mannschafts- und Gerätewagen	Freiburg		
Mannschafts- und Gerätewagen	Wutach		

Ebenfalls alarmiert werden Einheiten der „Bergwacht Schwarzwald" aus Freiburg und Wutach.

Um 13.01 Uhr treffen die bereits zuvor nachgeforderten Freiwilligen Feuerwehren aus Altglashütten (Löschgruppenfahrzeug/LF 16) und Feldberg-Bärental (Tragkraftspritzenfahrzeug/TSF) an der Unfallstelle ein. Die Besatzungen sollen zunächst den Rettungsdienst bei der Erkundung und der Betreuung der zum Teil schwer verletzten Businsassen unterstützen.

Um 13.03 Uhr veranlasst der zwischenzeitlich ebenfalls eingetroffene Notfallmanager der Deutschen Bahn AG die Sicherung der parallel der Bundesstraße führenden Bahnstrecke, da nach wie vor die Gefahr eines weiteren Absturzes des Busses besteht. Zudem wird zu diesem Zeitpunkt befürchtet, dass sich Businsassen möglicherweise unkontrolliert im Bereich unterhalb des Steilhanges und damit auch im Gleisbereich aufhalten könnten.

Bis etwa 14.50 Uhr treffen kontinuierlich weitere sechs Notarzteinsatzfahrzeuge (NEF), zehn Rettungswagen (RTW) und vier Krankentransportwagen (KTW) sowie die Rettungshubschrauber aus Freiburg, Stuttgart, Leonberg, Villingen-Schwenningen und Basel/Lörrach sowie Fahrzeuge der DRK-Schnelleinsatzgruppen aus Neustadt, Schluchsee, Löffingen und Waldshut ein.

Parallele Rettungs- und Sucheinsätze

Während die Kräfte des Vorausrüstwagens (VRW) bereits mit der Rettung der im Pkw eingeklemmten Frau ausgelastet sind, suchen weitere Einsatzkräfte eine Zugangsmöglichkeit in das Innere des auf der linken Seite liegenden Reisebusses. Da das Gelände von der Straße aus sehr steil abfällt, kann das umgestürzte Fahrzeug nur über mehrere Steckleiterteile erreicht

Den Einsatzkräften gelang es zunächst nur über Steckleitern und durch Seile gesichert zum Unfallfahrzeug abzusteigen.

werden. Einsatzkräfte des DRK und der Feuerwehr befreien unter Mithilfe einer größeren Anzahl von Ersthelfern eines nahen Campingplatzes am Titisee die im Reisebus eingeschlossenen Personen. Sie werden auf einen Waldweg unterhalb des Steilhanges geführt.

Dort werden zunächst auch die notfallmedizinische Erstversorgung der Verletzten und erste Betreuungsmaßnahmen durchgeführt.

Zwei Rettungsfahrzeuge sind zwischenzeitlich unter erschwerten Bedingungen von der nahen Ortschaft Bärental aus in diesen sehr schmalen Weg eingefahren. Sie bringen Gerät und Material, um so den Betroffenen einen Aufstieg über die Steckleitern zur Straße hin zu ersparen.

Die eigentliche Verletztensammelstelle wird später auf der Bundesstraße 317 unweit der Unglücksstelle eingerichtet. Dorthin werden durch Rettungs- und Feuerwehrkräfte nach und nach die insgesamt 20 verletzten Personen verbracht. Davon werden zwölf Businsassen mit Rettungsfahrzeugen und Hubschraubern in die Krankenhäuser nach Neustadt, Freiburg, Furtwangen, Aarau/Schweiz und Basel/Schweiz transportiert. Acht Patienten erlitten bei dem Unfall schwere Verletzungen.

Um 13.04 Uhr erfolgt die Rückmeldung der Rettungskräfte an die Leitstelle Freiburg: „Personen befreit, keine Verletzten mehr im Bus!". Um 13.20 Uhr wird die Rückmeldung wie folgt ergänzt: „Zwei Personen tot!".

Um 13.30 Uhr kann auch die eingeklemmte Fahrerin aus ihrem Pkw befreit werden. Mit dem DRF-Rettungshubschrauber „Christoph 11" wird die Schwerverletzte in das Krankenhaus Villingen-Schwenningen geflogen. Dort stirbt sie wenig später.

Bei der Überprüfung der am Unfall beteiligten Personen anhand einer Namensliste des Reiseleiters wurde zwischenzeitlich festgestellt, dass eine Person aus der Schweizer Wandergruppe fehlt. Sie könnte nach Einschätzung der Rettungskräfte entweder unter den Bus geraten sein oder in den angrenzenden Wald gelaufen sein und dort ziellos umherirren. Bereits zuvor waren einige der leichter verletzten Businsassen den Steilhang abgestiegen, wo sie später im Bereich einer dort verlaufenden Eisenbahntrasse gefunden wurden.

Aufgrund dieser Erkenntnisse beginnen Angehörige der Schnelleinsatzgruppen und der DRK-Rettungshundestaffel Hochschwarzwald kurz nach 14.00 Uhr die Suche nach der vermissten Person. Um 15.00 Uhr wird die Suche zunächst erfolglos unterbrochen. Mehr als eine Stunde später stellt sich dann heraus, dass die vermisste Person bereits bei Reiseantritt in Lörrach nicht im Bus war. Der Reiseleiter hatte vergessen, sie aus der Liste zu streichen.

Gegen 15.00 Uhr beginnen Kräfte der „Bergwacht Schwarzwald" im Auftrag der Polizei mit der Bergung der beiden Leichen. Es handelt sich um den 48-jährigen deutschen Busfahrer sowie um einen 83 Jahre alten Schweizer Fahrgast.

Ein Fazit

Die Ermittlungen der Polizei unmittelbar an der Unfallstelle ergaben keine eindeutige Unfallursache. Für den Busfahrer habe jedoch keine Chance bestanden, nach dem Crash[1] sein Fahrzeug auf der Straße zu halten. Die Ermittlungen ergaben hier, dass durch den Aufprall des Pkws das linke Vorderrad des Busses blockiert und dadurch der Lenkeinschlag des schweren Fahrzeuges gewaltsam verändert wurde. Damit war der Bus nicht mehr zu lenken und fuhr geradewegs in den Abhang. Warum der Pkw auf die Gegenfahrbahn geriet, konnte letztendlich nicht mehr ermittelt werden.

[1] Nach Angaben der Polizei waren beide Fahrzeuge mit einer Geschwindigkeit von ca. 60 km/h unterwegs.

Später gelangten Rettungskräfte sowie zwei Rettungsfahrzeuge des Deutschen Roten Kreuzes (DRK) über einen unterhalb des Hanges führenden schmalen Wanderweg an die Unfallstelle. Hier wurden die Businsassen gesammelt und erstversorgt.

3. Juni 1998: Die ICE-Katastrophe bei Eschede

ICE 884 – Mahnung zur Sicherheit

Vorwort

Irgendwie verspüre ich ein sonderbares, fast ungutes Gefühl. Ich gehe langsam die Rebberlaher Straße entlang in Richtung Unfallstelle, vorbei am Rathaus der Gemeinde Eschede. Wenige Meter weiter hat der DRK-Ortsverein seine Unterkunft. Ein Rettungsfahrzeug steht vor dem Anwesen. Es ist ruhig an diesem Morgen, es sind kaum Menschen unterwegs. Ich stelle mir unweigerlich vor, wie den Anwohnern dieser kleinen Ein- und Zweifamilienhäuser die schrillen Töne der unzähligen Martinshörner in den Ohren geklungen haben müssen. Wenige 100 Meter vor der Bahnüberführung steigt die Straße zur Brücke an, ich sehe den Damm, die parallel dazu laufende Sackgasse, die Halle an ihrem Ende. Rechts und links kleine Wohnhäuser aus rotem Klinker, schmale Siedlungsstraßen, saubere, gepflegte Vorgärten. Dann der Zug! Ein Intercity passiert die Unfallstelle, langsamer vielleicht als an jenem Unfalltag? Die Züge fahren wieder, die Menschen gehen ihrer täglichen Beschäftigung nach, das Leben geht weiter, es muss weitergehen. Was bleibt, ist die Erinnerung, für Unbeteiligte mindestens ein ungutes Gefühl.

Der Autor Wolfgang Jendsch hatte kurz nach dem Ereignis vom 3. Juni 1998 die Unfallstelle in Eschede besucht und im Rahmen seiner redaktionellen Arbeit den Einsatz der Hilfs- und Rettungsdienste nachträglich dokumentiert. Er veröffentlichte mehrere Beiträge und Einsatzberichte zur ICE-Katastrophe.

Seit den Ereignissen am 3. Juni 1998 hat das Grauen einen Namen: Eschede! Die kleine Gemeinde in der Lüneburger Heide ist für lange Zeit gezeichnet von dem, was am Ortsrand passiert ist. Ein Denkmal erinnert jetzt an dieses schreckliche Ereignis, das noch heute – nach mehr als zehn Jahren – jegliche Vorstellungskraft übersteigt. Aber die Gemeinde Eschede und ihre Bürger haben das Grauen weitgehend bewältigt.

Heute befindet sich im Bereich der damaligen Unfallstelle eine Gedenkstätte. Sie steht in einem unauflösbaren Bezug zu Eschede. „Erinnern, mahnen, zu denken geben" will sie – und ein „Ort des Nichtvergessens" sein. Nach den Vorstellungen ihrer Erbauer soll sie zudem „... mit einem verletzten Ort versöhnen". Eine Wiese mit insgesamt 101 Kirschbäumen zwischen der Schienentrasse und der neu erbauten Bahnbrücke stellt ein naturgewordenes Andenken an die 101 Toten der Eisenbahnkatastrophe dar. Eine Tafel dort nennt die Namen der Opfer, ihre Geburtsdaten und ihre Herkunftsorte. Von hier aus führt eine Treppe hinauf auf ein Plateau zu einem steinernen Tor. Eine Inschrift auf der Gedenktafel fasst in knappen Worten das Ereignis zusammen: „Der Lebensweg dieser 101 Menschen endete in der Zugkatastrophe von Eschede. Auf unergründliche Weise kreuzten und vollendeten sich hier ihre Schick-

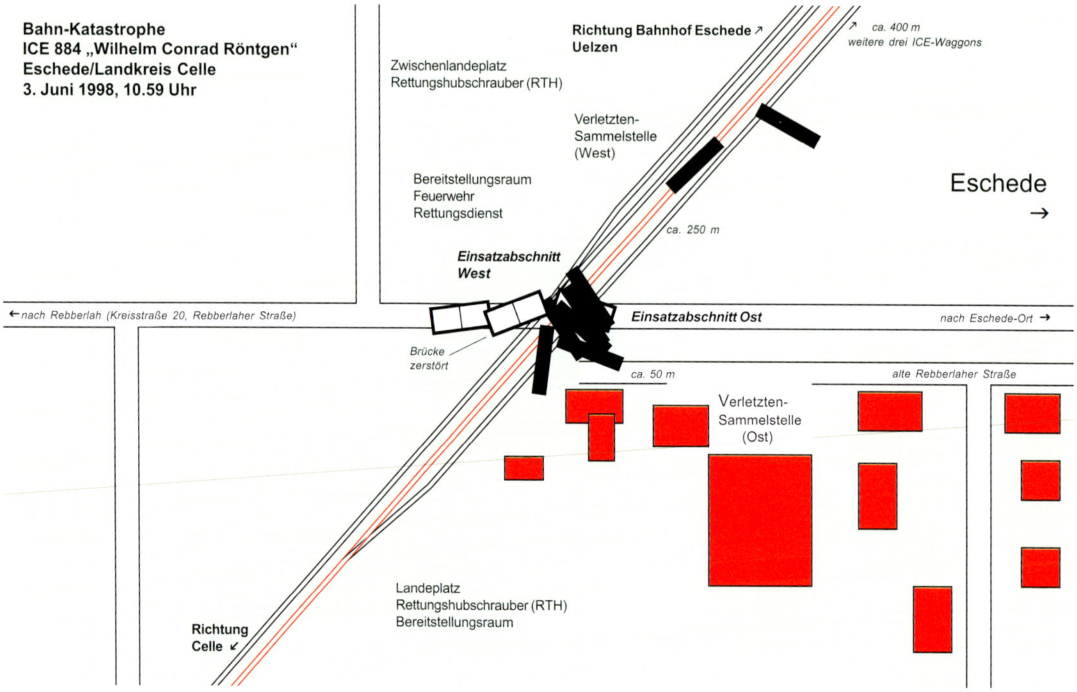

Skizze:
Die Skizze zeigt in der Übersicht die Unfallstelle bei Eschede (rechts die „roten" Gebäude am Ortsrand) mit der Bahntrasse Celle-Uelzen und der Kreisstraße 20 von Eschede nach Rebberlah. Die Brücke wurde vom entgleisten ICE zum Einsturz gebracht. Links und rechts der Bahntrasse die Einsatzabschnitte "West" und "Ost" sowie die Bereitstellungsräume für die Einsatzfahrzeuge.

sale. In das Leid und die Trauer um die geliebten Menschen mischt sich Dankbarkeit, ihnen im Leben nahe gewesen zu sein. Trost ist die Hoffnung – sie ruht in Gottes Hand."

Die niedersächsische Samtgemeinde Eschede liegt am Südrand des Naturparks Südheide zwischen den Kreisstädten Celle und Uelzen. Von Celle aus erreicht die Bundesstraße 191 nach rund 17 Kilometern den Ort. Auf einer Gemeindefläche von 106,3 Quadratkilometern leben hier knapp 3.900 Einwohner. In der Ortsmitte zweigt die Kreisstraße 20 ins wenige Kilometer entfernte Rebberlah ab. Nach knapp einem Kilometer überquert die Straße am westlichen Ortsrand die mehrspurige Schnellfahrtrasse der Bundesbahn[1], die parallel zur Bundesstraße 191 ebenfalls die Städte Celle und Uelzen verbindet. Neben den beiden Kreisstädten Celle und Uelzen liegen die Großstädte Hannover (ca. 40 km), Braunschweig (ca. 70 km) sowie Bremen (ca. 90 km) und Hamburg (ca. 120 km) im regionalen Einflussbereich von Eschede.

Schon einmal war Eschede Mittelpunkt eines katastrophalen Geschehens. Im August 1975 wüteten unweit von hier im Bereich der Südheide die bisher größten Wald- und Heidebrände der deutschen Nachkriegszeit. Rund 6.000 Hektar Land verbrannten, mehr als 15.000 Helfer waren damals im Einsatz.

Die Unfallstelle des ICE 884 bei Eschede aus der Luftperspektive: Der in Richtung Uelzen (im Bild: von unten nach oben) fahrende ICE entgleist und prallt gegen die Pfeiler der Bahnüberführung (Kreisstraße 20; im Bild links sichtbar) von Eschede nach Rebberlah. Insgesamt fünf Waggons (im Bild davon zwei sichtbar) und der vordere Triebkopf des Zuges schaffen es, die Unfallstelle vor dem Brückeneinsturz zu passieren. Die anderen Waggons und der Hecktriebkopf falten sich „zollstockähnlich" zusammen und werden teilweise von Brückenteilen begraben.

Der Unfall

An jenem Mittwoch verunglückte der Intercity-Express (ICE) 884 „Wilhelm Conrad Röntgen", damals einer der modernsten Hochgeschwindigkeitszüge der Deutschen Bahn, auf der Fahrt von München nach Hamburg in Höhe der Samtgemeinde Eschede im Landkreis Celle. Infolge eines Radreifen-Bruches entgleiste der zu diesem Zeitpunkt rund 200 km/h schnell fahrende Zug um 10.59 Uhr und prallte gegen die Betonpfeiler einer Brücke, die im Verlauf der Rebberlaher Straße die Bahngeleise überquerte. Beim Zusammenprall wurden alle zwölf Waggons sowie die zwei Triebköpfe des Zuges aus den Schienen gerissen und zum Teil völlig zerstört. Ein riesiges Fahrbahnteil der Brücke stürzte auf einen Waggon und drückte ihn völlig zusammen.

Das in der Geschichte der Deutschen Bahn schwerste Eisenbahnunglück forderte das Leben von 101 Passagieren, 108 Personen wurden größtenteils schwer verletzt. Es löste zugleich einen der umfangreichsten und aufwendigsten Einsätze von Feuerwehr, Rettungsdienst und Katastrophenschutz aus. Mehr als 2.000 hauptberuflich und freiwillig tätige Helferinnen und Helfer der Hilfs- und Rettungsorganisationen, darunter fast 100 Mediziner und Notärzte der Rettungshubschrauber, Bergungsspezialisten und Seelsorger, waren während der sieben Tage andauernden Rettungs- und Bergungsmaßnahmen in Eschede im Einsatz.

Der mit 290 Passagieren und Begleitpersonal besetzte ICE 884 „Wilhelm Conrad Röntgen" befand sich etwa sechs Kilometer vor dem Bahnhof der kleinen Gemeinde Eschede, als einige Reisende gegen 10.55 Uhr im Zug ein ungewöhnliches Geräusch wahrnahmen. Von da ab waren es nur noch wenige Minuten bis zur Katastrophe, die nach einem heftigen Aufprall mit umgestürzten und zerstörten Waggons, schreienden Verletzten sowie zahlreichen Toten einherging.

[1] ICE-Schnellfahrtrasse Hannover–Hamburg

Ablauf der Ereignisse

Uhrzeit	Alarmierung, Eintreffen, Maßnahmen
	Mittwoch, 03. Juni 1998
10.59 Uhr	Zeitpunkt des ICE-Unfalls im Bereich der Gemeinde Eschede
11.00 Uhr	Erste Notrufe und Notfallmeldungen
ab 11.02 Uhr	Alarmierungen von Feuerwehren, Rettungsdiensten, THW und Polizei
11.20 Uhr	Benachrichtung einer Gruppe von Seelsorgern, die in Celle an einer Pfarrkonferenz teilnehmen
12.30 Uhr	Feststellung des Katastrophenfalls
12.45 Uhr	Großräumige Absperrung der Einsatzstelle
	Sperrung des Luftraums über Eschede
13.15 Uhr	Ende der Verletztenversorgung und des Verletztentransports
15.15 Uhr	Aufhebung des Katastrophenfalls
18.00 Uhr	Einrichtung einer Betreuungsstelle für Angehörige (Turnhalle Eschede)
19.00 Uhr	Abtransport der Leichen zur Identifizierung (Med. Hochschule Hannover)

Genau um 10.59 Uhr löste ein gebrochener Radreifen[2] etwa 200 Meter vor der Brücke der Kreisstraße 20 (Eschede-Rebberlah) die Entgleisung des Zuges aus. Die insgesamt mit zwei Triebköpfen zusammengefassten zwölf Waggons des ICE wurden im Bereich einer Weiche auseinandergerissen, acht Wagen[3] prallten gegen die Pfeiler der Straßenbrücke und brachten das rund 200 Tonnen schwere Bauwerk vollständig zum Einsturz. Die Waggons 6 bis 12 sowie der Hecktriebkopf falteten sich „zollstockähnlich“ zusammen und blieben nahezu völlig zerstört quer zur Bahnlinie im Brückenbereich liegen (vergleiche Skizze). Herabstürzende Brücken- und Fahrbahnteile begruben einen dieser Waggons. Zwei weitere Waggons (4 und 5) wurden weitgehend zerstört und blieben rund 250 bis 350 Meter weiter in Richtung Norden neben den Gleisen liegen. Die Waggons 1 bis 3 entgleisten, unterquerten die Brücke noch vor dem Einsturz und kamen lediglich leicht beschädigt etwa 600 Meter nach der Brücke in Richtung Uelzen zum Stehen. Der abgerissene vordere Triebkopf des ICE passierte noch den Bahnhof Eschede und stoppte dann unbeschädigt rund zwei Kilometer von der Unfallstelle entfernt.

Notrufe und Alarmierungen

Die ersten Notrufe gingen unmittelbar nach dem Aufprall des Zuges bei der zuständigen Polizei und bei der Rettungsleitstelle Celle ein. Sofort wurden daraufhin die Freiwilligen Feuerwehren von Eschede, Celle und Uelzen, der Rettungsdienst des DRK sowie der Rettungshubschrauber „Christoph 19“ alarmiert. Ab 11.02 Uhr erfolgten kontinuierlich weitere Alarmierungen der Feuerwehren und der Hilfs- und Rettungsdienste im Landkreis Celle sowie der umliegenden Landkreise.

Um 11.04 Uhr startet „Christoph 19“ vom Kreiskrankenhaus Uelzen aus in Richtung Eschede. Elf Minuten

Diese Ansicht macht optisch deutlich, wie das herabstürzende Brückenteil die Waggons zerquetscht und begraben hat. Für die Einsatzkräfte erwies sich diese Lage als äußerst schwierig. Im Bildhintergrund oben rechts der Ortsrand von Eschede.

später befindet sich der Helikopter als erster Rettungshubschrauber (RTH) im Landeanflug auf Eschede. Insbesondere aus der Luft wird das verheerende Ausmaß des Zugunglücks deutlich. Die Besatzung fordert umfangreiche Nachalarmierungen von Rettungskräften und Gerät an.

Nach der Landung teilt sich die dreiköpfige Besatzung zunächst auf und versucht, einen detaillierten Überblick über die Lage zu gewinnen. Kurz darauf kann der Kontakt zu den um 11.07 Uhr eingetroffenen Kräften der Freiwilligen Feuerwehr Eschede, des Deutschen Roten Kreuzes und anderer Organisationen aufgenommen werden.

Die ersten Einsatzkräfte vor Ort beginnen nunmehr mit der notfallmedizinischen Erstbehandlung der aufgefundenen Schwerverletzten sowie mit der Betreuung der ziellos an der Unfallstelle umherirrenden Passagiere[4]. Angehörige der Feuerwehr nehmen erste Bergungsmaßnahmen zur Befreiung der in den Waggons eingeklemmten Personen vor.

Zwangsläufig und aufgrund der sich darstellenden Schadenslage ist die Einsatzstelle in zwei Abschnitte getrennt. Die Bahnlinie sowie die durch den Zusammensturz unpassierbare Brücke teilen die Einsatzstelle in einen östlichen und in einen westlichen Bereich. Dementsprechend werden die Einsatzabschnitte „Ost" (auf der Seite der Gemeinde Eschede) und „West" (auf der gegenüberliegenden Seite der Bahnlinie) eingerichtet.

Um 11.06 Uhr nimmt die Leitstelle Celle eine Vollalarmierung (Großalarm) aller verfügbaren Kräfte der Feuerwehren, der Rettungs- und Sanitätsdienste, des Katastrophenschutzes und des Technischen Hilfswerks (THW) vor. Nach und nach treffen Einsatzkräfte von Freiwilligen Feuerwehren aus 17 Gemeinden des Landkreises Celle und der umliegenden Landkreise sowie die Feuerwehren des Bundeswehr-Truppenübungsplatzes Munster und Bergen, die Bahnfeuerwehren Hannover-Leinhausen und Maschen und die Werkfeuerwehren der Firma Rheinmetall und der BASF Ludwigshafen an der Unfallstelle ein. Auch die Berufsfeuerwehren Braunschweig, Hamburg, Hannover und Hildesheim schicken Einheiten und umfangreiches technisches Gerät nach Eschede.

Neben den Rettungsdiensten des Arbeiter-Samariter-Bundes (ASB), des Deutschen Roten Kreuzes (DRK), der Johanniter-Unfall-Hilfe (JUH), des Malteser Hilfsdienstes (MHD) und der Bundeswehr kommen auch DRK-Schnelleinsatz- und KatS-Einheiten aus den Kreisverbänden Celle, Uelzen, Burgdorf, Fallingbostel, Gifhorn, Verden, Soltau, Lüneburg, Harburg und Hannover zum Einsatz. Die ersten Einheiten treffen bereits knapp dreißig Minuten nach der Alarmierung in Eschede ein.

[2] Radreifen: Untersuchungen stellen später einen gebrochenen Radreifen als Ursache für das Zugunglück fest.

[3] Kollision mit der Brücke: Waggons 6 bis 12, Hecktriebkopf

[4] Passagiere: Von den rund 290 Personen im ICE blieben 106 körperlich unverletzt. Die meisten unverletzten Personen befanden sich in den Waggons 1 bis 3.

Im Bild sichtbar das herabgestürzte Fahrbahnteil der Brücke. Links am Bildrand das letzte Gebäude der Gemeinde Eschede unmittelbar vor der Bahntrasse, im Hintergrund rechts oben der Verlauf der Kreisstraße 20 in Richtung Rebberlah. Zahlreiche Rettungskräfte versuchen, Verletzte aus den zerstörten Waggons zu befreien.

5 Überblick: Erste Angaben zu Einsatzkräften und -fahrzeugen für die Zeit von 11.00 Uhr bis etwa 16.00 Uhr

Eingesetzt werden auch die Teilnehmer eines Führungslehrgangs der Landesfeuerwehrschule Celle mit 31 Rettungsassistenten sowie zahlreiche Pfarrer und Seelsorger, die sich zu diesem Zeitpunkt zu einer ökumenischen Pfarrkonferenz in Celle befinden. Auch zahlreiche Anwohner von Eschede unterstützen nach Kräften die Einsatzkräfte.

Ein Überblick[5] über die in den ersten Stunden eingesetzten Einsatzkräfte und Fahrzeuge machte zugleich auch das Ausmaß des Großeinsatzes deutlich. So waren die Feuerwehren mit insgesamt rund 700 Angehörigen und etwa 100 Fahrzeugen im Einsatz, die Sanitäts- und Rettungsdienste ASB (60), DRK (570), JUH (170) und MHD (40) mit insgesamt ungefähr 840 Helferinnen und Helfern sowie mit rund 50 Rettungs- und Krankentransportfahrzeugen (RTW, KTW), das Technische Hilfswerk (THW) aus 35 Standorten mit insgesamt etwa 730 Kräften sowie die Bundeswehr mit 150, die Britischen Streitkräfte mit 25, die Polizei mit 140 und der Bundesgrenzschutz mit über 180 Angehörigen. Insgesamt lag die Zahl der eingesetzten Kräfte damit weit über 2.000. Bis zu 1.400 Einsatzkräfte waren zeitweise gleichzeitig vor Ort.

Insgesamt wurden auch 35 Rettungshubschrauber des „Allgemeinen Deutschen Automobil-Clubs" (ADAC), des Katastrophenschutzes (KATS), der „Deutschen Rettungsflugwacht" (DRF), der Bundeswehr, des Bundesgrenzschutzes sowie weiterer Luftrettungs-Organisationen eingesetzt.

Der Einsatz

Um 12.30 Uhr löste der Oberkreisdirektor des Landkreises Celle Katastrophenalarm aus. Die Unfallstelle wurde weiträumig durch die Polizei und den Bundesgrenzschutz abgesperrt, der Luftraum über Eschede um 13.10 Uhr für jeglichen Flugverkehr (mit Ausnahme der Rettungsflüge) gesperrt.

Für die ersteintreffenden Einsatzkräfte war zunächst Improvisation und Eigeninitiative gefragt, bis die weitere Koordination der eintreffenden Rettungsmittel, die Ausweisung von Kfz-Halteplätzen und Verletztensammelstellen sowie die Einrichtung von Einsatzleitungen erfolgte. Bald wurden Einsatzabschnitte eingerichtet. Der Fachberater „Sanität/Betreuung" im Landkreis Hannover übernahm zunächst die Funktion des Ansprechpartners für die Sanitätskräfte in der örtlichen Einsatzleitung der Feuerwehr und später die Leitung des gesamten Sanitätseinsatzes.

In einer privaten Lagerhalle am Ortsrand von Eschede unweit der Unfallstelle wurde eine Verletztensammelstelle eingerichtet. Von hier aus operierten zunächst auch erste Kräfte der örtlichen Feuerwehr und des Rettungsdienstes. Im Büro der Firma richtete das Technische Hilfswerk (THW) vorübergehend seine Einsatzleitung ein. Später wurden die Einsatzleitwagen (ELW) der Feuerwehr, der Rettungsdienste, des Katastrophenschutzes und der Polizei auf dem Festplatz in Eschede platziert. Technische Einsatzleitungen (TEL) sowie Leitende Notärzte (LNA) etablierten sich zudem in den beiden Einsatzabschnitten „Ost" und „West".

Unmittelbar hinter der Lagerhalle (Einsatzabschnitt „Ost") und damit nur rund 100 Meter von der eigentlichen Unfallstelle entfernt wurde eine große Wiese als Landeplatz (Bereitstellungsraum) für die Rettungshubschrauber (RTH) genutzt.

Auf der Westseite der Bahnlinie stand unmittelbar neben den Schienen eine weitere große landwirtschaftliche Fläche zur Verfügung. Sie konnte aus westlicher Richtung über eine Abzweigung kurz vor der zerstörten Brücke angefahren werden. Während der Einsatzmaßnahmen wurde hier ein Bereitstellungsraum für Einsatzfahrzeuge eingerichtet, dazu in diversen Zelten (JUH, DRK) eine Verletztensammelstelle sowie ein Zwischenlandeplatz für Rettungshubschrauber (RTH), die je nach Bedarf vom RTH-Landeplatz (Bereitstellungsraum „Ost") abgerufen wurden. Koordiniert wurde der Einsatz der RTH über eine Maschine der SAR (Search and Rescue) der Bundeswehr.

Gegen 15.15 Uhr und damit innerhalb von rund zweieinhalb Stunden nach dem Unfall konnten 87 größtenteils schwerverletzte Zuginsassen notfallmedizinisch erstversorgt und mit Hubschraubern (27 Transporte) sowie mit Rettungsfahrzeugen (rund 60 Transporte) in 23 Kliniken im Großraum Norddeutschland verbracht werden.

Die Zeit danach

Um 18.20 Uhr wurde die Verletztensammelstelle in der Lagerhalle auf der Ostseite der Unfallstelle aufgelöst. Ab diesem Zeitpunkt diente die Halle als Leichensammelstelle. Im Bereich des Einsatzabschnittes

„West“ ging man bereits ab 13.30 Uhr davon aus, dass kaum noch eine größere Anzahl an Verletzten zu erwarten war.

Um 19.00 Uhr hob das Landratsamt Celle den Katastrophenfall auf.

Im Laufe des späten Abends wurde in der Mehrzweckhalle von Eschede eine Betreuungsstelle für Angehörige der Zuginsassen und Opfer eingerichtet.

An den Folgetagen gingen die Bergungsarbeiten an der Unfallstelle weiter. Am Tag nach dem Unglück (4. Juni) bargen Einsatzkräfte zwölf weitere Leichen und zahlreiche Leichenteile aus den Trümmern des ICE – am Freitag (5. Juni) wurden am Brückenkopf der Kreisstraße 20 weitere Leichen geborgen. Auch drei Tage nach dem Unglück mussten Feuerwehr und THW weitere Leichen bergen.

Am Samstag (6. Juni) wurde der Rettungs- und Bergungseinsatz abgeschlossen. Die Polizei und die Staatsanwaltschaft übernahmen die Einsatzstelle für ihre Ermittlungstätigkeit. Der Bundesgrenzschutz (BGS), das Technische Hilfswerk (THW), die Deutsche Bahn AG und private Bergungsfirmen führten bis zum Nachmittag des 9. Juni weiterhin Aufräumarbeiten an der Unfallstelle durch. Das Eisenbahn-Bundesamt, die zuständige Staatsanwaltschaft sowie die Deutsche Bahn AG nahmen unmittelbar nach Abschluss der Rettungs- und Bergungsarbeiten die Untersuchungen zur Unfallursache sowie zur Schuldfrage auf. Im August 2002 erhob die Staatsanwaltschaft Anklage gegen zwei Mitarbeiter der Deutschen Bahn und einen Mitarbeiter der Herstellerfirma wegen fahrlässiger Tötung. Das Verfahren wurde im April 2003 gegen Zahlung einer Geldbuße eingestellt.

Am 11. Mai 2001 wurde die Gedenkstätte für das ICE-Unglück von Eschede eingeweiht. Eine Inschrift fasst in knappen und zugleich eindrücklichen Worten das Geschehen zusammen:

„Am 3. Juni 1998 um 10.58 Uhr zerschellte an dieser Stelle der ICE 884 „Wilhelm-Conrad-Röntgen“. 101 Menschen verloren ihr Leben, ganze Familien wurden zerstört; mehr als 100 Reisende wurden schwer verletzt, viele tragen lebenslang an den Folgen. Das Unglück hat die menschliche Zerbrechlichkeit, Vergänglichkeit und Unzulänglichkeit gezeigt. Beispielhaft und aufopfernd haben Retter, Helfer und Bürger des Ortes selbstlos eine schwere Aufgabe angenommen, haben geholfen und getröstet. Durch ihren Einsatz ist Eschede auch ein Ort der Solidarität und gelebter Mitmenschlichkeit geworden.“

Ein Überblick über die Einsatzstelle: Links im Bild die Rebberlaher Straße am Ortsrand von Eschede, dahinter liegend die Gewerbehalle, die zur Verletztensammelstelle (Ost) und später zur Aufbahrung der Leichen genutzt wurde. Rechts hinter der Halle der Landeplatz beziehungsweise der Bereitstellungsraum für die Rettungshubschrauber. Im unteren Bildteil der Bereitstellungsraum für die Einsatzfahrzeuge der Feuerwehren und Rettungsdienste, die Verletztensammelstelle (West) und der Zwischenlandeplatz für die Hubschrauber (Einsatzabschnitt West).

Kapitel 3

Aus heiterem Himmel: Naturkatastrophen

Winter 2005/2006: Schnee-Chaos im Alpenraum

Weiße Flocken ohne Ende

Vorwort
Klirrende Kälte, ein strahlend blauer Himmel, wärmende Sonnenstrahlen und eine herrliche Alpenlandschaft im Tiefschnee! Was könnte man sich mehr wünschen für einen Winter in Süddeutschland, Österreich oder in der Schweiz? Erst recht wird man von solchen Verhältnissen begeistert sein, wenn sie in ein freies Wochenende oder gar in die lange ersehnten Urlaubstage fallen.
Problematisch aber wird es meist dann, wenn die herrlichen Voraussetzungen für einen Urlaub im Schnee nicht enden wollen, wenn es schneit ohne Ende und die Schneehöhen in kürzester Zeit beängstigende Werte erreichen. Spätestens dann aber, wenn es auf den Straßen zum Verkehrs-Chaos kommt, wenn der Weg zur Arbeitsstelle zur zitternden Tortur wird oder wenn die Macht der weißen Pracht zu Schäden an Gebäuden und Infrastruktureinrichtungen führt – spätestens dann ist der romantische Wintertraum ausgeträumt. Der weißblaue „Winterzauber" wird zum „Schnee-Chaos", zur Naturkatastrophe und zum Notfalleinsatz für Tausende von Feuerwehr- und Rettungskräften.

Von Dezember 2005 bis März 2006 hatte die winterliche Natur die Alpenregionen Deutschlands, Österreichs und der Schweiz nahezu vollständig im Griff. Langanhaltende und ergiebige Schneefälle von Niederschlagsfronten zwischen einem von West- nach Osteuropa ziehenden ausgeprägten Tiefdrucksystem und einem kräftigen Biskaya-Tief verwandelten in kürzester Zeit ganze Landstriche in undurchdringliche „Schnee-Wüsten", legten Straßen- und Schienenverbindungen lahm und bedeckten Dörfer und Städte meterhoch mit der weißen „Pracht". Sowohl im Flachland als auch in den höheren Lagen der Voralpen- und Alpenregionen fielen zwischen 20 und 400 Zentimeter Schnee. Die Schneemassen blieben über längere Zeit liegen, verfestigten sich und nahmen weitere Schichten durch nachfolgenden Schneefall auf.

Die Folge dieser extremen Wetterverhältnisse waren beispielsweise ein völliges Verkehrschaos im Süden Deutschlands mit Staus auf den Autobahnen von zum

Winter 2005/2006 – Schneefall ohne Ende! Insbesondere auf den Dächern der Wohnhäuser und Hallen türmte sich die weiße Pracht zum Teil meterhoch und zentnerschwer. Einsatzkräfte versuchten, die Belastung zu reduzieren und damit den Einsturz von Dächern zu verhindern.

Teil mehr als 50 Kilometern Länge sowie katastrophale Straßen- und Verkehrsverhältnisse in weiten Teilen Ober- und Niederösterreichs, der Steiermark, in den Bundesländern Kärnten, Salzburg und Tirol. Zu erheblichen Problemen durch starke Schneefälle kam es auch in der gesamten Schweiz sowie in Teilen Polens und Tschechiens.

Der innerhalb kürzester Zeit gefallene Neuschnee erreichte in vielen Regionen zuvor nie da gewesene Rekordwerte. So meldete beispielsweise die Region Gmünd in Niederösterreich bis zu 90, der Bezirk Scheibbs 188 und der Hochschwarzwald in Deutschland bei über 400 Zentimeter Schneehöhe die „... höchsten Schneeberge seit Menschengedenken!".

Normalerweise fallen große Schneemengen dieser Größenordnung in den Hochlagen der Alpen. Diesmal jedoch war in vielen Regionen auch das Flachland betroffen, wo sich Einwohner auf solche ungewöhnlichen Wetterverhältnisse nicht eingestellt hatten.

So blieben in vielen Teilen Deutschlands, Österreichs und in der Schweiz zahlreiche Schulen und Kindergärten aus Sicherheitsgründen geschlossen. In Oberösterreich waren einzelne Ortschaften völlig von der Umwelt abgeschnitten.

Nahezu in der gesamten Schweiz schneite es Anfang März über 30 Stunden lang ununterbrochen. In den Städten Zürich, Basel und St. Gallen beispielsweise fielen innerhalb von 24 Stunden über 50 Zentimeter Neuschnee. Trotz ständiger und durch zusätzliche Hilfskräfte verstärkter Schneeräumarbeiten kam der Straßen- und Schienenverkehr nahezu völlig zum Erliegen. Zahlreiche Gebirgstäler im Schweizer Alpenraum waren nicht mehr erreichbar.

Tausende von Einsatzkräften der Feuerwehren, des Technischen Hilfswerks (THW) in Deutschland sowie der Hilfs- und Rettungsdienste[1] waren während der Wintermonate immer wieder über Tage hinweg im Dauereinsatz, um Menschen und Sachwerte aus unmittelbarer

[1] Hilfs- und Rettungsdienste: Rettungs- und Sanitätsdienste (u. a. Deutsches Rotes Kreuz/DRK, Österreichisches Rotes Kreuz/ÖRK), Bergrettung, Wasserrettung, Luftrettung (u. a. ADAC, DRF, ÖAMTC).

Als äußerst gefährlich erwiesen sich die Schneeräumarbeiten auf den Dächern der Häuser. Zahlreiche Feuerwehrangehörige sowie Privatpersonen erlitten beim Absturz schwere Verletzungen – einige starben.

Ein katastrophaler Höhepunkt des Winters im Jahr 2006: Der Einsturz der Eissporthalle in Bad Reichenhall. Kurz nach 16.00 Uhr erreichten die ersten Kräfte der Feuerwehr die Einsatzstelle. Das tonnenschwere Dach der Halle war vollständig zusammengestürzt und hatte zahlreiche Personen begraben.

Gefahr zu retten, Gebäude vor dem Einsturz zu bewahren und um Zufahrten für Kraftfahrzeuge und Eisenbahnen zu schaffen. Auch Einheiten des Militärs[2] waren im Großeinsatz.

Bad Reichenhall: Eissporthalle eingestürzt

Der „Katastrophenwinter" 2005/2006 erlebte gleich zu Beginn des Jahres 2006 einen traurigen Höhepunkt. Am 2. Januar um 16.00 Uhr wurden die Freiwilligen Feuerwehren Bad Reichenhall, Piding und Bayrisch Gmain sowie weitere Rettungskräfte wegen des Einsturzes der Eissporthalle[3] in Bad Reichenhall alarmiert. Bei Eintreffen der ersten Einsatzkräfte an der Halle in der Münchner Allee offenbarte sich ein „Chaos" aus schreienden Kindern und Erwachsenen sowie aus Badegästen, die aus der benachbarten Schwimmhalle flüchteten.

Das Hallendach mit seinen riesigen Holzträgern und mit einer Abdeckung aus Metall war nach ersten Erkundungen im mittleren Bereich vollständig zusammengestürzt. Überall waren riesige Berge von Schnee erkennbar.

Durch den Einsatz unter anderem von Trennschleifern, hydraulischen Hebekissen, Motorsägen und sonstigem leichten Bergegerät konnten bereits nach kurzer Zeit einige Kinder aus den Trümmern der Eishalle befreit werden. Später kam zusätzliches schweres Gerät (u. a. Autokrane und Bagger) zum Einsatz.

Rund 30 Minuten nach der Alarmierung der Feuerwehren wurde durch den zuständigen Landrat der „Katastrophenfall" festgestellt. Im Bereich der Einsatzstelle wurde eine „Örtliche Einsatzleitung" (ÖEL), in den Räumen des Landratsamtes die „Führungsgruppe Katastrophenschutz" (FüG KatS) eingerichtet.

Nach Aussagen eines zuständigen Mitarbeiters der Eissporthalle waren zum Zeitpunkt des Einsturzes noch etwa 50 Personen auf der Eisfläche im Inneren des Gebäudes. Einsatzkräfte der Feuerwehren sowie Angehörige der Bergwacht Bad Reichenhall mit Lawinensuchhunden konnten innerhalb der ersten 30 Minuten insgesamt 14 Personen aus den Trümmern der einge-

Zum Teil unter erheblichen Gefahren versuchten Einsatzkräfte, in das Innere der Halle vorzudringen, um nach verschütteten Personen zu suchen. Zusammengebrochene Dachstützen, Teile der metallenen Dachhaut und riesige Schneeberge erschwerten die Suche erheblich.

[2] Militär im Hilfseinsatz: Deutsche Bundeswehr, Österreichisches Bundesheer, Schweizer Bundesheer.

[3] Eissporthalle Bad Reichenhall: Als Eislaufhalle und Eisstadion erbaut in den Jahren 1971 bis 1973, Breite 48 m, Länge 75 m, umbauter Raum ca. 69.800 m³, hölzerne Dachkonstruktion (Kämpfstegbauweise)

Nur sehr mühsam, in Handarbeit und mit leichtem Gerät, gelang es innerhalb der ersten 30 Minuten, insgesamt 14 Kinder und Erwachsene aus den Trümmern der eingestürzten Halle zu retten.

stürzten Eissporthalle befreien und retten. Weitere Kinder konnten hingegen erst nach aufwendigen technischen Bergungsarbeiten, unter schwierigsten Bedingungen und teilweise unter Lebensgefahr aus den einsturzgefährdeten Hallenteilen befreit werden, das letzte etwa gegen 22.00 Uhr. Insgesamt 34 Personen wurden zum Teil schwer verletzt.

Gegen 17.45 Uhr wurde die erste tote Person aus den Trümmern geborgen. Weitere 14 Tote – unter ihnen zwölf Kinder und Jugendliche – konnten im Verlauf des Abends und des Folgetages geborgen werden.

Der Einsatz der Feuerwehren und Rettungskräfte dauerte insgesamt etwa 75 Stunden. Bereits kurze Zeit nach der Alarmierung waren rund 170 Feuerwehrangehörige, 80 Kräfte des Bayerischen Roten Kreuzes (BRK), 20 Notärzte sowie zahlreiche Angehörige des Technischen Hilfswerks (THW), der Bundeswehr und der Polizei vor Ort. Über 700 Einsatzkräfte waren zeitgleich im Einsatz.

Probleme überall

Dieser Beitrag kann nur einige wenige Beispiele geben von Tausenden von Rettungs- und Bergungseinsätzen, die im Winter 2005/2006 überall in den betroffenen Ländern durchgeführt werden mussten.

So führten spiegelglatte schneebedeckte Straßen und dichtes Schneetreiben bei schlechter Sicht in zahlreichen Bundesländern Deutschlands zu teilweise schweren Unfällen. In Nordrhein-Westfalen kam es auf der Autobahn 2 zu einer Massenkarambolage mit rund 80 Fahrzeugen, in Niedersachsen verunglückte ein Autofahrer tödlich, nachdem sein Fahrzeug auf schneebedeckter Straße ins Schleudern gekommen waren und frontal in einen entgegenkommenden Wagen prallte. In Hessen kam der Fahrer eines Streufahrzeugs auf der Autobahn 3 ums Leben, als ein Lastwagen sein Dienstfahrzeug rammte.

Immer wieder blockierten liegengebliebene Lastwagen die Fahrbahnen der Bundesstraßen und Autobahnen und verursachten dort stundenlange Verkehrsprobleme. Nicht selten mussten die schweren Fahrzeuge durch Einsatzfahrzeuge des Technischen Hilfswerks (THW) freigeschleppt oder die Insassen durch Sanitätsdienste mit heißem Tee, Verpflegung und Decken versorgt werden.

Die Feuerwehren der bayerischen Landeshauptstadt München rückten allein an einem Wochenende zu rund 750 Hilfseinsätzen aus. Hier waren unter anderem zahlreiche Straßen der Stadt von umgestürzten Bäumen blockiert.

Zur Bergung der Toten sowie für die weitergehenden Räumarbeiten wurde am Tag nach dem Unglück schweres Gerät eingesetzt.

Im bayerischen Unterfranken stoppte die Autobahnpolizei wegen schneeglatter Straßen Gefahrguttransporte und wies ihnen Warte- und Parkplätze bis zur Entspannung der Wettersituation zu.

Im Allgäu kritisierte die Polizei die unzureichende persönliche und technische Winterausrüstung vieler Urlauber und ihrer Fahrzeuge. Insbesondere durch fehlende Winterreifen und nicht vorhandene Schnee-

Am späten Abend und am Folgetag fanden die Einsatzkräfte insgesamt 15 Tote. Sie waren – so die Ergebnisse der späteren Untersuchungen – alle unmittelbar beim Einsturz der Halle ums Leben gekommen.

Auch in weiten Teilen Europas – wie hier im Süden Österreichs – waren Feuerwehren, Rettungsdienste und Katastrophenschutzorganisationen im Großeinsatz, um Straßen und Schienenwege befahrbar zu machen und um Schnee von den Dächern der Gebäude zu räumen.

ketten blockierten sie den allgemeinen Straßenverkehr, die Räum- und Streufahrzeuge sowie die Einsatzfahrzeuge von Feuerwehr und Rettungsdiensten. Auch hier mussten Hilfsorganisationen die festsitzenden Autofahrer mit wärmenden Decken und heißem Tee versorgen. Die Stadt Memmingen richtete eine Notunterkunft für die auf den Straßen steckengebliebene Touristen – nicht selten Familien mit Kindern – in einer Turnhalle ein.

Tausende Hilfskräfte von Feuerwehr, Rotem Kreuz, Bergrettung und Bundesheer waren in der Region rund um den Wallfahrtort Mariazell (Obersteiermark/Österreich) sowie darüber hinaus in ganz Oberösterreich im Einsatz, um mehrere 100 einsturzgefährdete Dächer sowie Straßen und Zufahrten von den Schneemassen zu befreien. Die rettungsdienstliche Versorgung der Bevölkerung von Mariazell, der dort vom Schnee „festgehaltenen" Touristen sowie der gefährlichen Dachräumarbeiten wurde durch den Einsatz zweier zusätzlicher Notarztwagen (NAW) erhöht.

Zu einem Großeinsatz mussten die Freiwilligen Feuerwehren des österreichischen Tennengau ausrücken, um in Abtenau ein 22.000 Quadratmeter großes Dach eines Möbelwerks von den Schneemassen zu befreien.

In Thalgau (Flachgau) wurde ein Wohnhaus evakuiert, weil die Gefahr eines Dacheinsturzes aufgrund der darauf lastenden Schneemenge bestand. Auch eine 6.500 Quadratmeter große Dachfläche einer Lagerhalle in Salzburg musste im Rahmen eines Notfalleinsatzes der Feuerwehr von Schneemassen befreit werden.

Auch in den bayerischen Katastrophengebieten kämpften Tausende Helfer der Feuerwehren und des Technischen Hilfswerks (THW) gegen die immer größer werdenden Schneemassen. Am Großen Alpsee bei Immenstadt brach das Dach eines Musikpavillons unter der Schneelast zusammen. Zahlreiche Straßen in Oberbayern mussten wegen drohender Lawinenabgänge und wegen der unter den Schneemassen umgestürzten Bäume gesperrt werden. Auch in Bayern warnten die Behörden eindringlich vor gefährlichen Dachlawinen aufgrund der sich dort anhäufenden tonnenschweren Schneemengen. Die örtlichen Feuerwehren räumten in den Städten und Gemeinden vorsorglich die Dächer öffentlicher Gebäude.

Die Feuerwehren setzten ihre Drehleitern ein, um von dort aus die Schneemassen auf den Dächern abräumen zu können.

Opfer unter Zivilisten und Helfern

Bei den langanhaltenden und gefährlichen Schneeräumarbeiten sowie bei den Hilfseinsätzen in Deutschland, Österreich, Tschechien und der Schweiz gab es leider auch zahlreiche Unfälle mit Schwerverletzten und Toten – unter ihnen auch Einsatzkräfte der Feuerwehren und anderer Hilfsorganisationen.

Im Landkreis Traunstein (Oberbayern) fiel ein 27 Jahre alter Feuerwehrmann bei einem nächtlichen Räumeinsatz auf zugeschneiten Gebäudedächern durch ein Dachfenster. Er verstarb an seinen schweren Verletzungen. Auch im Landkreis Passau starb ein Feuerwehrmann während eines Schneeeinsatzes, weitere Helfer erlitten bei Abstürzen von Dächern schwerste Verletzungen. In Schönsee im Landkreis Schwandorf brach ein 25-jähriger Feuerwehrangehöriger beim Schneeräumen in ein Flachdach ein. Er wurde mit lebensgefährlichen Verletzungen in ein Krankenhaus gebracht. Im Landkreis Deggendorf stolperte eine 19-jährige Soldatin, die zur Räumung von Schnee vom Dach einer Schule eingesetzt war, und stürzte durch ein Glasfenster. Die junge Frau erlitt schwere Rückenverletzungen.

Ein 67-jähriger Rentner aus Oberösterreich stürzte vom Vordach seines Hauses tödlich ab, als er das geplante Schneeräumen durch die Feuerwehr vorbereiten wollte. Ein 39 Jahre alter Mann aus Abtenau wurde von einer Dachlawine begraben, als er den Kamin seines Hauses freischaufeln wollte. Ein 20-jähriger Mann stürzte in Thalgau (Flachgau) beim Abtragen von Schneemassen vom Dach einer Spedition und wurde dabei schwer verletzt. Schwere Verletzungen erlitten auch zwei Helfer aus dem Bezirk Schärding bei Schneeräumarbeiten. Im österreichischen Münzkirchen stürzte ein 40-jähriger Feuerwehrmann fünf Meter in die Tiefe und erlitt ebenfalls schwere Verletzungen.

In Österreich waren die Landesteile Oberösterreich, Steiermark und Niederösterreich von der Schneekatastrophe am stärksten betroffen. Allein die Aufrechterhaltung des täglichen Rettungs- und Krankentransportdienstes erwies sich nicht nur für die Angehörigen des Österreichischen Roten Kreuzes (ÖRK) als außergewöhnlich schwierig. Hinzu kam, dass es aufgrund des andauernden Schneefalls, der Glätte, der außergewöhnlichen Kälte sowie der Aufräum- und Bergearbeiten immer wieder zu Unfällen und Sturzverletzungen kam. Bundesweit waren zeitweise weit über 1.000 Sanitäts- und Rettungskräfte des ÖRK im Katastropheneinsatz.

In den gefährdeten Gebirgsregionen der Alpen, insbesondere in den Skigebieten Oberösterreichs, Salzburgs, Tirols, der Steiermark sowie in den Wintersportgebieten der Schweizer Alpen, des Allgäus und des Schwarzwaldes wurden wegen ständig zunehmender Lawinengefahr die Lawinenwarnstufen 4 (große Lawinengefahr) und 5 (sehr groß Lawinengefahr)[4] ausgerufen. Bergrettung und Lawinenwarndienste warnten andauernd vor Abfahrten und Touren abseits der gesicherten Pisten sowie generell vor Aufenthalten in gefährdeten Regionen.

Katastrophenalarm und Evakuierungen

In zahlreichen Regionen riefen die zuständigen Behörden den Katastrophenalarm aus.

[4] Lawinenwarnstufen: 1 (gering: allgemein sichere Verhältnisse) bis 5 (sehr groß: sehr ungünstige Verhältnisse, Verzicht empfohlen) gemäß Europäischer Lawinengefahrenskala

Meterhoch bedeckten Schneeberge die Häuser, oftmals waren Fenster und Türen völlig blockiert. Zahlreiche Gemeinden und Täler in Österreich und der Schweiz waren zeitweise von der Außenwelt abgeschnitten.

Die zuständigen Behörden und Katastrophenstäbe planten die Räumung von Wohnhäusern und öffentlichen Einrichtungen. Insbesondere in den ostbayerischen Katastrophengebieten verschärfte sich die Gefahrenlage zeitweise dramatisch. So musste beispielsweise in Zwiesel ein Behindertenheim evakuiert werden.

In zahlreichen Gemeinden stiegen die Schneemengen auf den Dächern der Häuser und Hallen weit über die zulässige Belastungsgrenze. Zahlreiche Dächer stürzten aufgrund dieser Schneelasten ein. Im Bereich der Schwäbischen Alb, im Schwarzwald und im Stadtbereich München brachen die Dächer mehrerer Hallen ein. In der baden-württembergischen Stadt Schwenningen wurde ein Eishockey-Bundesligaspiel aus Sorge vor dem Einsturz des Hallendaches vorsorglich verschoben.

In Baden-Württemberg mussten etwa 80 Reisende in einem Zug auf der „Schwarzwaldbahn" übernachten. Andere waren von Stuttgart nach Mailand unterwegs, als der Schnee die Strecke ab Schaffhausen/Schweiz blockierte. Sie mussten zwangsläufig im Singener Bahnhof ausharren. Im Schwarzwald waren zudem zahlreiche andere Zugverbindungen wegen Schneebruchs unterbrochen.

In nahezu allen betroffenen Regionen und Katastrophengebieten leisteten die Angehörigen der Feuerwehren, des Technischen Hilfswerks (THW) und anderer Hilfs- und Rettungsdienste trotz zum Teil erheblicher Gefahren Schwerstarbeit, um die Gebäudedächer von den Schneemassen zu befreien.

Erst Mitte März 2006 konnte in den meisten Regionen von einer „Entspannung der Lage" ausgegangen werden. Langsam trat dort wieder eine gewisse Normalität ein, Straßen und Schienenwege waren wieder ungehindert befahrbar.

21. Oktober 2003:
Verheerende Waldbrände in Süd-Kalifornien

Brandursache: „Teufelswinde“

Vorwort
Große und weiträumige Waldbrände sind im Süden des amerikanischen Bundesstaates Kalifornien nichts Besonderes. In jedem Jahr brennen dort sowie in den anderen Staaten des Westens der USA Tausende von Quadratmeilen Wald- und Buschland. Mit den sogenannten „SoCal-Fires“ im Spätherbst 2003 jedoch erreichte die Geschichte der Waldbrände im Westen der USA ihren bisherigen Höhepunkt. Innerhalb von wenigen Tagen brachen zwischen Los Angeles und San Diego neben zahlreichen kleineren Waldbränden mehr als zehn Großbrände aus, von denen jeder einzelne einen Umfang von bis zu 1.130 Quadratkilometern erreichte.
Wenngleich ich durch meine Arbeit in den USA große Waldbrände durchaus gewohnt bin, so waren die Erlebnisse im Jahr 2003 doch so gravierend, dass sie mir vermutlich noch über lange Zeit in Erinnerung bleiben werden. Hier wurde die zerstörerische Macht der Natur in einer Weise deutlich, die man ansonsten kaum zu erahnen vermag. Ursache der Desaster waren die berüchtigten Santa-Ana-Winde – auch als „Teufelswinde“ oder „Devil Winds“ bezeichnet.
Der Autor Wolfgang Jendsch hatte im Rahmen seiner beruflichen Tätigkeit als Fachjournalist sowie seiner aktiven Tätigkeit in der Feuerwehr seit 1997 Gelegenheit, mehr als 120 Feuerwehren in den Weststaaten der USA zu besuchen, um dort organisatorische, technische und taktische Erfahrungen schwerpunktmäßig im Rahmen der Waldbrandbekämpfung (Wildland Firefighting) zu sammeln. Als „Public Information Officer“ (PIO) konnte er an zahlreichen Einsätzen amerikanischer Feuerwehren teilnehmen und das Einsatzgeschehen dokumentieren.

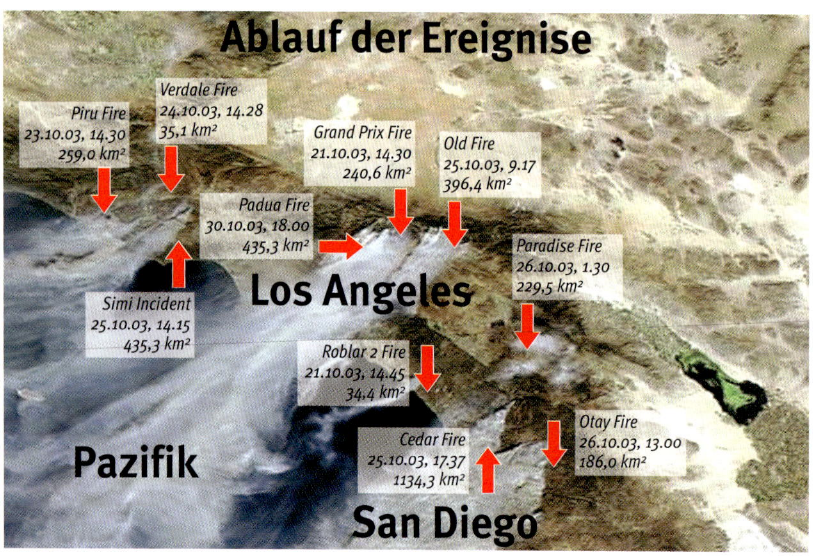

Die Vorhersagen für die Waldbrandsaison des Jahres 2003, insbesondere in den brandgefährdeten amerikanischen Weststaaten[1], waren eindeutig. Fachleute der nationalen und staatlichen Forstbehörden rechneten im Verlauf des Jahres mit überdurchschnittlich hohen Brandaktivitäten vor allem im Nordwesten der USA, in den Regionen Idaho, Montana, in den Rocky Mountains und im „Great Basin“ (Arizona, Utah).

Anfang April 2003 erwiesen sich die Schneehöhen in den Gebirgen und Hochlagen des Westens als deutlich unter dem Jahresdurchschnitt – ein erster ernst zu nehmender Hinweis für die zu erwartende Trockenheit der Vegetation in den Bergwäldern und Wildlands. In den tiefer gelegenen Regionen, insbesondere im Südwesten der USA, brachten Niederschläge zwischen März und Mitte Mai der Vegetation zwar deutlich mehr Feuchtigkeit, die jedoch im Laufe des Mai durch eine Hitzewelle und eine Phase extremer Trockenheit abgelöst wurde. Damit waren auch hier die Bedingungen für erhöhte Waldbrandaktivitäten gegeben.

Bereits am 31. Mai 2003 wies die Statistik mehr als 400.000 Acres[2] verbranntes Land aus – eine Zunahme um mehr als 50 % im Vergleich zum statistischen Zehn-Jahres-Durchschnitt. Im Übergang vom Frühling zum Sommer 2003 bestimmten stabile Hochlagen das Wetter und leiteten einen der heißesten und trockensten Sommer im Westen der USA ein. Die Bedingungen für extreme Waldbrandgefahren erreichten bereits zu Beginn des Juli ihre Höhepunkte – Nevada verzeichnete den heißesten Sommer in der Geschichte des US-Bundesstaates, Oregon den zweitheißesten und Idaho den drittheißesten.

Im Mai eskalierten die Waldbrandaktivitäten erstmals in Arizona und New Mexico und hielten dort bis weit in den Juli an. Im Südwesten der USA waren zu diesem frühen Zeitpunkt der Saison bereits 2.800 Waldbrände zu bekämpfen. Weitere 3.660 Waldbrände wurden allein zwischen dem 20. und 31. Juli 2003 im Nordwesten, den „Northern Rockies“ und dem „Eastern Great Basin“ durch Gewitter ausgelöst. Am 24. Juli 2003 wurde die höchste Alarm- und Bereitschaftsstufe zur

Das Satellitenbild zeigt das ungeheure Ausmaß der Waldbrände zwischen Los Angeles und San Diego. Deutlich sichtbar die in südwestliche Richtung zur Pazifikküste hin ziehenden Rauchschwaden der Großbrände.

Waldbrandbekämpfung in den USA ausgelöst[3]. Die Verantwortlichen der Forst- und Waldbrandbehörden sowie des „National Interagency Fire Centers" (NIFC)[4] forderten personelle und technische Unterstützung von der US-Armee sowie von Partnerorganisationen aus Australien und Neuseeland an.

Insgesamt weist die Statistik der Waldbrandsaison 2003 ein Gesamtaufkommen von 63.629 Wald- und Flächenbränden mit einer tangierten Fläche von über 3,96 Millionen Acres aus.

Jeder große Waldbrand beginnt irgendwann mit einem kleinen Feuer im Unterholz. Begünstigt durch die extrem heißen und trockenen „Santa-Ana-Winde" kam es in Süd-Kalifornien dann zur Waldbrandkatastrophe.

Das Schadensereignis im Süden Kaliforniens

Mit den sogenannten „SoCal-Fires" erlebte der US-Bundesstaat Kalifornien im Oktober/November des Jahres 2003 seine größten und schadensreichsten Wald- und Flächenbrände der Geschichte. Zwischen den Großstädten Los Angeles und San Diego brannten auf einer Distanz von ca. 180 Meilen beziehungsweise etwa 300 Kilometern rund 3.000 Quadratkilometer Wald- und Buschland. Bei den Großbränden wurden etwa 5.770 Gebäude beschädigt oder zerstört, 213 Personen wurden durch Feuer, Rauch oder Unfälle verletzt und 22 Personen wurden getötet. Im Einsatz waren rund 19.000 Angehörige der Feuerwehren mit etwa 2.000 Fahrzeugen. Allein die Einsatzkosten betrugen etwa 1,5 Milliarden Dollar. Brandursache war die Natur selbst – die sogenannten „Santa-Ana-Winde", auch „Devil Winds" (Teufelswinde), „Santanas" (grausame Winde) oder „Red Winds"[5] genannt. Santa-Ana-Winde sind extrem trockene und heiße Winde aus dem Nordwesten der USA, die sich im Rahmen einer stabilen Hochduck-Lage in den Wüstenregionen des „Great Basin" (Arizona, Utah) bilden und mit einer Geschwindigkeit von bis zu 200 km/h von dort über die Küstengebirge (Costal Ranges) in die Küstenregionen zum Pazifik strömen. Insbesondere im Bereich der Großstadt Los Angeles führen die Santa-Ana-Winde zu einer völlig ausgetrockneten Vegetation in Wäldern und Wildlands, zu Temperaturen von örtlich bis zu 45 Grad Celsius sowie zu einer relativen Luftfeuchtigkeit von weniger als 10 %.

Am 18. Oktober 2003 gab das für Süd-Kalifornien zuständige „California Southern Operations Geographic Coordination Center" (GACC)[6] eine „Red-Flag"-Warnung heraus und verfügte damit die Alarmbereit-

[1] Brandgefährdete westliche US-Bundesstaaten: Kalifornien, Arizona, New Mexico, Colorado, Wyoming, Utah, Nevada, Idaho, Montana, Oregon, Washington

[2] Acre: 1 ac = 4.046 m²

[3] „National Preparedness Level" von 1 (niedrig) bis 5 (Höchstufe)

[4] National Interagency Fire Center (NIFC): für die gesamte USA zuständige Organisations- und Kommunikationszentrale in Boise/Idaho.

[5] „Red Winds" (Santa-Ana-Winde): Bezeichnung nach dem Roman von Raymond Chandler

[6] California Southern Operations Geographic Coordination Center (GACC): Eine von elf regionalen Koordinierungszentralen zur Waldbrandbekämpfung, Teil des „National Interagency Fire Center" (NIFC)

Auch die „Engine Crews" machen sich mit ihren Patrouillen- und Löschfahrzeugen auf in das Einsatzgebiet.

7 California Department of Forestry and Fire Protection (CDF, heute CAL FIRE): Staatliche Forst- und Waldbrandbehörde

8 U.S. Forest Service (USFS), Bureau of Landmanagement (BLM): Nationale Forst- und Waldbrandbehörden

schaft aller Einheiten des „California Department of Forestry and Fire Protection“ (CDF, heute CAL FIRE)[7] sowie Teile des „U.S. Forest Service“ (USFS), des „Bureau of Landmanagement“ (BLM)[8] und der City- und County Fire Departments.

Am 21. Oktober 2003 brach um 14.30 Uhr das „Gran Prix Fire“ östlich von Fontana im San-Bernardino-County aus. Nur wenige Minuten später brach südlich von Los Angeles das „Roblar 2 Fire“ aus.

Von diesem Zeitpunkt an häuften sich die Alarmmeldungen zwischen Los Angeles und San Diego. Bis zum 30. Oktober 2003 kam es dort zu insgesamt mindestens zehn großen Waldbränden mit unvorstellbaren Ausmaßen von bis zu 1134,3 Quadratkilometern, darüber hinaus zu Hunderten kleinerer Brandereignisse.

Bei den verheerenden Bränden und den gewaltigen Feuerstürmen waren zunächst weitgehend alle unmittelbaren und direkten Löscheinsätze der Feuerwehren vergeblich. Durchgeführt wurden jedoch schwerpunktmäßig folgende Einsatzmaßnahmen:

- Menschenrettung mit der Evakuierung von gefährdeten Regionen (mehrere 10.000 Evakuierte), die Unterbringung und die Versorgung der Evakuierten. Trotz aller diesbezüglichen Bemühungen gab es bei den Feuerstürmen im Süden Kaliforniens insgesamt 213 Verletzte sowie 22 Tote.

Das Feuer breitet sich rasend schnell im Wald aus und greift bald auf die Baumwipfel über.

- Gebäude-Brandschutz in den unmittelbar gefährdeten Siedlungen im Randbereich der Wälder und Wildlands (Urban Interfaces). Trotzdem wurden rund 5.770 Gebäude zerstört oder beschädigt.
- Indirekte Waldbrandbekämpfung durch Anlegen von „Fire Lines“ (Brandschneisen) sowie durch Luftunterstützung (Aerial Firefighting). Die Länge der so angelegten Brandschneisen betrug insgesamt 1.264 km. Insgesamt wurde eine Fläche von 3.013,9 km² vom Feuer beeinträchtigt oder zerstört.

Großflächige Wipfelfeuer sind oftmals nur schwer zu kontrollieren – eine direkte Brandbekämpfung wird unmöglich.

Die sogenannten „Smokejumper" – spezialisierte Löscheinheiten, die vom Flugzeug aus nahe der Brandstelle abspringen – machen sich zum Einsatz fertig. Sie werden dort eingesetzt, wo Waldbrände vom Boden aus unerreichbar sind oder zeitnah nicht bekämpft werden können.

Für die Feuerwehren bedeutete dieses Desaster durchgehende Brand- und Löscheinsätze für die Dauer von elf Tagen und Nächten!

Erst am 2. November 2003 meldete der „National Weather Service" (NOAA)[9] der USA um 09.00 Uhr ein „... baldiges Abflauen der Santa-Ana-Winde" sowie ein „... aufkommendes Tiefdrucksystem vom Pazifik in Richtung Süden" mit „... Winter-Sturm-Warnung, verbunden mit starkem Schnellfall von 20 bis 30 Zentimeter". Die aktuellen Wetterdaten zu diesem Zeitpunkt – je nach Region und Höhenlage – ergaben nunmehr Temperaturen von 4,5 bis 21 Grad Celsius (vorher bis zu 45 Grad), eine relative Luftfeuchtigkeit von 70 % (vorher unter 10 %) sowie Windgeschwindigkeiten von acht bis 25 km/h (vorher bis zu 200 km/h).

Am 10. November 2003 konnte in Süd-Kalifornien „Einsatzende" gemeldet werden. Über zwei weitere Wochen hinweg folgten danach in den weitläufigen Wäldern und Wildlands Nachlöscharbeiten, Aufräumarbeiten und Landschafts-Rehabilitationsmaßnahmen.

9 National Weather Service (NOAA): Nationaler Wetterdienst der USA mit speziellen Waldbrand-Wettervorhersagen

Mitte November 2003 begannen in den Wäldern zwischen Los Angeles und San Diego die Nachlösch- und Aufräumarbeiten (Mop up), die sich nochmals über Wochen hinzogen, bis alle Glutnester entgültig gelöscht waren.

„SoCal Fires" 2003 – Die größten Waldbrände

Bezeichnung	Datum	Uhrzeit	Größe (km²)
Grand Prix Fire	21.10.2003	14.30	240,6
Roblar 2 Fire	21.10.2003	14.45	34,4
Piru Fire	23.10.2003	14.30	259
Verdale Fire	24.10.2003	14.28	35,1
Old Fire	25.10.2003	9.17	396,4
Simi Incident	25.10.2003	14.15	435,3
Cedar Fire	25.10.2003	17.37	1134,3
Paradise Fire	26.10.2003	1.30	229,5
Otay Fire	26.10.2003	13.00	186
Padua Fire	30.10.2003	18.00	42,3

Auch der personelle und technische Aufwand anlässlich der „SoCal Fires" war enorm und selbst für amerikanische Verhältnisse „gigantisch". So schickte die staatliche Forst- und Waldbrandbehörde „California Department of Forestry and Fire Protection" (CDF, heute CAL FIRE) insgesamt 5.400 Firefighter in den Einsatz, die nationalen Brandschutz-Organisationen „Bureau of Landmanagement" (BLM) und der „U.S. Forest Service" (USFS) stellten rund 12.800 Firefighter. Im Einsatz waren 221 „Fire Crews", bodengebundene Löscheinheiten mit einer Stärke von vier bis 20 Personen. Hinzu kamen 1.729 Frauen und Männer für das Einsatz-Management in den ICS-Management-Teams[10], in den Verwaltungen und in den Fire-Camps[11]. Rund 350 Personen wurden nach Abschluss der Löscharbeiten durch die „Federal Emergency Management Agency" (FEMA) zur Landschafts-Rehabilitation eingesetzt.

Auch die eingesetzte Technik konnte sich sehen lassen: 1.623 Einsatzfahrzeuge (Löschfahrzeuge/Engine Type I bis VII, darunter zehn „Strike Teams" aus Arizona und Nevada sowie der OES)[12], 112 Luftfahrzeuge (Löschflugzeuge/Airtanker Type I bis III, MAFFS[13] und 93 Hubschrauber (Type I bis III).

[10] ICS-Management Teams: Regionale und überregionale Führungs- und Koordinationsteams nach dem „Incident Command System" (ICS)

[11] Fire Camps: Temporäre Einrichtungen für Einsatzkräfte vor Ort, können bis zu 5.000 Kräfte aufnehmen

[12] Engine-Types, Strike Teams und OES: Amerikanische Waldbrand-Einsatzfahrzeuge werden in die von der technischen Ausstattung und Leistungsfähigkeit abhängigen Größenordnungen (Type) I bis VII eingeteilt. „Strike Teams" (mobile Einsatzeinheiten) umfassen eine bestimmte Anzahl von Löschfahrzeugen mit der dazugehörigen Person. OES: „Office of Emergency Service" (regionale Katastrophenschutz-Behörde in Kalifornien/USA)

[13] MAFFS: „Modular Airborne Fire Fighting System" – mobiles Waldbrand-Löschsystem für Großflugzeuge vom Typ C-130 der US-Armee

Bei den „SoCal-Fires" standen kalifornische Wälder kilometerweit in Vollbrand. Unerwartet war zu diesem Zeitpunkt auch die Anzahl der Brände.

Die Entwicklung von katastrophalen Waldbrandereignissen – nicht nur in den USA – setzt sich auch in den Folgejahren fort. Es mag dahingestellt sein, ob solche Ereignisse dem fortschreitenden Klimawandel zuzuschreiben sind, auf jeden Fall sorgen die Bedingungen für die Entstehung und Ausbreitung großflächiger Waldbrände (schneearme Winter, feuchte Frühjahre, trockene Sommer: extrem trockene Vegetation, geringe Luftfeuchtigkeit) weiterhin für entsprechende Großereignisse.

So nennt die Statistik für das Jahr 2004 in den USA insgesamt 65.461 Waldbrände (rund 8,09 Mill. Acres), für 2005 insgesamt 66.753 Waldbrände (rund 8,68 Mill. Acres), für 2006 insgesamt 96.385 Waldbrände (rund 9,87 Mill. Acres) und für 2007 insgesamt 85.705 Waldbrände (rund 9,32 Mill. Acres).

Die Waldbrandbekämpfung in den USA wird auch in den kommenden Jahren spannend bleiben.

„Airtanker“ (Löschflugzeuge) versuchen aus der Luft, die Ausbreitung der Waldbrände durch Brandschneisen einzuschränken. Abgeworfen wird dazu das rostbraune „Fire Retardant“, eine spezielle Mixtur aus Wasser und Chemikalien.

Am Boden in unmittelbarer Nähe der Feuerfronten sind es die „Hand Crews“, die mit Schaufeln, Hacken und Motorsägen Brandschneisen legen. Bei den „SoCal-Fires“ waren es insgesamt rund 1.260 Kilometer, die per Hand angelegt wurden.

13. April 2007: Der Waldbrand am Thumsee

Katastrophenalarm: Bergwald in Flammen

Vorwort

Üblicherweise sind es die großen Waldbrände in den USA, in Kanada, Australien oder in Russland, die jährlich immer wieder in den Sommermonaten das Interesse der internationalen Medien finden. Spektakuläre Bilder von „haushohen Flammensäulen", von „rasenden Flammenwänden" und von Einsatzkräften, die „bis an den Rand ihrer Erschöpfung" gegen das „flammende Inferno" kämpfen. Solche Bilder können gar nicht spektakulär genug sein, um dem geneigten Leser und Fernsehzuschauer weismachen zu wollen, dass „Amerika brennt" oder das „ganze Völker" vor den herannahenden Flammen fliehen müssen.

Amerika, Australien und Russland sind weit weg – die letzten Jahren haben allerdings leidvoll bewiesen, dass auch die waldbrandgefährdeten Regionen und Staaten im sehr viel näheren Europa mit solchen „flammenden Infernos" mithalten können. Der sprichwörtliche „Klimawandel" macht es möglich – Waldbrände werden zunehmend zu Standardereignissen deutscher und europäischer Feuerwehren.

Dass auch Deutschland mit seinem vergleichsweise relativ geringen Waldbrand-Potenzial zum Mittelpunkt internationaler Berichterstattung werden kann, beweist der nachstehende Beitrag über ein durchaus spektakuläres Schadensereignis am bayerischen Thumsee.

Der Autor Wolfgang Jendsch ist Mitglied der „International Association of Wildland Fire" (IAWF), South Carolina/USA, und gilt im Rahmen seiner über 20-jährigen beruflichen Schwerpunkttätigkeit als anerkannter Fachmann für die Wald- und Flächenbrandbekämpfung (Wildland Firefighting) in den USA und in Europa.

So ein „Freitag, der 13." hat es offensichtlich in sich, man könnte diesbezüglich den durchaus zahlreichen Pessimisten Glauben schenken, jedenfalls in Anbetracht dieses Brandereignisses, das sich an einem „Freitag, den 13." entwickelte.

Es war gegen 14.00 Uhr, als Passanten eine Rauchentwicklung im felsigen Steilgelände oberhalb des zwischen Bad Reichenhall und der Bundesstraße 305 nach Schneizlreuth gelegenen Thumsees[1] entdeckten und die Polizei informierten.

Obwohl die Vegetation in der Region aufgrund ausbleibender Regenfälle seit einigen Wochen äußerst trocken war, ahnte zu diesem Zeitpunkt wohl niemand, dass sich dieser Bergwaldbrand in kürzester Zeit zu einem „Katastrophenfall" entwickeln würde.

Innerhalb von rund zwei Tagen breitete sich das Feuer im felsigen Steilgelände auf einer Fläche von rund 25 bis 30 Hektar aus. Betroffen waren hier vor allem der Hochwald sowie über Jahrzehnte hinweg kostenintensiv und mühsam bearbeitete Aufforstungsgebiete (Lawinenschutzwald, Hochwald mit Fichten und Kiefern). Das Einsatzgebiet erstreckte sich insgesamt auf rund 60 Hektar, auf denen teilweise Gras- und Waldbodenflächen brannten, stellenweise aber auch der Baumbestand betroffen war.

Nachdem sich bis zum Samstagmorgen (14. April 2007) die Lage zunächst entspannt hatte, kein offenes Feuer mehr erkennbar war und damit der Katastrophenalarm wieder aufgehoben und die Nachlöschar-

[1] Thumsee: Landschafts- und Badesee westlich von Bad Reichenhall im Berchtesgadener Land (Bayern), ca. 1 km lang und etwa 400 m breit; Landschaftsschutzgebiet. Zufahrt von Bad Reichenhall über die Staatsstraße 2101 (ca. 3 km), von Westen über die Bundesstraße 305 zur ST 2101 (ca. 2 km).

Im oberen Bereich der felsigen Anhöhe förderte trockenes Gras die Ausbreitung der Flammen.

Flammen im abschüssigen Gelände des Bergwaldes oberhalb des Thumsees.

beiten beendet werden konnten (entgültiges Ende des Katastrophenalarms: Sonntag, 15.04.2007, 18.35 Uhr), fachte böiger Wind am Montag der Folgewoche (23. April 2007) das Feuer an mehreren Stellen wieder an. Der darauf folgende Einsatz zog sich nochmals über den ganzen Tag hinweg hin.

Erst nach rund drei Wochen (05. Mai 2007) konnte nach Einsetzen eines Wetterumschwungs mit Regen einer der bisher größten und materialaufwendigsten Waldbrände in Bayern beendet werden.

Alarmierungen und Einsatztaktik

Der sehr umfangreiche und über mehrere Tage andauernde Einsatz kann an dieser Stelle nur stichwortartig zusammengefasst werden. Eine feuerwehrtechnische und -taktische Detaillierung würde die Übersichtlichkeit und das Verständnis für nicht fachkundige Leser beeinträchtigen.

Deutlich werden soll jedoch der immense einsatzmäßige Aufwand der rund 1.000 Einsatzkräfte von 28 Freiwilligen Feuerwehren aus der Region[2] sowie die taktische Problematik bei der Waldbrandbekämpfung.

Die 28 Wehren wurden durch vier weitere Feuerwehren im Rahmen der Hubschraubereinsätze unterstützt (Berufsfeuerwehr Nürnberg, Freiwillige Feuerwehren Wolfratshausen und Rosenheim, Werkfeuerwehr EADS-IABG München).

Ab 14.06 Uhr (Freitag, 13. Mai 2007) wird zunächst die Freiwillige Feuerwehr Bad Reichenhall einschließlich des benachbarten Löschzuges Karlstein alarmiert (Alarmstufe 2). Bereits bei der Anfahrt der ersten Kräfte aus Bad Reichenhall wird die Alarmstufe auf „3" erhöht,

[2] Einsatzkräfte: 21 Feuerwehren aus dem Landkreis Berchtesgadener Land, fünf aus dem Landkreis Traunstein und zwei aus Österreich.

nachdem großflächiger Rauch über dem Bergrücken erkennbar ist.

Nach einer ersten Erkundung der Lage oberhalb des Thumsees wird ein schnelles Ausbreiten des Feuers nach oben hin beobachtet. Ergänzend werden daraufhin ab 14.10 Uhr die Freiwilligen Feuerwehren Weißbach, Schneitzlreuth und der Löschzug Marzoll (Bad Reichenhall) sowie ab 14.23 Uhr die Freiwilligen Feuerwehren Bayerisch-Gmain, Inzell und Piding sowie die Bergwacht-Bereitschaften aus Bad Reichenhall, Freilassing und Teisendorf-Anger nachalarmiert.

Weitere Alarmierungen von Feuerwehren, Sanitätseinheiten, Bergwachten und des Technischen Hilfswerks (THW) erfolgen kontinuierlich innerhalb der folgenden Stunden und Tage sowie nach Bedarf.

Aufgrund des bis dahin festgestellten Schadensbildes und der schnellen Ausbreitung der Flammen in die höheren Bereiche des Bergwaldes entscheidet sich die Einsatzleitung für den Einsatz von Hubschraubern mit Außenlastbehältern. Ab 14:18 Uhr erfolgt die Anforderung der Luftunterstützung über das Landratsamt Berchtesgadener Land beim Lagezentrum des bayerischen Staatsministeriums des Inneren. Die Hubschrauber von Landes- und Bundespolizei, der österreichischen Flugpolizei und der Werkfeuerwehr EADS-IABG München treffen zwischen 14.40 Uhr und 18.00 Uhr am Thumsee ein.

Aufgrund der bevorstehenden gefährlichen Erkundungs- und Löscharbeiten im Steilgelände kommen auch der Rettungsdienst des Bayerischen Roten Kreuzes (BRK) mit zwei Rettungswagen (RTW) und einem Notarzt, die BRK-Schnelleinsatzgruppen (SEG) Bad Reichenhall und Berchtesgaden sowie der Einsatzleiter-Rettungsdienst (EL-RD) zum Einsatz.

Der Einsatz wird in die Abschnitte „Tal" (Einsatzabschnitt/EA 1) und „Berg" (Einsatzabschnitt/EA 2) eingeteilt. Später erfolgt ergänzend die Einrichtung eines Einsatzabschnittes/EA 3 (Tal) unter Einbeziehung der Bergwacht und des Bayerischen Roten Kreuzes (BRK).

So wird im Rahmen des EA 1 zunächst vom See her eine B-Löschwasserleitung zur mittlerweile bis auf eine Fläche von rund sechs Hektar ausgebreiteten Brandstelle geführt (TS 8/8 und TS 2/5).

Im Rahmen des EA 2 wird versucht, das sich sehr schnell bergwärts zum Gipfelgrat des Heubergs (925 m ü. NN) ausbreitende Feuer vor dem Höhenrücken und einer dahinter liegenden bewirtschafteten Almfläche

Dichte Vegetation mit Fichten und Kiefern sowie das steile und felsige Gelände machten die Löscharbeiten besonders schwer und anstrengend.

In Bereichen, in denen eine Löschwasserversorgung über Schlauchleitungen nicht zur Verfügung stand, gingen Kräfte mit Wasserrucksäcken und Arbeitsgerät in den Einsatz.

unter Einsatz von Löschwasserleitungen, Rucksackspritzen und Feuerpatschen zu halten. Brandstellen im Bereich der Steilhänge konnten teilweise nur durch Abseilen von Einsatzkräften erreicht werden, die von Kräften der Bergwacht gesichert wurden.

Über eine acht Kilometer lange, steile Forststraße und Waldwege können geländegängige Einsatzfahrzeuge aus südwestlicher Richtung bis auf rund 500 Meter an den Grat heranfahren. Von Weißbach (Bundesstraße 305) her über die Jochbergstraße (Forststraße) bis zum ersten Faltbehälter am Jochberg wird ein Pendelverkehr mit Tanklöschfahrzeugen (TLF) eingerichtet und eine komplexe feuerwehrtechnische Infrastruktur (Feuerlöschpumpen, Löschwasser-Faltbehältern, Schlauchleitungen) entlang des Bergrückens aufgebaut.

Die Lage wird kritisch: Der Katastrophenfall

Die Situation im Bereich des brennenden Bergwaldes verschärft sich zunehmend. Innerhalb der ersten 45 Minuten überwindet das sich schnell ausbreitende Feuer 400 Höhenmeter und überspringt dabei die dortigen Felswände. Den dort eingesetzten Feuer-

Beteiligt bei den Waldbrandlöscharbeiten am Thumsee war auch ein Hubschrauber der Werkfeuerwehr EADS-IABG aus München.

Eingesetzte Organisationen/Fahrzeuge – Waldbrand Thumsee

Bezeichnung	Zuordnung	Kürzel
Freiwillige Feuerwehr Bad Reichenhall	Bad Reichenhall	
Einsatzleitwagen		ELW
Tanklöschfahrzeug		TLF 16/25
Tanklöschfahrzeug		TLF 24/50
Löschgruppenfahrzeug		LF 16/12
Löschgruppenfahrzeug		LF 8
Mannschaftstransportwagen		MTW
Gerätewagen Dekontamination-Personen	mit Waldbrandausstattung	GW-Dekon-P
Rüstwagen		RW 2
Versorgungs-Lkw		LKW
Löschgruppenfahrzeug		LF 10/6
Mannschaftstransportwagen		MTW
Unterstützungsgruppe Örtliche Einsatzleitung		UG ÖEL
Freiwillige Feuerwehr Bad Reichenhall, LZ Karlstein	Bad Reichenhall	
Löschgruppenfahrzeug		LF 8
Versorgungsfahrzeug		LKW/GW-T
Freiwillige Feuerwehr Bad Reichenhall, LZ Marzoll	Bad Reichenhall	
Löschgruppenfahrzeug		LF 10/6
Mannschaftstransportwagen		MTW
Freiwillige Feuerwehr Bayrisch Gmain	Bayrisch Gmain	
Tanklöschfahrzeug		TLF 16/25
Gerätewagen		GW
Löschgruppenfahrzeug		LF 8
Mehrzweckfahrzeug		MZF
Freiwillige Feuerwehr Inzell	Inzell	
Einsatzleitwagen		ELW 1
Tanklöschfahrzeug		TLF 16/25
Löschgruppenfahrzeug		LF 8
Versorgungsfahrzeug/Mehrzweckfahrzeug		VF/MZF
Freiwillige Feuerwehren Schneizlreuth	Schneizlreuth	
Löschgruppenfahrzeug		LF 8
Mehrzweckfahrzeug		MZF
Freiwillige Feuerwehren Weißbach	Weißbach	
Tragkraftspritzenfahrzeug		TSF-W
Mehrzweckfahrzeug		MZF
Freiwillige Feuerwehr Piding	Piding	
Bereitschaft mittlerer Landkreis Berchtesgaden-Land	GH Piding	
Freiwillige Feuerwehr Traunstein	Traunstein	
Tanklöschfahrzeug		TLF 16/25
Einsatzleitwagen		ELW 1
Freiwillige Feuerwehr Wolfratshausen	Wolfratshausen	
Löschgruppenfahrzeug	2 SEMAT 5000	LF 16-TS
Freiwillige Feuerwehr Freilassing	Freilassing	
Einsatzleitwagen		ELW
Tanklöschfahrzeug		TLF 16/25
Löschgruppenfahrzeug		LF 16/12
Löschgruppenfahrzeug		LF 16-TS
Transportfahrzeug/Lkw		LKW/GW-T
Freiwillige Feuerwehr Saaldorf	Saaldorf	
Mehrzweckfahrzeug		MZF
Löschgruppenfahrzeug		LF 8/6
Löschgruppenfahrzeug		LF 8/6

Eingesetzte Organisationen/Fahrzeuge – Waldbrand Thumsee

Bezeichnung	Zuordnung	Kürzel
Bayerisches Rotes Kreuz (BRK)		
Rettungswagen	Bad Reichenhall	RTW
Rettungswagen	Bad Reichenhall	RTW
Einsatzleiter Rettungsdienst	Bad Reichenhall	KdoF
Notarzteinsatzfahrzeug	Bad Reichenhall	NEF
Schnelleinsatzgruppe	Bad Reichenhall	SEG
Schnelleinsatzgruppe	Berchtesgaden	SEG
Schnelleinsatzgruppe	Betreuung	SEG
Unterstützungsgruppe Sanitäts-Einsatzleitung		UG SanEL
Luftunterstützung		
Hubschrauber „EC-135"	Bambi Bucket, 500 l	Polizei-Hubschrauberstaffel Bayern
Hubschrauber „EC-135"	Bambi Bucket, 500 l	Polizei-Hubschrauberstaffel Bayern
Hubschrauber „EC-135"	Bambi Bucket, 500 l	Polizei-Hubschrauberstaffel Bayern
Hubschrauber „EC-135"	Wärmebildkamera	Polizei-Hubschrauberstaffel Bayern
Hubschrauber „AS 355 Libelle"	SEMAT FPG, 900 l	Flugpolizei Salzburg/Österreich
Hubschrauber „SA 330 J Puma"	Bambi Bucket, 1600 l	Fliegerstaffel Bundespolizei
Hubschrauber „SA 330 J Puma"	Bambi Bucket, 1600 l	Fliegerstaffel Bundespolizei
Hubschrauber „EC-135"	SEMAT F, 1000 l	Werkfeuerwehr EADS-IABG München
Hubschrauber „EC-135"	SEMAT FPG, 900 l	Werkfeuerwehr EADS-IABG München
Hubschrauber „CH 53 G"	SEMAT F, 5000 l	Bundeswehr
Hubschrauber „CH 53 G"	SMOKEY, 5000 l	Bundeswehr
Hubschrauber „Bell UH-1D"	SEMAT FPG, 900 l	Bundeswehr
Hubschrauber „Bell UH-1D"	SEMAT FPG, 900 l	Bundeswehr
Hubschrauber „K-MAX"	Bambi Bucket, 2500 l	Privatunternehmen
Bergwacht		
Bergwachtbereitschaft	Freilassing	
Bergwachtbereitschaft	Teisendorf-Anger	
Bergwachtbereitschaft	Bad Reichenhall	
Bergwachtbereitschaft	Traunstein	
Wasserwacht		
Schnelleinsatzgruppe mit Rettungsboot und Taucher	Bad Reichenhall	SEG
Schnelleinsatzgruppe mit Rettungsboot und Taucher	Berchtesgaden	SEG
Schnelleinsatzgruppe mit Rettungsboot und Taucher	Freilassing	SEG
Schnelleinsatzgruppe	Laufen	SEG
Berufsfeuerwehr Nürnberg	Nürnberg	
Freiwillige Feuerwehr Rosenheim	Rosenheim	
Werkfeuerwehr EADS München	München	

Als äußerst hilfreich bei der Waldbrandbekämpfung am Thumsee erwies sich die Luftunterstützung. Im Bild ein Hubschrauber der bayerischen Polizei beim Auffüllen des „Bambi Bucket" (Löschwasserbehälter).

Schwer und gefährlich zugleich waren die Löscharbeiten im Steilgelände. Zum Aufspüren versteckter Glutnester kamen hier Hacken genauso wie Wasserrucksäcke zum Einsatz.

wehren und Angehörigen der Bergwacht gelingt es mit drei C-Rohren, ein Übergreifen der Flammen auf das Gipfelplateau zu verhindern.

Trotzdem kann die weitere Ausbreitung des Waldbrandes durch bodengebundene Kräfte allein nicht verhindert werden. Nur durch den massiven Einsatz von Hubschraubern mit Löschwasserbehältern (Bambi Buckets, SEMAT[3]) kann das Feuer zunächst unter Kontrolle gebracht werden.

Gegen 20.00 Uhr war das Feuer zunächst unter Kontrolle. Nur in einer steilen Felsrinne in der linken Bergflanke war noch eine leichte Rauchentwicklung erkennbar. Nachdem die Hubschrauber aufgrund der einbrechenden Dunkelheit ihren Einsatz beendet hatten und das felsige Gelände für die Bodentruppen bei Nacht nicht begehbar war, konnte ein Wiederaufflammen des Brandes nicht verhindert werden[4]. Das Feuer breitet sich daraufhin in südwestliche Richtung zur Bundesstraße 305 aus. Vom Boden aus wird versucht, ein Übergreifen der Flammen über die Staatsstraße 2101 in südöstliche Richtung sowie über den Grad hinweg zu verhindern.

Im Laufe der Nacht zum Samstag (14. Mai 2007) entwickelte sich der Bergwaldbrand oberhalb des Thumsees zum „Katastrophenfall". Aufgrund der sich verschärfenden Lage erklärte der zuständige Landrat am Samstag um 01.10 Uhr offiziell den „Katastrophenfall" und setzte die Führungsgruppe Katastrophenschutz zur Koordination der Einsatzkräfte ein.

Am Samstagmorgen ab 06.30 Uhr werden die Hubschraubereinsätze zur Unterstützung der Löscharbeiten wieder aufgenommen. Zu den bereits erwähnten Maschinen der Polizei stehen nunmehr auch drei Hubschrauber der Bundeswehr (zwei Großhubschrauber vom Typ „CH 53" und eine „Bell UH1-D") sowie ein Helikopter eines privaten Transportunternehmens (Kaman K-MAX) zur Verfügung.

Die Einsatzkräfte am Boden werden unterstützt durch zwei Wasserwerfer der Polizei. Insgesamt stehen zu diesem Zeitpunkt wieder rund 300 Einsatzkräfte der Freiwilligen Feuerwehren, des Bayerischen Roten Kreuzes (BRK), der Polizei, der Bundeswehr, des Technischen Hilfswerks (THW) und der Bergwachten vor Ort im Einsatz.

Nachdem sich der Bergwaldbrand zum Vollbrand entlang des südwestlich vom Thumsee und rechts der Staatsstraße führenden Höhenzuges entwickelt hatte, gelang es vor allem den Hubschraubern im Verlauf des Samstagmorgens (14. Mai 2007), das am Boden bereits eingegrenzte Feuer weitgehend zu löschen. Bis zum Sonntagabend galt es, die unzähligen Glutnester im Boden per Hand zu lokalisieren und zu löschen.

Seitens des Landratsamtes wurde der Katastropheneinsatz nach insgesamt mehr als 40 Stunden am

Ein schwerer Transporthubschrauber vom Typ „CH 53 G" (zivile Bezeichnung „Sikorsky S-65") der Bundeswehr beim Abwurf von Löschwasser aus dem angehängten Außenlastbehälter (5.000 Liter Fassungsvermögen).

Sonntag (15. Mai 2007) um 18.35 Uhr offiziell für beendet erklärt.

Mit einem erneuten Ausbrechen eines Waldbrands im Bereich oberhalb des Thumsees aufgrund der anhaltend warmen Witterung wurde seitens der Einsatzleitung vorsorglich gerechnet. Während der Folgetage überwachten Beobachtungsposten der Forstämter das Gelände, während die von den Feuerwehren errichtete Logistik (Löschwasserleitungen, Löschwasserbehälter) aufrecht erhalten wurde.

Tatsächlich kam es während der Folgetage immer wieder zu Nachbränden, wenn durch Windböen einige noch im Boden versteckte Brandnester entfacht wurden. Entsprechend der jeweiligen Lage mussten dann weitere Kräfte beziehungsweise bereits außerhalb des Einsatzes befindliche Kräfte erneut alarmiert werden.

Einsatzkräfte und Organisationen

Am Großeinsatz zur Waldbrandbekämpfung oberhalb des Thumsees waren insgesamt 960 Einsatzkräfte der Freiwilligen Feuerwehren (480), des Bayerisches Rotes Kreuzes sowie der Berg- und Wasserwachten (190), der Landes- und Bundespolizei (140), des Technischen Hilfswerkes/THW (70), der Bundeswehr (50) sowie der zuständigen Behörden (Landratsamt, Stadt Bad Reichenhall: 20) beteiligt (siehe Tabelle „Einsatzkräfte").

Die Luftunterstützung zur Waldbrandbekämpfung mit Hubschraubern wurde an drei Tagen mit insgesamt elf Maschinen der Bundeswehr (3), der Landespolizei (3), der Bundespolizei (2), der Werkfeuerwehr EADS-IABG (2) und der Österreichischen Flugpolizei aus Salzburger (1) durchgeführt (siehe Tabelle „Luftunterstützung").

Dabei waren bis zu neun Hubschrauber zeitgleich in der Luft.

Von den Hubschraubern wurden während der Löscharbeiten rund 2,5 Millionen Liter Wasser eingesetzt, zusatzlich etwa 0,5 Millionen Liter Wasser über die Löschwasserleitungen der Feuerwehren.

3 Bambi Bucket: Flexibler Löschwasserbehälter für den Hubschraubereinsatz, Fassungsvermögen in der Regel zwischen 500 und 2.000 Liter; SEMAT: Fester Löschwasserbehälter, Fassungsvermögen zwischen 550 und 10.000 Liter.

4 Einstellung der Löscheinsätze: In Deutschland können Hubschraubereinsätze dieser Art nach den geltenden Luftfahrtgesetzen nur bei Tageslicht geflogen werden.

Feuerwehreinsätze im europäischen und nicht-europäischen Ausland zeigen oftmals andere Technik und andere Taktik:
Beispielsweise beim Einsatz eines Flughafen-Löschfahrzeugs in Bakersfield/Kalifornien.

Kapitel 4

Fire & Rescue: Feuerwehreinsätze weltweit

Feuerwehreinsätze in den USA

Mit Firefightern im Einsatz

Vorwort

„Andere Länder, andere Sitten!“, heißt es so schön in einer Redensart. Und wer die Gelegenheit hat, „andere Länder“ ein wenig intensiver als nur im Rahmen touristischer Aufenthalte kennen zu lernen, weiß, dass „andere Sitten“ im Ausland eine wesentliche Bedeutung haben. Im Zusammenhang mit Besuchen bei ausländischen Feuerwehren gelten „andere Sitten“ darüber hinaus auch im Umgang mit der Technik, der Taktik und der Ausrüstung.

Aber was machen sie anders als ihre deutschen Kameraden – die „Firefighter“ beispielsweise in den USA? Die Antwort auf eine solche Frage bietet die Chance, die Arbeit dort „hautnah“ kennen zu lernen. Ich hatte über Wochen und Monate hinweg diese Chance, bei der ich in Gesprächen und bei Einsätzen der Feuerwehren dort sehr viel erfahren und lernen konnte.

Die Vereinigten Staaten von Amerika – das sind fünfzig Bundesstaaten, mehr als 24 Millionen Quadratkilometer und 400 Millionen Einwohner! In den USA ist bekanntlich alles ein wenig größer, höher, breiter, gewaltiger – das gilt ohne Zweifel auch für die Feuerwehren in den Städten und Landkreisen. Wie heißt es so schön: „Das Land der unbegrenzten Möglichkeiten“ – das gilt sicher nicht generell und überall. Interessant aber sind im Vergleich zu deutschen und europäischen Bedingungen die „anderen“ Möglichkeiten, die sich den amerikanischen „Firefightern“ hinsichtlich von Technik, Taktik und Gesetz bieten.

Der Autor Wolfgang Jendsch hatte im Rahmen seiner beruflichen Tätigkeit als Fachjournalist sowie seiner aktiven Tätigkeit in der Feuerwehr seit 1997 Gelegenheit, mehr als 120 Feuerwehren in den Weststaaten der USA zu besuchen, um dort organisatorische, technische und taktische Erfahrungen schwerpunktmäßig im Rahmen der Waldbrandbekämpfung (Wildland Firefighting) zu sammeln. Als „Public Information Officer“ (PIO) konnte er an zahlreichen Einsätzen amerikanischer Feuerwehren teilnehmen und das Einsatzgeschehen dokumentieren.

Erinnerungen kann man sich auf unterschiedliche Weise bewahren. Man kann sie „bildhaft“ in seinem Inneren speichern oder man kann sie aufschreiben. Wenn man aber im Rahmen der eigenen Feuerwehrtätigkeit die Einsatz-Dokumentation zu einem der Hauptaufgabengebiete erklärt hat, kann man „innere Erlebnisse“, Texte und Fotos in einer Art und Weise zusammenstellen, die dann die ganz persönlichen Erlebnisse widerspiegeln und die zugleich dem interessierten Außenstehenden einen kleinen Einblick in die Tätigkeit bei den Feuerwehren in den USA geben. Und so dienen die eigenen tagebuchähnlichen Aufzeichnungen – von denen nachstehend nur einige wenige Auszüge ausgewählt wurden, nicht nur allein der fachlichen Dokumentation von Erlebnissen und Ereignissen, sondern auch dem Versuch, interessierten Kameraden, Kollegen und Freunden diese Erinnerungen und insbesondere die zahlreichen, zum Teil spektakulären Einsätze zugänglich zu machen.

South Lake/Kalifornien –
Freitag, 13.07., 07.00 a.m.

Schichtdienst auf der South Lake Fire Station

Die Station 71 „Southlake“ des Kern County Fire Department[1] liegt unweit des Lake Isabella am Rande des „Sequoia National Forest“. Das etwa 5.874 Quadratmeter große Gebäude wurde 1985 gebaut. Die Feuerwache steht für einen rund 500 Quadratmeilen (rund 1.295 km^2) großen Zuständigkeitsbereich mit rund 4.770 Einwohnern zur Verfügung. Jährlich muss die jeweils dreiköpfige Schicht (Captain, Engineer, Firefighter, ergänzend gegebenenfalls ein Battalion Chief) etwa 570 Mal ausrücken. Schon aufgrund der landschaftlichen Gegebenheiten (Brush, Grasland, Wüste) stehen bei den Einsätzen „Wildland Fires“ (Wald- und Flächenbrände) an erster Stelle, gefolgt von notfallmedizinischen Einsätzen (Medical Aids) und technischen Einsätzen bei Verkehrsunfällen (Technische Hilfeleistungen, Fahrzeugbrände). Auf der Wache stehen zwei „Type-1-Engines“, eine „Type-3-Engine“ sowie ein „Type-4 Wildland Patrol“[2] bereit.

Diesmal haben Captain Bill Coughram, Engineer Jose Valdez und Firefighter Joe Sepulveda Dienst – jeweils durchgehend zwei Tage und Nächte, dann folgen zwei freie Tage. Für mich waren diese Schichtdienste ideal, um mehr über den organisatorischen und taktischen Ablauf auf einer Waldbrand-Wache erfahren zu können. Zugleich war es aber auch möglich, die hier typische „Dreiteilung“ der Einsätze – Wald- und Flächenbrandbekämpfung (Wildland Firefighting), Brandeinsätze (Structure Firefighting) und medizinische Einsätze (Medical Aids) – in ihren Abläufen in der Praxis kennen zu lernen.

Zum Schichtdienst gehört aber auch das „Miteinander-Umgehen“ auf engstem Raum. Dazu gehören Funkbereitschaft, Bürotätigkeit und Fahrzeugpflege genauso wie Dienstsport, Kochen, Essen und Schlafen. Und wenn ich eines sicher nicht vergessen werde, dann waren das

[1] Kern County Fire Department: Eine der größten Feuerwehren Kaliforniens mit 46 Feuerwachen (Fire Stations), organisiert in sieben „Battalions“. Die Wehr ist zuständig für ein Gebiet von rund 8.000 Quadratmeilen und 500.000 Einwohner und verfügt über rund 720 Feuerwehrangehörige und Angestellte, 120 Einsatzfahrzeuge, einen Helikopter und ein Kommando-Flugzeug.

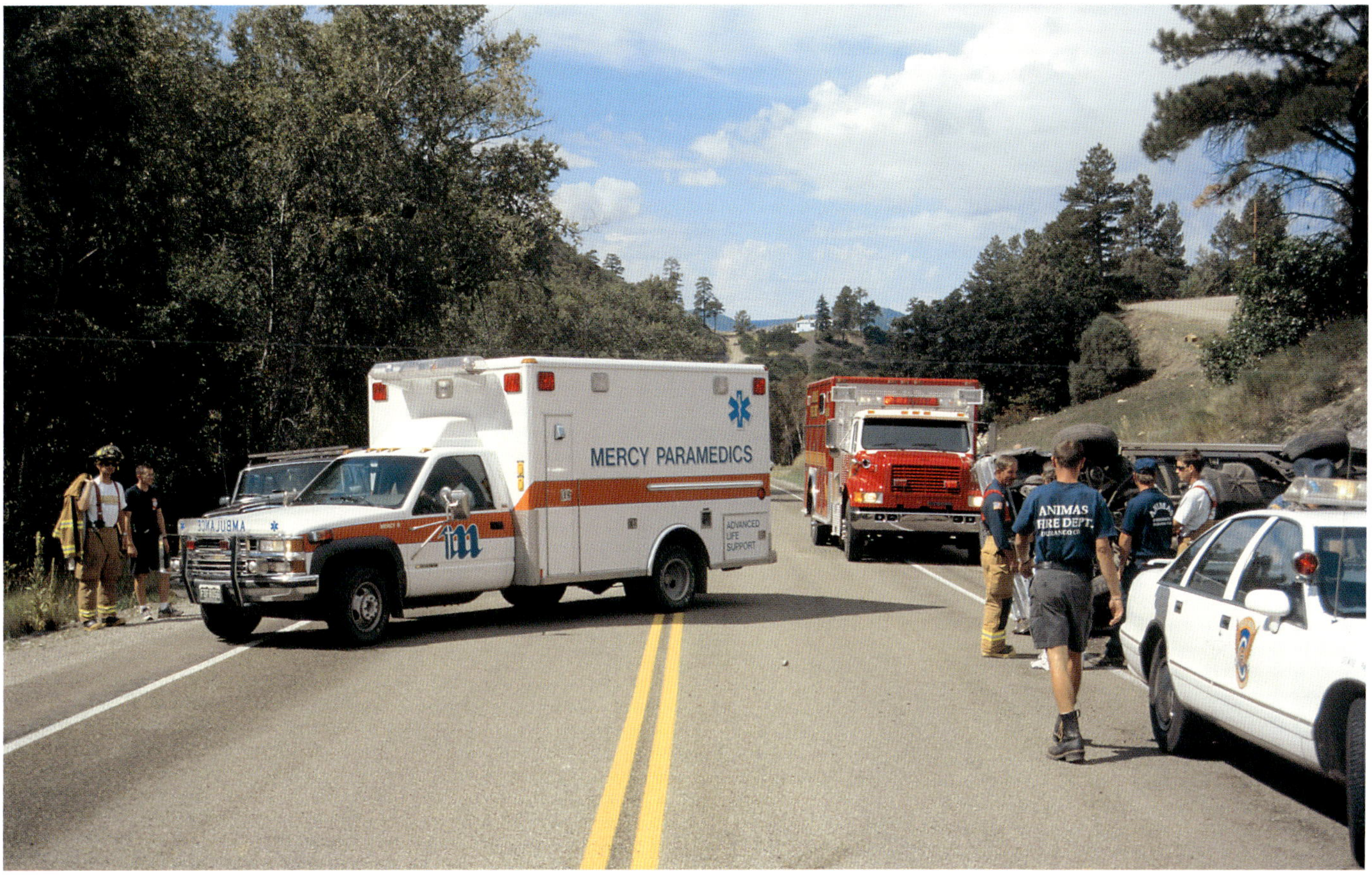

Verkehrsunfall auf dem Highway 160: Ein Pkw hat sich überschlagen, die Fahrerin wurde verletzt! Im Einsatz neben der Ambulance der „Mercy Paramedics“ und der Polizei auch ein Rettungswagen sowie ein Führungsfahrzeug des „Animas Fire Protection District“ aus Durango/Colorado.

die mexikanischen Köstlichkeiten von Jose Valdez! Meist ging es am Vormittag mit der „Engine“ zum Einkaufen in einen kleinen Supermarkt im Nachbarort, dann wurde gekocht, gemeinsam der Mittagstisch gedeckt, um sich letztendlich genüsslich den Tortillas, Beans und Enchiladas mit „Hot Sauces“ hingeben zu können.

Und um bei all den kulinarischen Erlebnissen das Fachliche nicht zu vergessen: Das „Drei-Funktionen-System“, das ich auch auf anderen „Fire Stations“ beispielsweise in Idaho, Utah, Colorado oder Arizona kennen gelernt habe, funktionierte bestens! Und das eine Drei-Mann-Besatzung ihren vielfältigen Aufgaben absolut gerecht wurde, konnte ich mehr als einmal erleben.

Durango/Colorado – Samstag, 20.09., 01.40 p.m.
„Traffic Collision, Person injured!“

Die Tage auf der Wache 1 des „Animas Fire Protection District“[3] waren interessant und ereignisreich. Chief Allen Clay sowie Georg Danforth und Eric Tollund hatten es sich zudem zur Aufgabe gemacht, mich detailliert in ihre umfangreiche Arbeit einzuführen. Zahlreiche Realeinsätze boten vielfältige Möglichkeiten, das zuvor Erfahrene und Erlernte in der Praxis umsetzen zu können.

Es dauerte nicht lange, als die Wache über Funk zu einem Verkehrsunfall mit verletzten Personen auf dem Highway 160 in Richtung des „San Juan National Forest“ alarmiert wurde. Bereits auf der Anfahrt zur Einsatzstelle folgte unserem Fahrzeug eine „Ambulance“ der hier zuständigen „Mercy Paramedics“, während von der Wache 8 (Rafter) aus ein „Rescue Truck“[4] ausgerückt war.

Die Lage vor Ort war eindeutig: Ein Pkw hatte sich überschlagen, die Fahrerin wurde dabei leicht verletzt. Der Rest des Feuerwehreinsatzes war Routine. Die Verletzte wurde durch die „Paramedics“[5] und durch die Besatzung des Rüstwagens notfallmedizinisch versorgt und dann mit der Ambulance ins Krankenhaus verbracht. Für die übrigen Kräfte hieß es bald darauf „Einsatzende!“.

2 Engine: (Tank)Löschfahrzeug; Patrol: Voraus(lösch)fahrzeug; Type: Die meisten Einsatzfahrzeuge werden systematisch in die „Types“ I bis VII eingeteilt, abhängig von feuerwehrtechnischer Ausstattung und Löschmittelbeladung.

3 Animas Fire Protection District: seit 2002 „Durango Fire and Rescue Authority“ (DFRA), Colorado/USA; 16 Fire Stations.

4 Rescue Truck: Rüstwagen, Einsatzfahrzeug zur Technischen Hilfeleistung

5 Paramedics: Qualifiziertes medizinisches Rettungspersonal, in etwa dem deutschen Rettungsassistenten vergleichbar.

Gebäudebrand in Daly City bei San Francisco. Durch einen schnellen Löschangriff gelingt es Feuerwehreinheiten des Daly City- und des San Francisco Fire Department, die angebauten Nachbargebäude vor den Flammen zu schützen.

San Francisco/Kalifornien – Freitag, 26.08., 04.23 p.m.

„House Fire!"

Das „kreischende" Geräusch des Alarmsignals zerriss die Stille in der Feuerwache 44 im Südwesten von San Francisco. „Engine 43, Engine 44, Truck 15 – House Fire!", lautete die Meldung des zuständigen „Incident Command Center" (ICC). Für die südlichen Bereiche der Stadt und die angrenzende Vorstadt Daly City im San Mateo County zwischen S. F. Downtown und dem „International Airport" am Highway 101 bedeutete diese Meldung wenig Gutes. Dort stehen überwiegend ein- bis zweistöckige Wohnhäuser aus Holz, die in langen und engen Reihen entlang der hügeligen Strassen gebaut wurden. Ein übergreifendes Feuer könnte im schlimmsten Fall ganze Stadtteile „in Schutt und Asche" legen.

Als das schwere Löschfahrzeug über die Felton Street in Richtung Einsatzstelle fuhr, machte eine pech schwarze, riesige Rauchsäule bereits das Ausmaß des Gebäudebrandes deutlich. Über Sprechfunk wurden auch die „Engines" 93 und 94 des Daly City Fire Departments alarmiert, ferner war eine „Ambulance" der "Paramedic Division" des öffentlichen Gesundheitsdienstes von San Francisco (Department of Public Health) auf der Anfahrt.

Bei Eintreffen an der Einsatzstelle stand der hintere Teil des kleinen zweigeschossigen Reihenhauses in Flammen. Dicker Qualm drang aus allen Fenstern und Türen. Personen waren nicht in Gefahr, sie konnten das Gebäude frühzeitig verlassen. Schon jetzt wurde aber klar, dass das hölzerne Gebäude kaum noch zu retten war. Es galt daher, das Nachbargebäude vor dem Übergreifen der Flammen zu schützen. Mehrere Trupps rückten unter Atemschutz gegen das Feuer vor. Mit Motorsägen wurde das Flachdach geöffnet – ein typisches Vorgehen bei amerikanischen Firefightern.

Innerhalb einer knappen halben Stunden war das Feuer gelöscht, das Nebengebäude blieb unbeschädigt. „Engine 44" des San Francisco Fire Departments rückte wenig später wieder in die Wache ein.

[6] Boise Fire Department: 15 Fire Stations organisiert in 3 Battalions, 14 Engine Companies (Löschfahrzeug-Einheiten), 3 Truck/Ladder Companies (Drehleiter-Einheiten), 3 ARFF Units (Flughafen-Feuerwehr Boise International Airport); insgesamt rund 210 Feuerwehrangehörige.

[7] Ladder Company 6: Einsatz mit kombiniertem Lösch- und Drehleiterfahrzeug der Boise Fire Station 6 (LTI-110 Foot Ladder).

Boise/Idaho –
Montag, 01.09., 11.35 a.m.
„Kitchen Fire!"

Schichtdienst auf der „Station 5" des Boise Fire Departments[6], einer von 15 Wachen der Berufsfeuerwehr im Nordwesten der Vereinigten Staaten am Fuße der Rocky Mountains. Ich hatte zuvor das „National Interagency Fire Center" (NIFC) in Boise besucht, danach nahm ich gern die Einladung von Captain Don Frey an, eine Schicht auf der arbeitsreichsten „Fire Station" im Süden der Stadt mitzumachen. Die Wache bietet den typischen „Structure Fire Service" einer Großstadt. Stationiert waren hier zwei moderne „Engines" und ein „Support Truck" für Schaumlöschmittel. Neben Don haben diesmal Engineer John McCornack und Firefighter Mike Walker Einsatzdienst.

Unsere Gespräche im Aufenthaltsraum der Feuerwache an der 16th Street über Feuerwehren in den USA, Deutschland und Europa wurden unterbrochen durch die sonore Tonfolge des Alarmgongs und die nachfolgende Durchsage des „Dispatch Center" (Leitstelle): „Engine 5 – Kitchen Fire, Pizzeria, 18th Street!". Gleichzeitig wurde „Ladder Company 6"[7] mitalarmiert.

Knapp eine Minute nach dem Alarm rückt „Engine 5" aus. Die an- und abschwellende Sirene des Löschfahrzeuges signalisiert den Autofahrern das Nahen des Einsatzfahrzeuges, vor Kreuzungsbereichen schaltet John zusätzlich das tieftönende „Bullhorn" ein. „Rechts ranfahren und anhalten!", heißt es jetzt für alle motorisierten Verkehrsteilnehmer. Meist funktioniert diese Regel im Westen der USA recht gut, Zuwiderhandlungen können allerdings ganz schön teuer werden! Schon auf der Anfahrt zur Einsatzstelle ließ die hoch aufsteigende schwarze Rauchsäule nichts Gutes erwarten.

Zwei Minuten später ist „Engine 5" am Einsatzort. Aus der Pizzeria qualmt es noch ein wenig, aber einige Pizzabäcker stehen bereits vor der Tür und melden aufgeregt „Fire stopped!". Don, John und Mike nehmen ohne jegliche Hektik ihre Arbeit auf: Lageerkundung im Inneren der Pizzeria, Vornahme einer Angriffsleitung, Befragung des Personals, und dann der Abtransport von dreier dampfender, aber leider schwarz-verbrannter Pizzen ins Freie!

Captain Don Frey gibt über Funk eine abschließende Rückmeldung an das „Dispatch Center" durch.

„Pizza gefällig?" – die schwarzverbrannten ehemaligen Köstlichkeiten waren Ursache des Brandeinsatzes für die Engine 5 des Boise Fire Departments in Idaho. Selbst die Pizzabäcker können jetzt wieder lachen.

Ob der gute oder weniger gute Belag der Pizzen dafür verantwortlich war, dass sich in der Küche der Pizzeria ein großbrandähnlicher Rauch entwickelte, sei dahingestellt – jedenfalls war dort kein offenes Feuer mehr auszumachen. Der Schaden beschränkte sich auf die völlige Verrauchung der Räumlichkeiten – zum durchaus verständlichen Ärger des unvorsichtigen Pizzabäckers. Nach der Belüftung der Räume war Einsatzende angesagt, nicht ohne das Versprechen des Personals, die „Fire Station 5" am nächsten Tag mit (hoffentlich unverbrannten) Pizzen versorgen zu wollen (was dann auch prompt geschah – und die Pizzen waren ausgesprochen gut!).

[8] CDF, CAL FIRE: Größte staatliche Forst- und Waldbrandorganisation (Agency) mit einem flächendeckenden Netz an „Fire Stations" in ganz Kalifornien. CAL FIRE verfügt zudem über die größte und modernste Airtanker- und Löschhelikopter-Flotte der USA.

Auf den ersten Blick ein Einsatz wie in Deutschland oder Europa auch. Im Detail allerdings gibt es eine Reihe von Unterschieden. So sind beispielsweise die meisten Feuerwachen in den USA lediglich mit drei oder vier Mann besetzt. „Paid Firefighter" heißen die hauptberuflichen Kräfte, die über 24 Stunden hinweg den Dienst in der Wache versehen. Selbst Freiwillige Feuerwehren – Volunteer Fire Departments – haben nicht selten eine hauptamtliche Mindestbesatzung auf ihren Wachen.

Ein Löschfahrzeug (Engine) rückt im Einsatz dann auch mit drei Mann aus. „Better we have one more", wünschte sich John McCormack, als er von den Sechs- oder Neun-Mann-Besatzungen deutscher Löschfahrzeuge hörte. Aber konzeptionell gehören lediglich der „Captain" (Leiter der Feuerwache, Dienstgruppenleiter), ein „Fire Engineer" (Maschinist) und ein „Firefighter" (Feuerwehrmann) zur Standardbesatzung. Die Aufgaben sind klar verteilt: Der „Captain" fungiert als Einsatzleiter für seine Fahrzeugbesatzung, der „Engineer" bedient die Fahrzeug- und Löschtechnik, der „Firefighter" nimmt den Erstangriff mit Schlauch oder anderen Gerätschaften vor. Und wenn das nicht ausreicht: Unterstützung ist in der Regel schnell vor Ort!

Yuba County/Kalifornien – Samstag 27.09., 07.50 p.m.

Forest Fire: „Williams Incident"

Die Nachricht von einem Großbrand in den Wäldern des „Yuba County" unweit des kleinen Ortes Dobbins im Norden Kaliforniens erreichte mich ausgerechnet weit entfernt im Nordwesten Arizonas. In Dobbins gibt es eine kleine Feuerwache des „California Department of Forestry and Fire Protection" (CDF; neu: CAL FIRE)[8], die zum damaligen Zeitpunkt durch die herannahenden Flammen ziemlich gefährdet war. Wohl deshalb klang der Anruf nicht gerade hoffnungsvoll, so dass ich meine Arbeit in Arizona abbrach und mich unverzüglich aufmachte in Richtung Norden.

Das Feuer war am Tag zuvor um 03.30 p.m. auf einem Campingplatz nordwestlich von Dobbins beziehungsweise südlich der Ortschaft Challenge ausgebrochen und hatte sich innerhalb von rund viereinhalb Stunden auf eine Fläche von fast 700 Acres (knapp drei Quadratkilometer) in Richtung Südwesten ausgedehnt. Obwohl starke Einheiten aus dem „Yuba County" sowie vom CDF bereits im Einsatz waren, gelang es zunächst nicht, die Flammenwand zu stoppen. Eine weitere Ausdehnung des Waldbrandes wurde zu diesem Zeitpunkt erwartet.

„Medical Aid!" – ein medizinischer Hilfeleistungseinsatz, der in den USA auch von den Feuerwehren gefahren wird. In diesem Fall rückt die „South-Lake-Engine 71" des Kern County Fire Department zusammen mit einem Rettungswagen des örtlichen „Care"-Rettungsdienstes aus.

Nach dem Eintreffen in dem für die Öffentlichkeit weiträumig abgesperrten Einsatzgebiet fuhr ich direkt zum Base Camp des „Williams Incident" an der Flat Road zwischen Challenge und Brownsville. Der zuständige „Public Information Officer" (PIO) Jam Ferreira war von meinem Eintreffen bereits unterrichtet. Die Kollegin wies mich in die aktuelle Lage ein und händigte mir ausführliches Kartenmaterial, die taktischen Unterlagen sowie die Funkfrequenzen der jeweiligen Einheiten aus – nicht ohne nochmals auf die überall im Einsatzgebiet geltenden „Safety Messages" hinzuweisen: „Watch out for snags, poison oaks and power lines; wear protective clothings – and drive carefully!".

Ab jetzt war ich zunächst auf mich allein gestellt in einem riesigen, unübersichtlichen Waldgebiet, in dem jederzeit ein Inferno ausbrechen konnte.

Dichter Rauch und das „Grummeln" des nahen Feuers begleitete mich auf meinem Weg zur „Fire Station" nach Dobbins. CDF-Battalion Chief Jim Stuller, den ich einige Zeit zuvor bereits in anderem Zusammenhang kennen gelernt hatte, zeigte sich erfreut über die „internationale Unterstützung". Wenig später starteten wir mit dem an der Wache stationierten Hubschrauber zu einem Kontrollflug über das Einsatzgebiet, das mittlerweile in fünf „Branches" (Einsatzabschnitte) aufgeteilt war. Die Schäden waren immens, zudem war die Flammenwand nur wenige hundert Meter entfernt an der Feuerwache vorbeigezogen.

Innerhalb von drei Tagen wurden bis zum 29. September rund 5.743 Acres (über 23 Quadratkilometer) Hochwaldgebiet vom „Williams Incident" beeinträchtigt, etwa 150 Gebäude wurden vom Feuer gänzlich zerstört. Zum Einsatz kamen 2.500 Firefighter mit rund 800 Fahrzeugen.

Für zwei Tage kam ich im „Williams Base Camp" unter. Von hier aus hatte ich Gelegenheit, die einzelnen Einheiten bei deren Einsätzen zu begleiten, die einzelnen Funktionsbereiche des eingesetzten „Incident Management Teams"[9] sowie des „Incident Communication Centers" (ICC) kennen zu lernen sowie nicht zuletzt die Maßnahmen zur Evakuierung und Betreuung der betroffenen Bevölkerung beobachten zu können. Für mich erwies sich der Einsatz beim „Williams Fire" als fachlich ausgesprochen interessant und zudem als bestens geeignet, das amerikanische „Incident Command System" (ICS) einmal mehr in der Praxis zu erleben.

9 Incident Management Team (IMT): Führungs- und Management-Team, aufgestellt nach dem staatenweit geltenden amerikanischen „Incident Command System" (ICS). In den USA arbeiten überregionale IMT's in den Kategorien (Types) I bis III.

Der „Williams Incident", ein großflächiger Waldbrand im kalifornischen Yuba County, vernichtete auch zahlreiche Wohn- und Wirtschaftsgebäude. Geschützt wurde hingegen das Anwesen am Ufer des Sees (im Bild links): Vorbeugend angelegte Grünflächen und Schutzstreifen boten hier die erforderliche Sicherheit.

Das Vegetationsfeuer am Stadtrand von Bishop unweit der Grenze nach Nevada ist durch den Einsatz eines „Tactical Water Tender" mit Löschwasser-Monitor schnell gelöscht.

BISHOP
FIRE DEPT.
9
PAYSTAR
5000
DANGER

[10] Bureau of Landmanagement (BLM): Größte nationale Forst- und Waldbrandbehörde (Agency) des „U.S. Department of the Interior" (USDI; US-Innenministerium), zuständig für rund 388 Millionen Acres öffentliches Land.

[11] U.S. Forest Service (USFS): Zweitgrößte nationale Forst- und Waldbrandbehörde (Agency) des „U.S. Department of Agriculture" (USDA; US-Landwirtschaftsministerium), zuständig für rund 191 Millionen Acres private Waldgebiete und Staatsforste sowie Gras- und Buschland.

Winnemucca/Nevada – Montag, 14.06., 11.15 a.m.

Anlegen von „Fire Lines"

Die wenigen Waldbrandlöschfahrzeuge auf Mercedes-Benz-Fahrgestell in den USA hatten es mir schon immer angetan. Zwei dieser Fahrzeuge sind beim "Winnemucca District Office" (Regionalbüro) des "Bureau of Landmanagement" (BLM)[10] im Süden Nevadas stationiert. Da kam mir der Anruf von BLM-Firemanager Donald E. Tienhaara gerade recht. Er kündigte ein vorbeugendes Anlegen von Brandschneisen (Fire Lines) an, einem größeren Flächenbrand im Norden der Stadt könne damit entgegengearbeitet werden. Eingesetzt werden sollten dazu die beiden technisch eher außergewöhnlichen „Wildland Engines" mit der Kennung 2931 und 2962 – zwei moderne Mercedes-Benz-Unimog vom Typ 2450 (Baujahr 1993) und 140 (Baujahr 1995), ausgerüstet mit 750 gal (2.839 Liter) beziehungsweise 250 gal (946 Liter) Löschwasser.

Die Fahrt durch das hügelige Busch- und Grasland war außergewöhnlich staubig, heiß und nicht zuletzt anstrengend. Ein Unimog ist nun mal kein wohlgefederter Chevrolet oder GMC, aber die Erfahrung einer solchen Fahrt gehört eben auch zum Kennenlernen dieses Fahrzeugtyps. Beide „Engines" sind mit Frontschilden ausgestattet, mit denen relativ schnell und sicher eine Schneise in den losen Sand- oder Lehmboden geschoben werden kann. Bei unmittelbarer Gefahr durch Feuer können die Wasserwerfer und die Schnellangriffsleitungen der Löschfahrzeuge auch zur eigenen Sicherheit eingesetzt werden.

Rund sechs Stunden dauerte die Aktion, dann war das weiträumige Gelände südlich des erwarteten Flächenbrandes „eingekreist", so dass ein weitgehender Schutz gegen die Flammen gegeben war. „Spektakulär" – was immer das auch heißen mag – war dieser Einsatz sicher nicht, aber aus technischer und taktischer Sicht ganz bestimmt interessant und lehrreich.

Die beiden Unimog-Waldbrand-Engines des BLM in Winnemucca/Nevada.

Südliche Sierra Nevada –
Freitag, 22.06., 10.15 a.m.

Eine „Begegnung der unheimlichen Art"

Es war ein Einsatz der „ganz besonderen Art"! Wir waren auf Kontrollfahrt im Bereich der südlichen Sierra Nevada, unweit von Kernville/California. Die Kollegen beim „U.S. Forest Service" (USFS)[11] wussten längst, dass ich Klapperschlangen „heiß und innig" liebte, wo immer diese schlängelnden und rasselnden Geschöpfe auch auftauchten. Umso mehr reizte es sie offensichtlich, mir diese Tiere quasi „hautnah" vorzuführen. Als wir plötzlich eine Klapperschlange über den Waldweg kriechen sahen, half keine Flucht mehr – weder der Schlange noch mir! Ein „Wildland-Tool" (Arbeitsgerät/Hacke) attackierte – die Schlange ging in Verteidigungsstellung!

Ohne Zweifel war es für mich nicht uninteressant, das Verhalten dieses ansonsten recht gefährlichen Tieres zu beobachten, wenngleich ich gern auf eine solche praktische Vorstellung verzichtet hätte. Einen fachlichen Hintergrund hatte die Vorführung allerdings schon. Meine Begleiter vom „U.S. Forest Service" (USFS) machten deutlich, dass es beim „Wildland Firefighting" unbedingt erforderlich sei, größte Vorsicht gegenüber Klapper- und sonstigen Schlangen walten zu lassen. Spezielle Vorsichtsmaßnahmen und Kenntnisse über das Verhalten im Umgang mit Schlangen und anderen Tieren sind daher unverzichtbar, um solchen potenziellen Gefahren während der Einsätze in den Gras-, Busch- und Wildlands sicher begegnen zu können.

Missoula/Montana –
Donnerstag, 17.06., 01.40 p.m.

Einsatz der „Smokejumper"

Nicht selten besteht die hauptsächliche Tätigkeit von „Smokejumpern"[12] aus Warten – Warten auf den nächsten Einsatz, der jedoch während der jährlichen „Fire Season" irgendwann unweigerlich kommt. Nur wann er kommt, ist meistens unklar!

Diesmal ertönt der Alarmgong am frühen Nachmittag – ein „Wildfire" in der „Rattlesnake Wilderness" nordöstlich von Missoula/Montana macht den Einsatz der schnellen Eingreiftruppe erforderlich. Bodengebundene Löscheinheiten würden in diesem Fall dreimal so lange brauchen, während „Smokejumper" innerhalb von zehn bis 20 Minuten die Einsatzstelle erreichen und gute Chancen für den Ersteinsatz haben.

Die etwa 15 Mann starke Mannschaft begibt sich nach der Alarmdurchsage ohne Hektik in die Ankleideräume, um die rund 20 Kilogramm schwere Ausrüstung anzulegen: „Jump Suit"[13], Helm mit Schutzvisier, Sicherheitsstiefel, Rucksack mit persönlicher Ausrüstung – und natürlich den Fallschirm! Smokejumper des „U.S Forest Service" (USFS) nutzen in der Regel den kreisrunden Schirm (Typ FS-14, geeignet für Steilgelände und Hochwaldbereiche), während ihre Kollegen vom BLM auf „RAM Air Parachutes" (Flachgleitschirme) setzen.

Nach wenigen Minuten ist das sogenannte „Jump Plane", ein Flächenflugzeug vom Typ „C 23-Sherpa (Shorts SD 330)", startklar. Mit sonorem Motorgeräusch erhebt es sich vom Boden und fliegt in Richtung Einsatzstelle. Deutliche Rauchentwicklung aus dem mit dichtem „Brush"[14] bewachsenem Gelände weist dem Piloten den Weg. Die Maschine kreist zwei-, dreimal über der Brandstelle, während der „Spotter"[15] einen geeigneten Absprungplatz sucht und durch Abwerfen farbiger Bänder die genauen Windverhältnisse überprüft. Dann geht alles ganz schnell: Die „Smokejumper" checken ein letztes Mal ihre Ausrüstung, ein aufmunternder Schlag auf die Schulter – dann geht es im freien Fall Richtung Boden.

Es sind nur wenige Sekunden, in denen die Springer die „Freiheit in den Wolken" genießen dürfen, dann gilt es, möglichst heil am Boden zu landen. Zusammenpacken des Fallschirms, Aufnehmen der Arbeitsgeräte (Wildland Tools), die zuvor aus der Maschine abgeworfen wurden – dann geht es zu Fuß in Richtung Brandstelle. Irgendwann und irgendwo – wenn das Feuer gelöscht ist – werden die „Smokejumper" von einem Transportfahrzeug aufgenommen und zurück auf ihre Basis gefahren. Bis dahin steht jedoch noch eine Menge kräftezehrender und gefährlicher Arbeit an.

Bishop/Kalifornien –
Freitag, 11.06., 03.35 p.m.

„Wildfire" im Nahbereich der Stadt

Dieser Einsatz war eher ein „glücklicher" Zufall! Ich hatte dem Bishop Fire Department[16] einen kurzen Besuch abgestattet und war kurz vor dem Aufbrechen,

[12] Smokejumper: Landläufig und aus Unkenntnis der taktischen Funktionen nicht selten als „todesmutige Feuerspringer" bezeichnet. „Smokejumper" sind jedoch Ersteinsatzkräfte, die in weit abgelegenen und schwer zugänglichen Wald- und Gebirgsregionen Entstehungsbrände bekämpfen (Initial Attack), weil der Einsatz von Bodenkräften dort zu (zeit)aufwendig wäre.

[13] Jump Suit: Spezielle Schutzbekleidung für den Fallschirmsprung

[14] Brush: Niedriger bis halbhoher, buschartiger Bodenbewuchs mit hohem Brandpotenzial.

[15] Spotter: Für die (Ab-)Sprungsicherheit verantwortliches Besatzungsmitglied, prüft vor dem Absprung der „Smokejumper" die Windverhältnisse und gibt das Sprungkommando.

[16] City of Bishop Fire Department: Freiwillige Feuerwehr im mittleren Kalifornien nahe der Grenze nach Nevada. Bishop liegt am Nordende des Owens Valley am Highway 395.

[17] Containment: Einkreisung eines Wald- oder Flächenbrandes durch Brandschneisen (Fire Lines).

[18] Der Helitack-Crew des Kern County Fire Department gehören rund 20 Firefighter an, die als „schnelle Eingreiftruppe" mit dem Hubschrauber zu Wald- und Flächenbrandeinsetzen ausrücken. Nach dem Absetzen der Crew an der Einsatzstelle steht der Helikopter für Löschflüge zur Verfügung.

[19] Clark County Fire Department: Überregionale Berufsfeuerwehr (Landkreis Clark).

[20] Las Vegas Fire & Rescue: Berufsfeuerwehr der Stadt Las Vegas, 16 Fire Stations, rund 650 Feuerwehrangehörige, zuständig für ein Gebiet von rund 20.700 km² mit etwa 580.000 Einwohner. Die Population von Las Vegas nimmt monatlich um bis zu 5.000 Personen zu!

[21] Paramedics: Qualifiziertes medizinisches Rettungspersonal, in etwa dem deutschen Rettungsassistenten vergleichbar.

[22] Drip Torches: „Kannenartige" Behälter, gefüllt mit Brennflüssigkeit und mit einem Brenndocht versehen, dienen zum kontrollierten Auslösen von Vegetationsbränden.

als der Alarm einging: „Engine 7, Engine 9 – Wildfire!", lautete die knappe Funkdurchsage. Wenig später waren wir auf der Fahrt zur Einsatzstelle etwas außerhalb der Stadt (siehe Bilddoppelseite 126/127).

Halbtrockenes Buschwerk, ein paar kleinere Bäume und Wildgras hatten dort Feuer gefangen, nicht ungefährlich, aber doch eher ein Kleineinsatz für die Firefighter. Vom Kleinlöschfahrzeug (Engine 7, Brush Truck) aus wurde der Schnellangriff vorgenommen, um das Feuer im Bereich der Bodenvegetation zu löschen – vom Tanker (Engine 9, Tactical Water Tender) aus wurde der Frontwerfer gegen die brennenden Bäume gerichtet. Wenige Minuten nur dauerte der Löschangriff, eine gute Stunde die Nachlöscharbeiten (Mop up) – dann war die Gefahr einer Ausbreitung des Feuers gebannt. Eine „lohnende" Verzögerung – aber danach stand meiner Fahrt nach Nevada nichts mehr im Wege!

Sequoia National Forest, Kernville/Kalifornien – Samstag, 29.07., 01.40 p.m.

Forest Fire: „Manter Incident"

Der bisher größte Waldbrand in der Geschichte des „Sequoia National Forest" in der südlichen Sierra Nevada entstand vermutlich durch menschliche Unachtsamkeit an einem Lagerfeuer. Von seinem Ausgangspunkt etwa zehn Meilen südlich des „Bald Mountain Lookout" (Feuerwachturm) in der „Dome Land Wilderness Area" (Manter Meadows) breitete sich der Waldbrand bis zum 10. August (Containment[17]) auf eine Fläche von rund 74.000 Acres (etwa 300 Quadratkilometer) aus. Im Einsatz waren über 1.000 „Wildland Firefighter" aus mehreren US-Bundesstaaten.

Als wir mit dem Helikopter 408 der „Kern County Helitack"[18] unweit des Lake Isabella starteten, ahnte ich noch nicht das ungeheure Ausmaß verbrannter Vegetation. Erst beim Überfliegen der Bergflanken wurde deutlich, was Großbrände dieser Art an Schäden im Hochwald anrichten konnten. Wenngleich die Flammenwand des „Manter Fire" weder menschliche Opfer noch wesentliche Gebäudeschäden forderte, so dürfte die Natur über Jahre hinaus beeinträchtigt worden sein.

Die Natur wird sich jedoch irgendwann erholen – ob sich Menschen aber in Zukunft bewusster sein werden, welche Schäden sie durch Unachtsamkeit verursachen, bleibt offen.

Las Vegas/Nevada – Mittwoch, 27.06., 10.30 a.m.

„Car crash, several persons seriously injured!"

Nach Las Vegas kommt man ja nun nicht unbedingt, um dort Feuerwehren zu besuchen. Das Angebot an anderweitigen Beschäftigungen ist dort mehr als reichlich, und eigentlich sollte mein Besuch der „Spielerstadt in der Wüste" auch eher dem Vergnügen dienen.

Trotzdem, ein Besuch des Clark County Fire Departments[19] war natürlich eingeplant. Wir waren danach auf der Rückfahrt ins Hotel, als ein „Verkehrsunfall mit mehreren schwer verletzten Personen" im Kreuzungsbereich North Main Street und Washington Ave. gemeldet wurde. Nicht weit von unserem Standort, also fuhren wir die Einsatzstelle an. Vor Ort ein „typischer" Abbiege-Crash im Bereich einer mehrspurigen großen Kreuzung. Der Fahrer eines Pkws war in den Gegenverkehr geraten und wurde beim Zusammenprall mit einem Lkw ernstlich verletzt (Bilder Seiten 132/133).

Innerhalb weniger Minuten trafen die Fahrzeuge der „Las Vegas Fire & Rescue"[20] an der Unfallstelle ein: Die „Engine 9" (Löschfahrzeug) der „Rainbow Fire Station", „Engine 4" von der Wache an der 15th Street, ein „Ladder Truck" (Drehleiter-/Löschfahrzeug) von der Wache 7

am „Medical Center" (Krankenhaus), „Rescue 201" (medizinisch-technischer Rettungswagen) und eine „Ambulance" des Fire Departments. Ein beachtliches Aufgebot in kürzester Zeit – bedenkt man zudem, dass alle Kräfte auf den Einsatzfahrzeugen auch über die Qualifikation von „Paramedics"[21] verfügen. Der verletzte Fahrer war somit notfallmedizinisch in besten Händen.

Nach seiner Erstversorgung noch im Unfallfahrzeug wurde er mit der „Ambulance" ins „Medical Center" verbracht.

Spokane County/Washington –
Dienstag, 16.07., 09.30 a.m.

„Backfiring"-Training

Waldbrand-Einsätze sind das eine – Waldbrand-Training das andere! Auch für mich stand während meiner Aufenthalte bei den einzelnen Feuerwehren und Brandschutz-Organisationen immer wieder Training und Ausbildung an. Und diese Trainingseinheiten waren für mich nicht nur eine willkommene Aus- und Fortbildung im Bereich von Technik und Taktik des „Wildland Firefighting", sondern zugleich auch eine wertvolle Bereicherung zur eigenen Sicherheit.

Nur wer die unterschiedlichsten Maßnahmen und Methoden in der Brandbekämpfung mal gesehen, erlebt und gelernt hat, kann sich im realen Einsatz adäquat verhalten, Gefahren vorbeugend begegnen und entsprechende Probleme vermeiden.

Diesmal war „Burning out" (Ausbrennen) und „Backfiring" (Gegenfeuer) angesagt – eine taktische Methode der amerikanischen „Wildland Firefighter", um bestimmte und festgelegte Vegetationsflächen kontrolliert abbrennen zu können. Diese „Controled Burns" (auch: Prescribed Fires) werden entweder im vorbeugenden Waldbrandbrandschutz zum Ausbrennen gefährdeter Bereiche durchgeführt oder aber im Bereich einer Einsatzstelle zum Ausbrennen von brennbarem Material (zum Beispiel trockenes Gras, Gebüsch, abgestorbene Zweige) innerhalb einer Brandschneise (Fire Line) gelegener Flächen.

Eingesetzt werden dabei sogenannte mit brennbarer Flüssigkeit gefüllte „Drip Torches" (Fusee, Propane Torches, Pneumatic Torches)[22], eigens dazu im Handgepäck mitgeführte Zündfackeln (Flare Pen) oder Flammenwerfer (Flamethrowers).

Bilder Seiten 130/131: „Smokejumper" im Einsatz! Die Waldbrand-Spezialisten aus Missoula/Montana werden mit dem Flugzeug (Jumpplane) zur Einsatzstelle gebracht. Dort springen sie mit dem Fallschirm ab.

Caliente/Kalifornien –
Mittwoch, 24.09., 02.10 p.m.

Einsatz beim „Caliente Creek Wildfire"

Mit gespannter Aufmerksamkeit verfolgt Deputy Fire Chief LeCostel Hailey vom Headquarter des Kern County Fire Department in Bakersfield den Sprechfunkverkehr von „Patrol 54". Der „Brush Truck" mit einer Drei-Mann-Besatzung ist im Einsatz bei einem kleinen Flächenbrand in den „Golden Hills" unweit des Freeway 58.

„Golden Hills" – die Bezeichnung macht zugleich die extreme Lage dort deutlich: Die Bodenvegetation der Hügel besteht aus goldfarben scheinendem Wildgras,

das zu dieser Jahreszeit völlig ausgetrocknet ist und im Feuer geradezu „explodieren" kann. Bäume und lichtes Gebüsch leiden ebenso unter der anhaltenden Trockenheit und bilden eine zusätzliche Gefahr beim Übergreifen eines solchen Flächenbrandes.

Als „Patrol 54" über Funk weitere „Engines" und einen Hubschrauber nachfordert, weiß Le, dass es jetzt problematisch werden kann. „Let's go to the fire!", so seine Entscheidung. Bis zum Eintreffen an der Einsatzstelle unweit des kleinen Dorfes Caliente hat sich die Lage weiter verschärft. Mehrere Gebäude werden nunmehr unmittelbar vom Feuer bedroht, immer wieder setzen die von den Hügeln abgerollten brennenden Teile (Snags, Stub) weitere Flächen in Brand. Neben mehreren „Engines" der umliegenden Feuerwachen kommen jetzt auch „Water Tender" (Löschwasser-Zubringer) sowie die „Heavy Attack"[23] des Kern County Fire Departments zum Einsatz. Auf Tiefladern transportierte Bulldozer sollen durch Anlegen von Brandschneisen (Fire Lines) das Feuer einkreisen, Handcrews verhindern ein Übergreifen der Flammen auf außen liegende Flächen.

Gut drei Tage dauerte der Einsatz, bevor die Gefahr eines weiteren Ausbrechens der Flammen gebannt war.

Gustine/Kalifornien –
Mittwoch, 13.06, 01.15 p.m.

Flächenbrand: Rechtzeitige Hilfe für ein Farmhaus

Die stundenlange Fahrt durch das kalifornische „San Joaquin Valley" war ermüdend, staubig und bei einer Außentemperatur von rund 100 Grad Fahrenheit (ca. 40 Grad Celsius) trotz Klimaanlage einfach viel zu heiß. Gegen fünf Uhr sollte ich die „Airtanker Base"[24] in Fresno erreichen.

Doch dann war da in einigen Meilen Entfernung plötzlich die weithin sichtbare dunkle Rauchsäule über der flachen Landschaft! Wenige Minuten später hatte ich auf dem Highway 140 die Einsatzstelle erreicht. Eine größere Fläche „Wildland" mit Gras und kleineren Büschen stand in Flammen. Nur wenige 100 Meter vom Feuer entfernt ein kleines Farmhaus, bei dem keine Menschen zu sehen waren.

[23] Heavy Attack: Landläufige Bezeichnung für eine Waldbrand-Einheit mit schwerem Gerät (Bulldozer, Grader, Bagger, Forstmaschinen).

[24] Airtanker Base: Flugplatz/Basis für Löschflugzeuge und -Helikopter, Auftank-Basis für „Fire Retardant" (Lösch- und Kühlflüssigkeit zur Waldbrandbekämpfung).

[25] Merced County Fire Department: Berufsfeuerwehr mit freiwilligen Kräften im mittleren Kalifornien, zuständig für die Städte Merced, Gustine, Dos Palos und Livingston, in Kooperation mit dem „California Department of Forestry and Fire Protection" (CAL FIRE); rund 320 Feuerwehrangehörige, 23 Fire Stations, organisiert in 3 Battalions.

Als ich mein Fahrzeug am Rand der Straße anhielt, stoppte aus der Gegenrichtung auch ein Streifenwagen der „California Highway Patrol". Zusammen mit dem Officer, der mich aufgrund meiner Dienstbekleidung als Feuerwehrangehörigen wahrnahm (und der erstaunt war, als er erfuhr, dass ich Mitglied einer deutschen Feuerwehr war), rannte ich auf das Bauernhaus zu.

In diesem Augenblick verschärfte sich die Lage dramatisch. Der Wind frischte böig auf, änderte seine Richtung und trieb die Flammen direkt auf das hölzerne Gebäude zu. Schlagartig griff das Feuer auf ein größeres Gebüsch über, das nur wenige Meter vom Haus entfernt war. Mir wurde schnell klar, dass ich im Hinblick auf den Schutz des Wohnhauses ziemlich hilflos dastand. Eine Art „innere Erlösung" war dann die Mitteilung des Police Officers, dass Löschfahrzeuge des Merced County Fire Department[25] und des „U.S. Forest Service" (USFS) auf der Anfahrt waren.

In der Tat, weitere „bange" Minuten, dann trafen zwei „Engines" und ein Führungsfahrzeug der zuständigen Feuerwehr sowie eine „Engine" des „U.S. Forest Service" (USFS) ein. Der Rest war „feuerwehrfachliche Routine" und ein vor den Flammen bewahrtes Gebäude!

Besser oder schlechter?!

„Andere Länder – andere Sitten!", eine Weisheit, die nicht nur für den Feuerwehrbereich gilt. Der Brandschutz in den USA und die Arbeit der US-Feuerwehren sind nicht besser oder schlechter als die vergleichbare Arbeit der Feuerwehren in Deutschland. Es wäre unangemessen, hier zu werten oder zu urteilen. Aber Brandschutz und „Fire Service" in den USA ist in vielen Dingen einfach anders als in Deutschland: Andere Technik, andere Taktik, eine andere Sichtweise der Dinge, Pragmatismus, vielleicht etwas mehr „Leichtigkeit des Seins".

In Deutschland könnte man in vielen Bereichen lernen von den Kollegen auf dem anderen Kontinent – diese sicherlich in anderen Dingen auch von uns. Das jedenfalls machte das überaus große Interesse der US-Firefighter an deutschen beziehungsweise europäischen Methoden, Erkenntnissen und Ansichten immer wieder deutlich. Ein solches Interesse „über die eigenen Grenzen hinaus" würde man sich in Deutschland allerdings auch wünschen! Dieses „gegenseitige Lernen" und Anerkennen des „Anderssein" macht das internationale Feuerwehrwesen erst interessant. Wir sollten es pflegen!

Autor Wolfgang Jendsch hat im Rahmen mehrerer USA-Aufenthalte mehr als 120 Fire Departments, „Fire Stations", „Fire Air Bases" sowie die großen staatlichen Brandschutz-Organisationen in Kalifornien, Nevada, Oregon, Idaho, Montana, Washington, Wyoming, Utah, Colorado, New Mexico und Arizona besucht. Bei zahlreichen Einsätzen konnte er die Unterschiede und Gemeinsamkeiten, von denen hier im Rahmen der Einsatzdarstellungen nur einige wenige beschrieben wurden, kennen lernen.

Ein Verkehrsunfall in Las Vegas, wie er auch in jeder europäischen Großstadt passieren könnte. Dort allerdings würden kaum mehrere Löschfahrzeuge der Feuerwehr anfahren – und sicher auch keine Feuerwehrangehörigen in kurzen Uniformhosen auftreten!

Brände und Feuerwehreinsätze in Südostasien

Andere Länder, andere Sitten

Vorwort

Feuerwehren auf der ganzen Welt „Retten – Löschen – Bergen – Schützen", das gehört traditionsgemäß zu ihren Aufgaben und das tun sie im Rahmen ihrer personellen, fachlichen und technischen Möglichkeiten in der Regel so gut es möglich ist. „So gut es möglich ist" – das aber bedeutet in der internationalen Praxis manchmal auch, dass beispielsweise die aus Deutschland, Europa oder den USA bekannten Standards der Feuerwehren keineswegs überall auf dieser Welt vorausgesetzt werden können und dürfen. Nicht immer laufen Feuerwehreinsätze „problemlos" ab, und nicht überall gelten Regeln, die üblicherweise die Grundlage für einen problemlosen Einsatz der Feuerwehr bilden.

Die drei nachstehenden Beispiele von Feuerwehreinsätzen in Südostasien mögen als negative Beispiele gelten für zum Teil schwerwiegende Mängel im Rahmen der Brandbekämpfung, die eigentlich den heutigen modernen und fortschrittlichen Zeiten angepasst sein sollte. Diese Beispiele machen nachdenklich – und sie sollten nachdenklich machen im Hinblick auf die Sicherheit, die in manchen Staaten der Welt erwartet werden darf.

20. Januar 2008: Großbrand in Titiwangsa/ Kuala Lumpur

Kein Löschwasser: „Kontrolliertes Abbrennen"!

Titiwangsa ist einer der größten Wohnbereiche im nördlichen Außenbereich der malaysischen Hauptstadt Kuala Lumpur. Die dort zuständige Feuerwache der Berufsfeuerwehr liegt an der Jalan Tun Razak.

Der Sonntagmorgen in Titiwangsa war windstill und ohne den belebenden Frühtau wieder einmal sehr trocken. Die Temperaturen lagen bereits bei 26 Grad Celsius.

Die Zufahrten von der Feuerwache zur Einsatzstelle waren insgesamt gut, das Brandobjekt konnte von insgesamt drei Seiten angefahren werden. Bei Eintreffen des ersten Löschfahrzeugs der Berufsfeuerwehr stand das einstöckige Holzhaus mit einigen Anbauten jedoch bereits im Vollbrand. Südlich an das Brandobjekt angrenzend und in etwa zwei Metern Abstand befand sich ein weiteres großes Holzhaus. Die Einsatzkräfte beschränkten sich deshalb von vornherein auf den Schutz der umliegenden Gebäude und ließen das Feuer kontrolliert abbrennen.

Bei Eintreffen der Berufsfeuerwehr stand ein einstöckiges Holzhaus bereits in Vollbrand. An das Brandobjekt angrenzend befand sich ein weiteres großes Holzhaus.

Zur Löschwasserentnahme standen im Umfeld der Einsatzstelle einige Hydranten zur Verfügung. Allerdings war der Wasserdruck dort so schwach, dass die Versorgung der Tanklöschfahrzeuge mit Löschwasser nicht ausreichend gesichert werden konnte. Der Wasserdruck an den Strahlrohren der Angriffstrupps war dadurch generell zu schwach und konnte nur zeitlich begrenzt erhöht werden.

Das Problem des zu schwachen Hydrantendrucks ist in Malaysia nicht unbekannt. Sofern Hydranten in Wohn- und Arbeitsbereichen der Städte und Gemeinden überhaupt vorhanden sind, sind sie für Feuerwehreinsätze praktisch nicht zu gebrauchen. Entweder sind die meist schlecht gewarteten Hydrantennetze defekt, die Hydranten völlig trocken oder der Löschwasserdruck ist ganz einfach zu schwach, wie die hier präsentierten Einsatzbeispiele zeigen.

Trotz dieser schlechten Löschwasserversorgung wurde jedoch nicht – wie sonst durchaus üblich – das Großtanklöschfahrzeug (GTLF) mit rund 10.000 Litern Löschwasser zur Einsatzstelle nachgefordert, um dort die zwei im Einsatz befindlichen Hilfeleistungslöschfahrzeuge (HLF; je 3.600 Liter Löschwasser) und das Kleintanklöschfahrzeug (KTLF; 190 Liter Löschwasser) zu unterstützen.

Das Gebäude wurde durch das Feuer völlig zerstört! Personenrettungen wurden nicht erforderlich, verletzt wurde bei dem Großbrand niemand.

Die Einsatzkräfte beschränkten sich von vornherein auf den Schutz der umliegenden Gebäude und ließen das Feuer ansonsten kontrolliert abbrennen.

19. Januar 2007: 40 Ladengeschäfte in Vollbrand

Keine Drehleitern, kein Atemschutz!

Das Feuer im Stadtgebiet Kampong Baharu der malaysischen Metropole Kuala Lumpur[1] brach an einem Freitag gegen 13.35 Uhr aus. Es war relativ windstill an diesem Tag, die Temperatur betrug angenehme 28 Grad Celsius bei seit Tagen sehr trockener Luft. Der Himmel über der malaysischen Hauptstadt war leicht bedeckt. Ein Großteil der Bevölkerung, so auch die Besitzer der etwa 40 reihenförmig angelegten Verkaufsläden und „Hawkerstalls"[2], hielten sich zu diesem Zeitpunkt in der Moschee zum Freitagsgebet auf.

Aufgrund dieser leichten Bauweise und der in diesen Tagen überaus trockenen Witterung breitete sich das Feuer an diesem Freitagnachmittag rasend schnell aus und erfasste schließlich alle 40 Ladengeschäfte sowie zahlreiche Kraftfahrzeuge, die inmitten der Häuserzeilen und in den schmalen Straßen geparkt waren. Die kleinen Verkaufseinrichtungen waren aufgeteilt in sechs Reihen mit je fünf bis acht Läden. Errichtet waren die Gebäude in einfacher Holzbauweise oder mit leichtem Mauerwerk, meist ein- oder zweistöckig.

„Vorbeugender Brandschutz" ist in vielen Teilen der engen Geschäftsviertel von Kuala Lumpur weitgehend unbekannt, und auch die Vorsicht im Umgang mit offenem Feuer, Installationen und im Hinblick auf die Lagerung von Gütern und Materialien lässt nach europäischen Maßstäben oftmals „sehr zu wünschen übrig".

Nach der Alarmierung der Feuerwehr erfolgte die Anfahrt der Einsatzfahrzeuge von der an der Jalan Hang Tuan gelegenen Hauptfeuerwache aus über relativ gute Zufahrtsstraßen, die jedoch weitgehend durch falsch parkende Kraftfahrzeuge, Motorräder, Fahrräder und Fußgänger zugestellt und blockiert waren. Für die Feuerwehr und die anfahrenden Löschfahrzeuge erwiesen sich diese Behinderungen als so schwerwiegend, dass sie letztendlich erhebliche Mühe hatten, überhaupt zur Brandstelle zu gelangen.

Bei Eintreffen der ersten Kräfte der Berufsfeuerwehr[3] standen die Ladenzeilen bereits in Vollbrand, so dass sich die Einsatzkräfte auf den Schutz der umliegenden Gebäude beschränken mussten. Durch den Einsatz mehrerer Strahlrohre wurde versucht, Riegelstellungen aufzubauen und die Flammen unter Kontrolle zu bekommen.

[1] Kuala Lumpur: Größte Stadt (Hauptstadt) und Wirtschaftsmetropole von Malaysia mit einer Fläche von rund 244 km² und ca. 1,6 Millionen Einwohnern. Die Bevölkerung besteht zu etwa 52 Prozent aus Chinesen und 39 Prozent aus Malaien. Standort der weltberühmten „Petronas Twin Towers" (451,9 m).

[2] „Hawkerstalls" sind kleine Stände (Garküchen), an denen meist schmackhafte und zugleich preiswerte asiatische Speisen angeboten werden.

[3] Berufsfeuerwehr Malaysia: Bomba dan Penyelamat Malaysia (Malaysian Fire and Rescue Department), hauptamtliche staatliche Brandschutz- und Hilfeleistungs-Organisation.

Kleintanklöschfahrzeug (KTLF) der Berufsfeuerwehr Kuala Lumpur. Mitgeführt werden 190 Liter Löschwasser.

Hubrettungsfahrzeuge (Drehleitern) wurden von der Feuerwehr nicht eingesetzt, so dass die Brandbekämpfung ausschließlich vom Boden sowie von den engen Zufahrtsstraßen um das Brandobjekt aus erfolgen konnte. Trotz teilweiser starker Rauchentwicklung wurde kein schwerer Atemschutz getragen. Obwohl die Brandstelle mit Bändern abgesperrt und die Polizei mit einem größeren Aufgebot vor Ort präsent war, hielten sich neugierige Passanten ungehindert im unmittelbarem Gefahrenbereich auf.

Die Hauptfeuerwache verfügt über rund 60 Berufsfeuerwehrangehörige. An Fahrzeugen stehen ihr zwei Hilfeleistungslöschfahrzeuge (HLF) mit 3.600 und 1.500 Litern Löschwasser, ein Großtanklöschfahrzeug (GTLF auf Mercedes-Benz Actros) mit 10.000 Litern Löschwasser, ein Kleintanklöschfahrzeug (KTLF) mit 190 Litern Löschwasser, zwei Drehleiter-Fahrzeuge (DLK 30, DLK 52) sowie ein Chemiewehr-Fahrzeug zur Verfügung. Zudem verfügt diese Wache über drei Einsatzleitwagen (ELW) und eine „Schnelle Einsatzeinheit", bestehend aus drei Motorrädern.

Im Einsatz standen neben den Kräften der Hauptwache auch Kräfte der Nebenwachen aus den Stadtteilen Chow Kit und Gombak mit je einem Hilfeleistungslöschfahrzeug (HLF) beziehungsweise einem Tanklöschfahrzeug (TLF).

Die Ursache des Feuers im Ladenviertel des Stadtteils von Kampong Baharu dürfte nach den Ermittlungen der Polizei und der Feuerwehr auf unachtsame Handhabung von offenem Feuer oder sogar auf vorsätzliche Brandstiftung zurückzuführen sein.

Bei den Löscharbeiten ließen es sich die Zuschauer nicht nehmen, das spannende Geschehen mitten unter den Einsatzkräften mitzuerleben. Filmen, Fotografieren – ja selbst Rauchen gehörte auch jetzt noch zur Freizeitbeschäftigung.

7. Mai 2007: Großbrand im „Badung-Einkaufszentrum" von Denpasar/Bali

Hydranten unbrauchbar, Befehls-Chaos!

Das Feuer in dem bei Einwohnern und Touristen gleichermaßen bekannten „Badung Market"[4] in der Hauptstadt Denpasar[5] auf der indonesischen Insel Bali wurde durch Ladenbesitzer entdeckt, die an diesem Mittwochmorgen zur Arbeit erschienen. Der Brand schien in einem im dritten Stock des Gebäudes gelegenen Verkaufsladen ausgebrochen zu sein und breitete sich innerhalb der Ladenzeilen sehr schnell aus.

In dem sowohl traditionellen als auch zentral gelegenen Einkaufszentrum an der Jalan Gajah Mada befinden sich über 600 einzelne Ladengeschäfte auf fünf Stockwerken. Das vergleichsweise moderne Marktareal liegt im Zentrum der Stadt Denpasar und wurde in fester Stein- und Betonbauweise erstellt. Die Zufahrten zum eigentlichen Marktareal sind gut, die Anfahrt der Einsatzfahrzeuge erfolgte über die Hauptstraße von Denpasar. Begrenzt wird der Gebäu-

Über rund 40 der „Hawkerstalls" genannten kleinen Ladengeschäfte breitete sich das Feuer im Stadtgebiet Kampong Baharu von Kuala Lumpur aus. Für die Zuschauer eine spannende Abwechslung im Alltagsleben ...

[5] Denpasar: Stadt im Süden der indonesischen Insel Bali, größte Stadt der Insel und Hauptstadt der Provinz Bali mit rund 491.500 Einwohnern.

Fast wie auf dem Jahrmarkt – und mitten drin zwei Löschfahrzeuge der Feuerwehr

dekomplex an der westlichen Längsseite durch den Fluss Badung. Zwischen der Zufahrtsstraße und dem Haupteingang befindet sich ein großer Parkplatz.

Nach der Brandmeldung rückte die Berufsfeuerwehr Denpasar mit einem Großaufgebot an Einsatzfahrzeugen und Kräften an. Der Einsatz erwies sich aus den unterschiedlichsten Gründen jedoch bereits nach kurzer Zeit als äußerst problematisch, so dass der Großbrand erst nach rund zehn Stunden unter Kontrolle gebracht werden konnte.

Als ein ernsthaftes Problem im Rahmen der Brandbekämpfung erwies sich von Anfang an die Löschwasserversorgung. So waren nur etwa 30 % der sich in der Umgebung befindlichen Hydranten einsatzbereit. Das Löschwasser musste somit mit Tank- und Großtanklöschfahrzeugen (TLF, GTLF) im Pendelverkehr herangeführt werden. Dieser Pendelverkehr war jedoch so chaotisch „organisiert", dass vor allem die taktisch wichtige und unverzichtbare, mit einem Monitor ausgerüstete Gelenkmastbühne über mehrere Phasen hinweg nicht mit Löschwasser versorgt werden konnte.

Die Feuerwehr löst das durchaus bekannte Problem unbrauchbarer Löschwasser-Hydranten in der Stadt dadurch, dass sie mehrere Tank- und Großtanklöschfahrzeuge (TLF, GTLF) vorhält. Wie dieser Einsatz jedoch deutlich zeigt, muss ein Löschwassertransport im Pendelverkehr unter den im Stadtbereich herrschenden Bedingungen möglichst optimal eingeübt und koordiniert sein. In diesem Fall fehlten die entsprechenden Kenntnisse in beiden Teilbereichen.

Aus völlig unklaren Gründen nicht genutzt zur Aufrechterhaltung der Löschwasserversorgung wurde der Fluss Badung, der unmittelbar neben dem Brandobjekt vorbeiführt.

Zudem gelang es der Polizei nicht, die Zufahrtsstraßen zum Einkaufszentrum sowie die unmittelbare Einfahrt zum Brandobjekt von Schaulustigen und deren Fahrzeugen freizuhalten, damit die Anfahrt der im Pendelverkehr eingesetzten TLF und GTFL ungehindert und schnell erfolgen konnte.

Auch wenn – wie in diesem Fall – die Einsatzstelle von der Polizei zunächst abgeriegelt wurde, so konnten

[4] Das „Badung-Einkaufszentrum" stellt einen fünfstöckigen Baukomplex dar, der aus einem langgestreckten, in zahlreichen Windungen angelegten ovalen Gebäudering besteht, von dem wiederum mehrere Gebäude abzweigen. Die Zufahrt für Löschfahrzeuge ist im Wesentlichen nur von der Parkplatzseite (Nordseite) her sowie eingeschränkt von der Flussseite (Westseite) her möglich. An der Ostseite reicht die Wohnbebauung bis unmittelbar an das Einkaufszentrum heran.

Ein Großfeuer hatte mehrere Etagen des zentral in der Hauptstadt Denpasar/Bali gelegenen „Badung-Einkaufszentrums" erfasst. Das Feuer breitete sich rasend schnell aus. Statt Löschwasser aus dem Fluss Badung zu fördern, wurde ein Pendelverkehr mit Tanklöschfahrzeugen eingerichtet.

die Absperrungen gegenüber den herandrängenden Zuschauern nicht durchgesetzt werden. Die im unmittelbaren Einsatzbereich anwesenden Personen wurden zudem nicht des Platzes verwiesen. Diese „Brandtouristen“ bewegten sich teilweise „an vorderster Front“ und gefährdeten sich damit nicht nur selbst, sondern sie beeinträchtigten auch massiv den laufenden Feuerwehreinsatz.

Die wenigen Einsatzkräfte, die den Großbrand im Innenangriff angingen, waren nicht mit Atemschutzgeräten ausgerüstet. Ihr einziger „Schutz“ vor Rauch und giftigen Gasen waren allenfalls vor Mund und Nase gehaltene Tücher! Wenngleich es bei dem Großbrand im „Badung-Einkaufszentrum“ keine Verletzten zu beklagen gab, so mussten jedoch immerhin drei Feuerwehrangehörige mit Rauchgasvergiftungen ins Krankenhaus verbracht werden.

Durch die nicht vorhandenen beziehungsweise ungenutzten Atemschutzgeräte erwies sich ein Innenangriff von Anfang an als wenig Erfolg versprechend. Schwerer Atemschutz wird im Brandeinsatz der malaysischen und indonesischen Feuerwehren nur sehr selten getragen, obwohl Atemschutzgeräte auf den meisten Einsatz- und Löschfahrzeugen mitgeführt werden.

Löscheinsatz über die Gelenkmastbühne der Berufsfeuerwehr Denpasar. Allerdings stand hier nicht immer ausreichend Löschwasser zur Verfügung.

Das Feuer konnte so über Stunden hinweg nahezu ungehindert im Gebäudeinnern „wüten“, ohne dass wirksame und taktisch effektive Löschangriffe aus der Höhe (Gelenkmastbühne) beziehungsweise im Innenbereich des Gebäudekomplexes vorgetragen wurden.

Ein Löschangriff erfolgte somit hauptsächlich im Außenangriff mit den Monitoren der Großtanklöschfahrzeuge (GTLF) und des Hilfeleistungs-Rüstfahrzeuges (HRF). Aufgrund der unregelmäßigen Bauweise war diese Angriffstaktik jedoch weitgehend zum Scheitern verurteilt.

Wenngleich die Einsatzkräfte sicherlich alles in ihren Kräften liegende hergaben, um den Kampf gegen das Großfeuer zu gewinnen, so reduzierte sich der Erfolg des Feuerwehreinsatzes, der mindestens zeitweise „chaotische Zustände“ aufwies, nicht zuletzt durch fehlende klare Befehlsstrukturen aufgrund generell fehlender Führungsstrukturen und nicht zuletzt aufgrund des fehlenden Durchsetzungsvermögens der Feuerwehr-Offiziere.

Großereignisse international

Fire & Rescue

Vorwort

„Retten – Löschen – Bergen – Schützen“, „Search and Rescue“, „Fire & Rescue“ oder das einfache Versprechen „We save you!“ – solchen und anderen Mottos fühlen sich Feuerwehren auf der ganzen Welt verpflichtet. Die einzelnen Begriffe gelten als Grundlage für die Arbeit der Frauen und Männer, die in Berufsfeuerwehren, Freiwilligen Feuerwehren oder Werkfeuerwehren ihrer oft schwierigen und manchmal auch gefährlichen Tätigkeit nachgehen. Jede(r) einzelne Feuerwehrangehörige empfindet ein solches Motto als persönliche Verpflichtung zum Schutz und zur Hilfe für in Not geratene Mitmenschen und Mitbürger.

Allen Feuerwehrangehörigen auf dieser Welt gebührt für diese Verpflichtung Anerkennung und Dank. Auch wenn nicht immer und überall rechtzeitig Leben gerettet werden kann, weil der Faktor Zeit oder die jeweiligen Einsatzbedingungen dies verhindern, auch, wenn Notlagen, Brände, Unfälle oder Katastrophen durch den Einsatz der Feuerwehr nicht überall verhindert werden können – was letztendlich zählt und diese Anerkennung verdient ist die Bereitschaft zur Hilfe und die Bemühungen, im Notfall in Sinne von „Retten – Löschen – Bergen – Schützen“ zu handeln.

„Thank you, Firefighters!“.

14. März 2004:
Brand der „Manege“ in Moskau, Russland

Klassizistisches Wahrzeichen vom Feuer zerstört

Ein verheerender Großbrand zerstörte die im Jahr 1817 im klassizistischen Stil erbaute „Manage“, eines der Wahrzeichen im historischen Zentrum der russischen Hauptstadt in Moskau, völlig. Das direkt am Kreml gelegene Gebäude galt als einer der größten kulturellen Ausstellungskomplexe und war eine der größten Kunsthallen der Stadt. Seit 1957 wird sie für zahlreiche Ausstellungen und Kunstmessen mit internationaler Bedeutung genutzt. Ursprünglich diente die „Manege“ als Offiziersreitschule sowie später als Garage für den Wagenpark von Staats- und Parteichef Leonid Breschnjew.

Das Feuer war gegen 19.30 Uhr mitteleuropäischer Zeit (MEZ) gemeldet worden.

Ein Großeinsatz der Feuerwehr mit rund 500 Kräften und annähernd 100 Löschfahrzeugen konnte nicht verhindern, dass die bis zu 30 Meter hohen Flammen das historische Gebäude nach und nach zerstörten, bis es völlig in sich zusammenstürzte.

Bei dem Großbrand wurden zwei Angehörige der russischen Berufsfeuerwehr von herabfallenden Trümmern des Hallendachs erschlagen. Ein weiterer Feuerwehrangehöriger wurde verletzt ins Krankenhaus eingeliefert.

Bereits während der Löscharbeiten ließen die Moskauer Behörden verlauten, dass ein Kurzschluss Ursache des Großbrandes gewesen sei. In der Öffentlichkeit hingegen wurde Brandstiftung als Brandursache vermutet. Die historisch bedeutsame „Manege“ sollte durch einen Neubau mit Tiefgarage ersetzt werden und wurde während der diesbezüglichen Planungen als „einsturz- und brandgefährdet“ bezeichnet.

Nach einer umfassenden Rekonstruktion wurde das „Manege“-Gebäude etwa ein Jahr nach dem Brand wieder eröffnet.

Ein Wahrzeichen steht in Flammen! Die im Jahr 1817 im klassizistischen Stil erbaute „Manage“ im historischen Zentrum der russischen Hauptstadt Moskau brannte völlig aus.

Eine unbeschreibliche Katastrophe löste der Versuch von Einwohnern der Stadt Goma/Kongo aus, Treibstoff aus den Tanks einer Verteilerstation in Plastikbehälter abzuzapfen. Es kam danach zu gewaltigen Explosionen und Bränden, die etwa 150 Menschenleben forderten.

21. Februar 2002:

Treibstoff-Explosion in Goma, Kongo

Plünderer verursachen Katastrophe – Über 100 Tote!

Es war eigentlich der Vulkan „Mount Nyiragongo", der in der 500.000-Einwohner-Stadt Goma ein geradezu unbeschreibliches Desaster auslöste. Die Stadt liegt zwischen dem „Nyiragongo"[1] im Norden der Demokratischen Republik Kongo und den Ufern des Kivu-Sees im Süden im Ostafrikanischen Grabenbruch (Zentralafrikanischer Graben).[2]

Zuvor wurde Goma von einem Lavastrom aus dem etwa 14 Kilometer entfernten Vulkan größtenteils zerstört. Rund die Hälfte der Einwohner Gomas musste vor den Lavamassen flüchten, die sich mitten durch das Zentrum der Stadt wälzten. Bei dem Vulkanausbruch starben etwa 150 Menschen, Hunderte verloren ihre Unterkunft sowie ihr Hab und Gut.

Vor diesem Hintergrund ist es zu verstehen, dass zahlreiche Obdachlose versuchten, Treibstoff aus den Tanks einer Verteilerstation in Plastikbehälter abzuzapfen. Dabei setzte die unweit vorbeifließende Lava die an der Tankstelle austretenden Benzindämpfe sowie ausgelaufene Treibstoffe in Brand, so dass es in Folge zu einer gewaltigen Explosion kam.

Durch die Explosion wurden rund 100 Menschen getötet, Hunderte wurden zum Teil schwer verletzt beziehungsweise erlitten lebensgefährliche Verbrennungen.

15. April 2008:

Flugzeugabsturz in Goma, Kongo

Startbahn zu kurz: Crash in Marktgelände!

Die Stadt Goma im südafrikanischen Kongo kommt nicht zur Ruhe! Nur wenige Jahre nach dem Ausbruch des Vulkans „Mount Nyiragongo" und der folgenreichen Explosion einer Tankstelle (siehe vorstehender Beitrag) raste eine Passagiermaschine vom Typ „Douglas DC-9"[3] in das am Ende der Startbahn gelegene und äußerst belebte Marktviertel des Stadtviertels Birere. Birere ist die wohl am dichtesten bewohnte Region der kongolesischen Großstadt Goma – ein Armenviertel mit einstöckigen Hütten und Häusern entlang enger und von den Hinterlassenschaften des Vulkans völlig verdreckter und verschlammter Straßen.

Auch diese Flugzeugkatastrophe hing indirekt mit dem Vulkan-Ausbruch aus dem Jahre 2002 zusammen. Damals hatten die ausströmenden Lava-Massen auch die Startbahn des „Goma Airport" weitgehend zerstört, so dass sie nur noch etwa zwei Drittel ihrer ursprünglichen Länge aufweist.

Mit 79 Passagieren und sechs Besatzungsmitgliedern startete die „DC-9" am Dienstagnachmittag gegen 14.30 Uhr (MEZ) zu einem Linienflug in die 2.000 Kilometer entfernte Hauptstadt Kinshasa. Aufgrund der deutlich verkürzten Start- und Landebahn[4] nutzen insbesondere größere Maschine die verbliebene Strecke, um auf die notwendige Startgeschwindigkeit zu kommen.

Diesmal versagte beim Start jedoch das linke Triebwerk, als die Maschine nur noch 300 Meter vom Ende der Piste entfernt war. Ohne jeglichen Sicherheitsabstand war ein Abbruch des Starts unmöglich, so dass die „DC-9" über die Startbahn hinaus und direkt in das Stadtviertel Birere raste. Innerhalb von Sekunden

[1] Nyiragongo: 3.470 m hoher Vulkan im Ostafrikanischen Grabenbruch. Ausbruch 1977 (2.000 Tote), Ausbruch 2002 (147 Tote, 500.000 Evakuierte, 170.000 Obdachlose).

[2] Zentralafrikanischer Graben: „Großer Afrikanischer Grabenbruch", rund 6.000 Kilometer lang, zwischen 30 und 100 Kilometer sowie wenige 100 bis zu mehreren 1.000 Meter tief. Der „Kivu-See" liegt in Zentralafrika (Grenze zwischen dem Kongo und Ruanda).

explodierte der Treibstoff der Maschine. Daraufhin stand die Unglücksstelle vollständig in Flammen. Nur der starke Regen verhinderte, dass das Feuer sich auf das gesamte Viertel ausbreitete.

Im Einsatz in Birere waren unter anderen auch Feuerwehren der kongolesischen UN-Mission.

Ein Sprecher der Fluggesellschaft „Hewe Bora" erklärte später, die Startbahn sei für das Unglück verantwortlich gewesen. Auf der Piste befindliches Wasser aufgrund des heftigen Regens hätte die Maschine außer Kontrolle gebracht, nachdem die Crew während des Startvorgangs eine Explosion gehört und der Pilot versucht habe, den Start abzubrechen. Dadurch sei die „DC-9" auf der nassen Rollbahn außer Kontrolle geraten.

Rettungskräfte bargen bis zum auf den Unfalltag folgenden Mittwoch insgesamt 38 Leichen und 60 Verletzte aus den Trümmern des Flugzeugs und der Gebäude.

Während die meisten Flugzeugpassagiere gerettet werden konnten, gab es im Bereich des Marktviertels Birere die meisten Todesopfer und Verletzten. Unter den Überlebenden waren auch der Pilot und der Co-Pilot.

2. September 2004:

Großbrand „Anna-Amalia-Bibliothek" in Weimar

Ein Weltkulturerbe in Flammen

Die „Anna-Amalia-Bibliothek" im sächsischen Weimar galt seit 1998 als Teil des UNESCO-Weltkulturerbes. An diesem Donnerstag im September 2004 wurden durch ein Großfeuer rund 50.000 ihrer wertvollen und nahezu unersetzlichen Bücher vernichtet. Auch der sogenannte „Rokokosaal", einer der bekanntesten und eindrucksvollsten Bibliotheksräume in Deutschland, wurde beim Brand im Bereich des Dachgeschosses und der zweiten Galerie stark beschädigt beziehungsweise völlig zerstört. Neben den Buchbeständen wurden auch wertvolle Kunstwerke, Skulpturen, Zeichnungen, Bilder sowie 37 Gemälde in Mitleidenschaft gezogen.

Etwa 62.000 Bücher konnten allerdings von der Feuerwehr vor den Flammen bewahrt werden und durch den Einsatz von zahlreichen freiwilligen Helfern rechtzeitig geborgen werden – auch wenn die wertvollen Exponate zum Teil erhebliche Wasser- und Brandschäden davontrugen. Nur etwa 28.000 Bücher überstanden das Großfeuer ohne Schäden.

Der Brand der „Anna-Amalia-Bibliothek" war der größte Bibliotheksbrand in Deutschland. Insgesamt waren rund 40 % des Gesamtbuchbestands der Einrichtung betroffen.

Der vermutlich durch einen Schwelbrand in der Deckenkonstruktion der Bibliothek ausgelöste Großbrand wurde am Abend um 20.31 Uhr durch einen Brandmelder der automatischen Brandmeldeanlage entdeckt. Das Feuer breitete sich rasend schnell im Bereich der ersten und der zweiten Galerie[5], der hölzernen Deckenkonstruktion, der Wandverkleidungen, des

[3] Unglücksmaschine „Douglas DC-9" der „Hewa Bora Airlines". Die Europäische Union (EU) hatte die Fluggesellschaft zuvor auf die „Schwarze Liste unsicherer Airlines" gesetzt.

[4] Die bis zum Ausbruch des Vulkans „Nyiragongo" 3.000 Meter lange Start- und Landebahn des „Goma Airport" ist jetzt nur noch rund 2.000 Meter lang, nachdem sich im Februar 2002 Lava über die Piste ergossen hatte, die nie entfernt wurde. Landende und startende Flugzeuge haben dadurch keinerlei Sicherheitsreserven zum Durchstarten beziehungsweise zum Startabbruch.

[5] 2. Galerie der Bibliothek: Fläche 21x11 Meter; seit 1766 genutzt zur Präsentation von Gemälden, Büsten und Büchern. Seit 1993 gesichert durch 25 automatische und einen optischen Brandmelder. Versteckte Schwelbrände werden durch die automatische Brandmeldeanlage (BMA) allerdings nicht entdeckt.

In Vollbrand steht hier das Dachgeschoss der „Anna-Amalia-Bibliothek" im sächsischen Weimar. Seit 1998 galt die Einrichtung als Weltkulturerbe der „Organisation der Vereinten Nationen für Erziehung, Wissenschaft und Kultur" (United Nations Educational, Scientific and Cultural Organization/ UNESCO). Große Teile der Räumlichkeiten und der dort gelagerten Exponate wurden bei dem Feuer zerstört.

Dachbodens und der Regale aus, so dass innerhalb von nur einer Minute weitere 24 Brandmelder der zweiten Galerie und des Dachgeschosses ausgelöst wurden. Trotz des schnellen und umfassenden Lösch- und Bergungseinsatzes von rund 900 Angehörigen der Berufs- und Freiwilligen Feuerwehren[6], des Technischen Hilfswerks (THW), des Deutschen Roten Kreuzes (DRK), des Katastrophenschutzes (KatS) sowie zahlreicher privater Helfer konnte das Feuer erst am Folgetag gelöscht werden – Nachlöscharbeiten erfolgten noch bis zum 7. September.

Zeitweise erreichte das Feuer Temperaturen von 800 bis 1.000 Grad Celsius, so dass zunächst nur eine Brandbekämpfung von außen über Drehleitern möglich war. Insgesamt setzten die Feuerwehren zur Brandbekämpfung rund 384.000 Liter Löschwasser und 1.500 Liter Schaum ein. Ihnen gelang es im Verlauf der Löscharbeiten, ein Ausbreiten des Feuers über das Dach und über Treppenhäuser von der zweiten auf die erste Galerie zu verhindern.

[6] Alarmiert wurden die Berufsfeuerwehren Weimar, Erfurt, Jena und Gera sowie 26 Freiwillige Feuerwehren aus der Region mit insgesamt 346 Einsatzkräften und 57 Fahrzeugen.

Die Bergung der Kunstschätze und der Bücher erfolgte im Verlauf des Einsatzes in drei Phasen: Trockenbergung von ca. 10.000 Büchern, Büsten und Gemälden durch rund 200 Personen bis zur Sperrung des Gebäudes wegen Einsturzgefahr gegen 22.00 Uhr (Phase 1), Nassbergung von rund 30.000 beschädigten Büchern nach Wiederfreigabe des Gebäudes (Phase 2), 14 Tage andauernde Brandbergung von 288 Kubikmeter Brandschutt und Durchsuchung nach verkohlten Büchern und Fragmenten (Phase 3).

4. Januar 2008: Großbrand Gefahrgutlager in Linz, Österreich

Brennt Gefahrgut!

Die pechschwarze Rauchsäule über dem Industrie- und Hafengelände der österreichischen Stadt Linz war bereits aus großer Entfernung erkennbar. Bereits auf der Anfahrt ließ die Berufsfeuerwehr Linz weitere Kräfte nachalarmieren, nachdem klar war, dass das Feuer bereits die Dachhaut der mit Chemikalien (u. a. Lacke,

Großbrand mit gefährlichem Hintergrund – in Brand geraten war das Gefahrgutlager eines Industrieunternehmens in Linz/Österreich. Zahlreiche benachbarte Gebäude mussten evakuiert und Menschen in Sicherheit gebracht werden.

Reinigungs- und Verdünnungsmittel, Spraydosen) gefüllten Halle durchbrochen hatte.

Der Großbrand in einem Gefahrgutlager der „Österreichischen Donaulager GmbH" wurde gegen 11.30 Uhr über die automatische Brandmeldeanlage des Unternehmens gemeldet. Nach Eintreffen der ersten Kräfte der Berufsfeuerwehr Linz sowie der zuständigen Betriebsfeuerwehr wurde zunächst ein umfangreicher Löschangriff zum Schutz der benachbarten Lagerhallen und Betriebsgebäude eingeleitet.

Die Löscharbeiten wurden zunächst durch Explosionen der in der Halle befindlichen Spraydosen gefährdet. Somit wurde auch das umliegende Gelände weiträumig abgesperrt, die Anwohner und Betriebe wurden aufgefordert, Fenster und Türen zum Schutz gegen Rauch und mögliche Luftschadstoffe zu schließen. Ein unweit des Brandobjekts stehendes Verwaltungsgebäude wurde vorsorglich evakuiert. Schnell konnte zudem festgestellt werden, dass sich im brennenden Gebäude keine Personen mehr aufhielten.

Durch einen umfassenden und zugleich massiven Löschangriff konnte bereits frühzeitig ein Übergreifen der Flammen auf Einrichtungen der Firmen „Quelle" und „Linz AG" sowie auf auf dem Betriebsgelände abgestellte Lkw und Container verhindert werden. Die Feuerwehren setzten dabei unter anderem zwei Wasserwerfer, zwei Hydro-Schilde, fünf Ringmonitore sowie einen Wasserwerfer über die Teleskopmastbühne der Berufsfeuerwehr Linz ein. Die Wasserversorgung erfolgte sowohl über im Industriegebiet vorhandene Hydranten als auch über eine Löschwasserversorgung von der Donau aus. In Stoßzeiten kamen rund 10.000 Liter Löschwasser zum Einsatz. Zur Wasserversorgung kamen die Freiwilligen Feuerwehren aus Ebensberg, Magdalena, Pöstlingberg und Pichling sowie die Betriebsfeuerwehr der „Linz AG" zum Einsatz.

Gegen 13.00 Uhr war der Großbrand unter Kontrolle, endgültig gelöscht werden konnte das Feuer gegen 22.00 Uhr, nachdem zuvor ein massiver Schaumeinsatz auch die letzten Glutnester in der völlig zerstörten Lagerhalle erreichte. Rückhalteeinrichtungen verhinderten, dass möglicherweise kontaminiertes Löschwasser in die Donau gelangte. Wasserproben wurden kontinuierlich hinsichtlich umweltgefährdender Zusammensetzungen analysiert. Zudem wurden Abwasserkanäle dahingehend überprüft, ob sich dort explosionsfähige Luftgemische gesammelt hatten.

Schwer verletzt wurde bei den Löscharbeiten ein Angehöriger der Berufsfeuerwehr Linz.

6. Februar 2008: Frachter in Vollbrand, Kroatien

Türkischer Frachter brennt – 31 Personen gerettet!

Ein Großbrand auf einem türkischen „Ro-Ro"-Frachter[7] vor der kroatischen Küste führte zu einem umfassenden Brand- und Rettungseinsatz kroatischer Feuerwehren. Das Unglück ereignete sich rund 13 Seemeilen westlich der Adria-Hafenstadt Rovinj.

Der rund 190 Meter lange und etwa 30 Meter breite Frachter „UND Adriyatik" der türkischen Rederei „UND RoRo Isletemleri" befand sich auf dem Seeweg von Istanbul nach Triest/Italien. Beladen war das Schiff mit etwa 200 Lastwagen sowie mit 850 Tonnen Treibstoff, 11 Tonnen Öl und 2 Tonnen Streichhölzern. An Bord befanden sich 22 Besatzungsmitglieder und neun Passagiere.

Der Kapitän des Frachters meldete am frühen Mittwochmorgen gegen 05.00 Uhr der zuständigen kroatischen Seenot-Zentrale einen Brand auf seinem Schiff. Zu diesem Zeitpunkt befand sich der Frachter noch etwa 24 Kilometer westlich von Rovinj in internationalen Gewässern, drohte jedoch auf die Küste Istriens zuzutreiben. Insbesondere aufgrund des sich extrem ausbreitenden Feuers und der Gefahrgutladung des Schiffes musste mit einer großflächigen Umweltverschmutzung gerechnet werden.

Nach der Notfallmeldung nahmen sofort ein kroatisches Löschflugzeug[8] sowie ein Feuerlöschboot Kurs auf den brennenden Frachter, konnten diesen aufgrund der sich ausbreitenden Flammen, der starken Rauchentwicklung und der drohenden Explosionsgefahr zunächst nicht unmittelbar erreichen.

Noch am gleichen Tag wurden fünf Brandschutz-Spezialisten einer niederländischen Spezialfirma per Hubschrauber vom kroatischen Festland zum Havaristen geflogen. Sie nahmen dort zusammen mit den kroatischen Feuerwehren die Brandbekämpfung in den Frachträumen auf. Trotz dieses Einsatzes konnte der Brand zunächst jedoch nicht eingedämmt werden. Das führungslose und in Vollbrand stehende Schiff trieb

[7] Ro-Ro-Frachter: „Roll in – Roll off" bedeutet, dass bewegliche Fracht (z. B. Lastwagen, Pkw) über befahrbare Decks selbstständig auf das Schiff und vom Schiff fahren kann. Für die Fahrer der Fracht sowie für Passagiere stehen während der Überfahrt Unterkünfte an Bord zur Verfügung. Zum Be- und Entladen besitzen „Ro-Ro"-Schiffe Heck-, Bug- oder Seitentore, durch die Fahrzeuge über Rampen an Bord gelangen konnen.

[8] Löschflugzeug: Die vom kroatischen Innenministerium vorgehaltenen Waldbrand-Löschflugzeuge vom Typ „Canadair CL-415" kommen auch bei anderweitigen Großbränden zum Einsatz.

200 Lkw, 850 Tonnen Treibstoff, 11 Tonnen Öl, 2 Tonnen Streichhölzer – und dann ein Feuer an Bord! So geschehen auf dem türkischen Frachter „UND RoRo Isletemleri" vor der kroatischen Küste. Menschen konnten unversehrt gerettet werden, das Schiff brannte vollständig aus.

dann – begleitet und beobachtet von Feuerlöschbooten, die die Aufbauten ständig mit Wasser kühlten – bis auf eine Entfernung von nur fünf Seemeilen vor die Küste des Nationalparks Brijuni-Inseln[9].

Zunächst befürchteten die zuständigen Seenot-Behörden, dass der Havarist auf die Badestrände an der kroatischen Küste zutreiben und sinken könnte. Später erwies sich diese Wahrscheinlichkeit aber als eher gering, da zwischenzeitlich aufkommende starke Winde den Frachter zunehmend auf das offene Meer hinaustrieben.

Am Folgetag brachten Feuerwehren und Brandschutz-Spezialisten das Feuer auf dem Frachter sowie in den Laderäumen und Fahrzeugdecks weitgehend unter Kontrolle. Ein Großteil der mitgeführten brennenden Ladung wurde zwischenzeitlich kontrolliert abgebrannt, so dass zu diesem Zeitpunkt keine Gefahr für die Umwelt mehr ausging.

Entwarnung konnte der regionale Krisenstab im Verlauf des Donnerstags geben. Den niederländischen Brandschutz-Spezialisten war es gelungen, das Feuer endgültig zu löschen. Auch die Gefahr, dass der Rumpf des weitgehend zerstörten Frachters zerbricht und damit noch vorhandene Gefahrstoffe ins Wasser gelangen könnten, bestand zu diesem Zeitpunkt nicht mehr.

Alle 31 auf dem Frachter befindlichen Personen konnten zuvor unverletzt gerettet und in Sicherheit gebracht werden. Drei in der Nähe des Havaristen befindliche Schiffe, unter ihnen die in Heraklion beheimatete Fahrzeug- und Personenfähre „Ikarus Palace", die sich auf dem Weg nach Venedig befand, hatten die 22 Besatzungsmitglieder und neun Passagiere rechtzeitig übernehmen können.

1997, 1999, 2002, 2005: „Jahrhundertfluten" in Europa

Uferloses Nass

Wenn man von den Ursachen spektakulärer Hochwasser sprechen will, müssten nahezu zwingend zwei Stichworte zur Diskussion stehen: der sprichwörtliche „Klimawandel" und der Eingriff des Menschen in die Natur! Wissenschaftlich gesehen jedoch findet ein weiteres Stichwort Bedeutung: das „Genua-Tief" beziehungsweise die „Vb-Wetterlage".

Eine solche Wetterlage war letztendlich verantwortlich für die gern als „Jahrhundertfluten" bezeichneten Naturereignisse an Elbe und Oder beziehungsweise im europäischen Alpenraum. Eine „Vb-Wetterlage" (auch Mittelmeer-Tief) entsteht durch die Zugbahn eines Tiefdruckgebietes vom italienischen Genua über die Poebene hinweg (Genua-Tief) um den Alpenraum und weiter nordostwärts über Österreich, Ungarn und Polen. Ein solches Tiefdrucksystem entwickelt sich meist im Frühjahr oder im Herbst im Golf von Genua (Italien) aus einem Vorstoß von Kaltluft über Frankreich in das westliche Mittelmeer. Charakteristisch für eine solche Wetterlage sind die ergiebigen und meist lang anhaltenden Niederschläge.

9 Nationalpark Brijuni-Inseln: Inselgruppe in der kroatischen Adria vor Istrien, rund 7,4 km2. Landschafts- und Naturschutzgebiet.

Im Juli und August 1997 verursachte eine „Vb-Wetterlage“ (Genua-Tief) ein verheerendes Hochwasser entlang von Oder und March. Dabei kam es zu schweren, weiträumigen Überschwemmungen und den damit verbundenen Sach- und Personenschäden vor allem in Deutschland, Tschechien und Polen. Rund 1,5 Millionen Menschen wurden von den Fluten unmittelbar beeinträchtigt. Die Schadenssummen werden mit rund 330 Millionen Euro für Deutschland und mit ca. 3,8 Milliarden Euro für die Nachbarländer Tschechien und Polen beziffert. In diesen Ländern kam es zu 114 Todesfällen im unmittelbaren Zusammenhang mit der Flut.

Durch großflächige und außergewöhnlich starke Niederschläge in der zwischen Tschechien und Polen liegenden Gebirgskette[10] kam es bereits Anfang Juli zu ersten Hochwassermeldungen. In den Grenzregionen standen Tausende von Häusern unter Wasser. In der polnischen Region Opole (Oppeln) brachen am 10. Juli zahlreiche Deiche, mehr als 35.000 Hektar Land im Einzugsgebiet der Oder wurden überflutet. In Tschechien standen zu diesem Zeitpunkt rund ein Drittel des Landes unter Wasser. Allein im mährischen Ostrava (Ostrau) fielen am 11. Juli bis zu 570 mm Regen pro Quadratmeter.

Am 8. Juli gab das Landesumweltamt Brandenburg eine erste Hochwasserwarnung heraus. Die aus den Hochwassergebieten Polens und Tschechiens erwartete Flutwelle traf dann Mitte Juli in den grenznahen Regionen Deutschlands ein. Wenige Tage später erreichte eine zweite Flutwelle die bereits überschwemmten Gebiete. Schwerpunkte des Hochwassers lagen unter anderem bei der Ortschaft Brieskow-Finkenheerd, in der „Ziltendorfer Niederung“ und im Bereich der Stadt Frankfurt/Oder.

Bei diesem ersten „Jahrhunderthochwasser“ waren Tausende von Hilfskräften der Feuerwehren, des Technischen Hilfswerks (THW), der Hilfs- und Rettungsorganisationen (u. a. ASB, DRK, JUH, MHD, DLRG) sowie der Bundeswehr und des Bundesgrenzschutzes (heute Bundespolizei) im Einsatz.

Über die Pfingstfeiertage des Jahres 1999 kam es in Bayern sowie in den österreichischen Bundesländern Vorarlberg und Tirol zu einem „Jahrhunderthochwasser“. Die als „Pfingsthochwasser“ bekannt gewordene Flut aufgrund von extremen Niederschlägen und der zu diesem Zeitpunkt erfolgten Schneeschmelze in den Alpenregionen führte zu

[10] Altvatergebirge in der Grenzregion Tschechien-Polen: bis zu 595 mm Niederschlag

Katastrophales Hochwasser unter anderem in Deutschland, Österreich, Tschechien und Polen verursachte nicht nur materielle Millionenschäden, sondern brachte auch zahlreiche Menschen in Lebensgefahr.

weitreichenden Überschwemmungen vor allem in den Einzugsbereichen der Flüsse Isar, Iller, Lech und Donau. Teile der an den Flüssen gelegenen Städte München, Bad Tölz, Sonthofen, Kempten und Neu-Ulm sowie das vorarlbergische Bregenz wurden überflutet. Das „Pfingsthochwasser" verursachte Schäden in Millionenhöhe.

Ebenfalls eine „Vb-Wetterlage" war die Ursache für das sogenannte „Elbehochwasser" im Jahr 2002. Wiederum waren es langanhaltende und extreme Regenfälle ab Mitte August, die im Grenzbereich Tschechien/Deutschland[11] weitflächige Überschwemmungen im Einzugsbereich der Elbe und ihrer Nebenflüsse auslösten. Betroffen waren vor allem die südlichen und nordwestlichen Landesteile Böhmens (Tschechien) im Einflussbereich der Moldau sowie in Deutschland die Bundesländer Sachsen, Sachsen-Anhalt und Niedersachsen.

[11] Grenzbereich Tschechien/Polen: Erzgebirge, Riesengebirge

Reale und zugleich öffentlichkeitswirksame Schwerpunkte des schwerste Schäden verursachenden und in zwei Flutwellen angreifenden „Jahrhunderthochwassers" waren beispielsweise Teile der tschechischen Hauptstadt Prag – unter anderem der weltberühmte Wenzelsplatz – sowie die Stadt Dresden, die sowohl von der Elbe als auch von der Weißeritz tangiert wurde. In Dresden wurden der Hauptbahnhof sowie Teile der historischen Innenstadt – zum Beispiel an der Semperoper – völlig überflutet.

Das „Elbehochwasser" verursachte allein in Deutschland einen Gesamtschaden von rund 15 Milliarden Euro. In Tschechien lagen die Sachschäden umgerechnet schätzungsweise bei rund 3,3 Milliarden Euro. Hier wurden rund 450 Städte und Gemeinden überflutet sowie über 1,3 Millionen Anwohner unmittelbar betroffen.

Das bisher letzte von einem „Genua-Tief" beziehungsweise von einer „Vb-Wetterlage" verursachte Hochwasser traf ab dem 20. August 2005 zahlreiche Regionen in den nördlichen Vor- und Zentralalpen. Besonders von großflächigen Überschwemmungen und massiven Erdrutschen betroffen waren diesmal unter anderem Teile des Berner Oberlandes (Schweiz), der Kanton Graubünden (Schweiz), das österreichische Bundesland Vorarlberg sowie Bayern und die Donauregion. Auch dieses „Alpenhochwasser" forderte neben erheblichen Sachschäden in Millionenhöhe wieder zahlreiche Tote und Verletzte.

Der vorstehende Beitrag, der die katastrophalen Schadenssituationen in den von den Hochwassern betroffenen Regionen Deutschlands, Österreichs, der Schweiz sowie Tschechiens und Polens an dieser Stelle nur stichwortartig wiedergeben kann, macht deutlich, das „Jahrhunderthochwasser" in den letzten Jahrzehnten offensichtlich keine „100 Jahre" mehr brauchen, um ihre verheerenden Auswirkungen spürbar werden zu lassen. Wissenschaftlern zufolge werden die Menschen in den hochwassergefährdeten Bereichen sowie die örtlichen und überörtlichen Hilfs- und Rettungsdienste in Zukunft immer häufiger mit solchen Naturereignissen und ihren Folgen rechnen müssen.

3. Februar 2008:
Gebäudebrand in Ludwigshafen am Rhein

Deutsch-türkische Katastrophe

Bei einem verheerenden Feuer in einem Ludwigshafener Mehrfamilienhaus kamen am Karnevalssonntag neun Menschen – darunter fünf Kinder – ums Leben. Rund 60 Personen wurden bei dem bisher größten Brand in der Stadt Ludwigshafen am Rhein verletzt.

Es ist ein fröhlicher Sonntag im Karneval. In unmittelbarer Nähe des sechsstöckigen Wohnhauses am Danziger Platz führt der Karnevalsumzug mit Hunderten ausgelassener und fröhlicher Narren vorbei. Die Fröhlichkeit der Menschen schlägt jedoch innerhalb weniger Minuten um, als sie gegen 16.30 Uhr das Feuer in dem Gebäude wahrnehmen, das sich über das hölzerne Treppenhaus rasend schnell in alle Stockwerke und auf das Dach hin ausbreitete. Passanten sehen schon bald meterhohe Flammen, die aus dem Gebäude und aus den Fenstern der Wohnungen schlagen. Auch im Dachbereich sind Flammen erkennbar und Explosionen hörbar, Holzbalken und Dachziegel fallen auf die Straße. Zahlreiche Menschen stehen an den Fenstern und schreien um Hilfe. In Panik springen einige Bewohner des von zwei türkischen Familien mit insgesamt über 50 Personen genutzten Hauses durch Wohnungsfenster ins Freie. Andere Hausbewohner und Gäste lassen zwei Kleinkinder aus den oberen Stockwerken des Gebäudes in die Arme von Helfern fallen – sie können so unverletzt gerettet werden.

Der erste Notruf ging bei der zuständigen Feuerwehr- und Rettungsleitstelle um 16.21 Uhr ein. Innerhalb weniger Minuten erreichten die Freiwillige Feuerwehr Oppau, die Berufsfeuerwehr Ludwigshafen[12] sowie andere Rettungskräfte die Einsatzstelle. Über tragbare Leitern, Fahrzeug-Drehleitern mit Rettungskorb und durch Auslegen von sogenannten „Sprungrettern“ gelang es den Einsatzkräften, einen Großteil der an den Fenstern und auf Balkonen um Hilfe schreienden Hausbewohner sowie Kinder und Säuglinge vor den Flammen zu retten. Ein Innenangriff der Feuerwehr war zu diesem Zeitpunkt nicht mehr möglich, da das hölzerne Treppenhaus des rund 100-jährigen Gebäudes bereits in Vollbrand stand.

Ermittlungen des Landeskriminalamtes und der Staatsanwaltschaft ergaben später, dass das Feuer als Schwelbrand unter der Treppe im Kellergeschoss ausgebrochen sei. Von dort aus habe es sich dann sehr schnell im Treppenhaus sowie auf die Wohnungen in den einzelnen Obergeschossen ausgebreitet.

Der Großbrand fand größte Aufmerksamkeit in der Öffentlichkeit und in den Medien weit über die Grenzen Ludwigshafens, des Landes Rheinland-Pfalz und Deutschlands hinaus. Türkische Ermittler wurden nach Deutschland entsandt, um die Ermittlungen der deutschen Behörden beobachten zu können. Der Verdacht eines fremdenfeindlichen Anschlags konnte jedenfalls in der Öffentlichkeit bis heute nicht vollständig ausgeräumt werden.

Vorwürfe von türkischer Seite, die Feuerwehr sei nicht rechtzeitig an der Einsatzstelle eingetroffen und habe nicht alles Mögliche zur Rettung der Bewohner getan, entbehrten letztendlich jeder Grundlage. Trotzdem wurden am Einsatz beteiligte Feuerwehrangehörige kurz darauf von Türken angegriffen und Feuerwehrfahrzeuge bespuckt. Drei Tage nach dem Einsatz gewährte die Polizei auf Bitten der Berufsfeuerwehr einzelnen Feuerwehrangehörigen und Einsatzkräften Personenschutz.

Das traurige Ende eines Einsatzes, bei dem Feuerwehr- und Rettungskräfte alles gegeben haben, um Mitbewohner ihrer Stadt vor den Flammen zu retten!

[12] Berufsfeuerwehr Ludwigshafen/Rhein: Eintreffen ab 16.27 Uhr mit vier Löschfahrzeugen und zwei Drehleitern an der Einsatzstelle.

Zu Spannungen zwischen Türken und Deutschen führte ein Gebäudebrand in Ludwigshafen am Rhein. Bei dem Feuer kamen neun Menschen ums Leben – darunter fünf Kinder. Über 60 Personen wurden zum Teil schwer verletzt. Feuerwehrangehörige, die während des Einsatzes alles taten, um die Menschen vor den Flammen zu retten, wurden später von Fanatikern angegriffen und beleidigt.

Im niederländischen Enschede explodierten und brannten rund 100 Tonnen Feuerwerkskörper und Sprengstoffe. Dabei wurde ein ganzer Stadtteil vernichtet. Das Schadensereignis forderte Hunderte von Verletzten und 18 Tote.

13. Mai 2000: Explosion in Feuerwerksfabrik in Enschede, Niederlande

Ein Bild des Grauens und der Verwüstung

Die niederländische Großstadt Enschede[13] liegt östlich der Städte Arnheim (ca. 70 km Luftlinie), Apeldoorn (ca. 60 km) und Zwolle (ca. 65 km) beziehungsweise in Höhe der deutschen Städte Osnabrück (ca. 80 km) und Münster (ca. 60 km). Enschede zählt mit rund 154.000 Einwohnern zu den bedeutendsten Städten der Niederlande.

Gegen 15.00 Uhr brach auf dem Gelände der Firma „S.E. Fireworks"[14] im Enscheder Stadtteil Mekkelholt ein Brand aus. Die Berufsfeuerwehr Enschede wurde alarmiert und erreichte innerhalb von zehn Minuten das Werksgelände. Ab 15.34 Uhr ereigneten sich dort innerhalb von etwa zwei Minuten plötzlich drei Explosionen – dabei detonierten in Folge rund 100 Tonnen Feuerwerkskörper und Sprengstoffe[15]! Die Druckwelle im Umkreis von mehr als fünf Kilometern, herumfliegende Beton- und Stahlteile, eine nachfolgende Feuerwalze sowie eine Reihe von Folgeexplosionen vernichteten nahezu einen ganzen Stadtteil auf einer Fläche von etwa 40 Hektar und forderten Hunderte von Verletzten. Bei dieser Explosions- und Brandkatastrophe verloren 18 Personen sowie vier Angehörige der Berufsfeuerwehr Enschede ihr Leben. Insgesamt rund 950 Personen wurden zum Teil schwer verletzt, mehr als 250 wurden obdachlos, rund 10.000 Anwohner mussten vorübergehend evakuiert werden. Der Gesamtschaden betrug rund eine Milliarde DM.

Neben zahlreichen Feuerwehren, Rettungsdiensten und Katastrophenschutzeinheiten aus der Umgebung von Enschede sowie aus den gesamten Niederlanden wurden auch Feuerwehren und Rettungsdienste aus Deutschland zur Unterstützung angefordert. So erfolgte um 15.50 Uhr durch die Kreisleitstelle Borken die Alarmierung der Feuerwehren Gronau und Epe sowie um 16.45 Uhr die des Technischen Hilfswerks (THW) Gronau. Weitere Einsatzeinheiten von THW und Feuerwehren, Sanitäts- und Rettungsfahrzeuge, Notärzte sowie Rettungshubschrauber kamen unter anderem aus Wesel, Ahaus, Greven und Bocholt.

Die Explosion und die Folgebrände ereigneten sich unmittelbar in einer dicht besiedelten Arbeiterwohnsiedlung der niederländischen Großstadt. Den anrückenden Einsatzkräften bot sich deshalb bereits weit im Vorfeld der eigentlichen Unfallstelle ein Bild des Grauens und der Verwüstung. Rund 200 Häuser wurden völlig zerstört, 293 Anwesen wurden unbewohnbar, mehr als 1.500 weitere Gebäude wurden zum Teil schwer beschädigt.

[13] Enschede: Großstadt im Osten der Niederlande (Region Twente, Provinz Overrijssel) unmittelbar an der deutsch-niederländischen Grenze, 154.062 Einwohner (Stichtag Juni 2006), unmittelbare deutsche Nachbarstadt ist Gronau.

[14] S.E. Fireworks: Im Jahr 1974 gegründete Feuerwerksfabrik im Stadtteil Mekkelholt, Enschede/Niederlande. Seit 1977 genehmigte Lagerung von bis zu 16 Tonnen Feuerwerkskörpern der Klassen I und II. Seit 1997 bzw. 1999 erweiterte Genehmigungen zur Lagerung und Produktion von Großfeuerwerk. Am Unfalltag lagerten 158 pyrotechnisches Material auf dem Betriebsgelände.

[15] Explosionen: Die größten Schäden wurden durch sogenannte sprengstoffähnliche „Blitzbomben" mit pyrotechnischem Sprengsatz verursacht.

Insbesondere wurden die Trümmer rund um die vier verbrannten niederländischen Feuerwehrfahrzeuge abgesucht, da zu diesem Zeitpunkt noch zwei niederländische Feuerwehrleute vermisst wurden.

Insgesamt waren 3.731 Hilfskräfte im Einsatz, darunter 375 Einsatzkräfte mit etwa 80 Fahrzeugen aus Deutschland.

Mitte Februar 2001 legte eine amtliche Untersuchungskommission ihren Abschlussbericht vor. Zentrale Aussage des 2.000 Seiten starken Berichts: Es waren definitiv die in der Fabrik gelagerten Feuerwerkskörper, die die Explosion verursacht hatten.

Weiter heißt es in den Untersuchungsberichten der acht staatlichen Untersuchungsbehörden, dass in Enschede „... fast alle Sicherheitsvorkehrungen versagt" hätten. Bei der niederländischen Kommune habe man kaum Bescheid gewusst über die gefährliche Fabrik mitten in einem Wohngebiet. Zudem habe die Verwaltung nicht genug getan, um erkannte Mängel abzustellen.

Das bei der Explosion zerstörte Unternehmen habe systematisch die Grenzen aller Betriebsgenehmigungen so weit wie möglich ausgelegt und sogar übertreten. Auch während der Rettungsarbeiten herrschte nach Feststellung der Ermittler bei den Rettungsdiensten „... das totale Chaos". Jede Organisation habe die Situation anders eingeschätzt und entsprechend autark bearbeitet.

Wegen „Verletzung der Umweltbestimmungen" wurden die beiden Direktoren der „S.E. Fireworks" später in erster Instanz zu sechs Monaten Haft verurteilt. Die Richter hielten die Umweltdelikte sowie den illegalen Handel mit Feuerwerk für erwiesen. Vom Vorwurf der fahrlässigen Tötung wurden sie hingegen freigesprochen.

1. Mai 2001: Großbrand im „Phantasialand", Brühl

Brandinferno im „Gran Canyon"

An diesem warmen und sonnigen Mai-Feiertag wurde das bis dahin Unfassbare zur grausamen Realität. Etwa 18.000 bis 20.000 Besucher hielten sich im Freizeitpark „Phantasialand" auf, als gegen 13:40 Uhr ein Brand auf der sogenannten „Gran-Canyon-Bahn" ausbrach. Das Feuer entwickelte sich in kürzester Zeit zu einem Inferno, zerstörte die weit über die Grenzen des Parks hinaus bekannte Attraktion, die „Gebirgsbahn", eine Gebäudezeile der Westernstadt „Silver City" mit den Attraktionen „Westernspiele" und „Antik-Photo" sowie den darüberliegenden Veranstaltungsraum und weitere Freizeiteinrichtungen vollständig und verursachte einen Sachschaden von rund 30 Millionen DM.

In der Einsatzzentrale der Feuerwehr Brühl wurde ab 13:41 Uhr ein Alarm der automatischen Brandmeldeanlage (BMA) des Freizeit- und Abenteuerparks registriert. Bereits eine Minute später liefen die ersten Notrufe von Anwohnern, des Werkschutzes und diverser Parkbesucher ein.

Aufgrund dieser eingehenden Meldungen alarmierte die Einsatzzentrale der Feuerwehr die Hauptamtliche Wache. Bereits auf der Anfahrt zur Einsatzstelle waren die starke Rauchentwicklung sowie Flammen im Bereich des „Phantasialands" sichtbar, so dass die anfängliche Alarmierung auf den „Stadtalarm Brühl" erweitert wurde.

Bei Eintreffen im Park und nach der ersten Erkundung durch den Einsatzleiter der Feuerwehr konnte eine Lagemeldung mit dem Hinweis „Bob-Bahn in Vollbrand, Feuer droht auf Nachbarbereiche überzugreifen!" abgegeben werden. Nach Rücksprache mit einem Mitarbeiter des „Phantasialands" wurde festgestellt, dass sich keine Personen mehr im brandgefährdeten Bereich aufhielten. Die meisten Parkbesucher befanden sich zu diesem Zeitpunkt zügig und ohne Anzeichen von Panik auf dem Weg zu den Parkausgängen.

Über die Leitstelle des Erftkreises und die Einsatzzentrale der Feuerwehr Brühl wurden weitere Einsatzkräfte der Feuerwehr und des Rettungsdienstes nachalarmiert.

Die Einsatzleitung vor Ort (Einsatzleitwagen/ELW 1 der Feuerwehr Brühl, Abrollbehälter/AB „Einsatzleitung" des Erftkreises) bildete umgehend die Einsatzabschnitte „Westernstadt" und „Chinatown". Im Verlauf der entsprechend durchgeführten Löscharbeiten mit rund 20 Rohren und weiteren Löschwasserwerfern – insbesondere der Riegelstellungen zur Vermeidung eines Übergreifens der Flammen auf benachbarte Gebäude – erwies sich das Hydrantennetz im Parkbereich hinsichtlich der Löschwasserentnahme als unzureichend, so dass eine „Löschwasserversorgung über lange Wegstrecken" (hier rund 500 m) vom außerhalb des „Phantasielands" liegenden „Berggeistsee"

Soviel „Phantasie" hatte zuvor kaum einer der zahlreichen Besucher des „Phantasialands" in Brühl. Große Teile der Freizeitattraktionen des Parks, unter anderem die bekannte „Gran-Canyon-Bahn", gerieten in Brand und wurden völlig zerstört.

eingerichtet werden musste. Eine weitere, vom Hydrantennetz unabhängige Löschwasserleitung wurde vom Wasserreservoir der „Bottichbahn" aus angelegt.

Gegen 15.30 Uhr meldete die Einsatzleitung „Feuer unter Kontrolle!". Die Feuerwehren waren insgesamt mit rund 260 Kräften und 60 Fahrzeugen im Einsatz.

Für den Rettungsdienst wurde das Alarmstichwort „Massenanfall an Verletzten" (MANV) gegeben, so dass 27 Rettungswagen (RTW), 22 Krankentransportwagen (KTW), 9 Notarzteinsatzfahrzeuge (NEF) und ein Großraum-Rettungswagen (Rettungs-Bus) zum Einsatz kamen. Innerhalb des Parkbereiches wurden jeweils eine Anlauf- und Sichtungsstelle (Ausgang „Chinatown"), eine Verletzten-Sammelstelle (Bereich „Hazienda"), ein Behandlungsplatz für Verletzte (Innenhof Hauptverwaltung) sowie ein Halteplatz für Rettungsfahrzeuge eingerichtet. Insgesamt erlitten 63 Personen – darunter zahlreiche Mitarbeiter des „Phantasialands" – leichte Verletzungen, Rauchvergiftungen und Schockzustände. 24 Personen mussten in Folge in 13 Krankenhäuser des Erftkreises gefahren werden. Weitere zwölf verletzte Besucher des „Phantasialands" hatten sich ohne Kontaktaufnahme mit dem Rettungsdienst vor Ort in Krankenhäuser begeben.

Der Rettungsdienst sowie zwei Schnelleinsatzgruppen (SEG) waren mit rund 160 Kräften vor Ort.

Der Schadensfall habe gezeigt, so die Verantwortlichen des „Phantasialands", dass geltende Brandschutz- und Sicherheitsvorschriften nicht immer mit den sich laufend verändernden Besonderheiten moderner Freizeitparks Schritt halten können und deshalb nicht immer ausreichend sind. Ergänzend zu den bestehenden Grundkonzepten des Brandschutzes wurden nach dem Schadensereignis Investitionen in Höhe von 1,9 Millionen Euro vorgenommen, um weitere Verbesserungen durchzuführen und den Brandschutz im Freizeitpark zu optimieren.

17. Oktober 1989:
„Loma-Prieta-Erdbeben" in San Francisco

Desaster auf der Bay Bridge

Die amerikanische Großstadt San Francisco und die Städte der Bay-Region gelten wohl als die am meisten durch Erdbeben gefährdeten Ansiedlungen auf der Welt. Sie liegen im unmittelbaren Auswirkungsbereich der sogenannten „San-Andreas-Spalte", eine 1.300 Kilometer lange Verwerfung, die durch ganz Kalifornien läuft. Zahlreiche Erdbeben im Nahbereich von San Francisco haben bereits Tausende von Toten, Verletzte und Schäden in Milliardenhöhe verursacht. Fachleute rechnen „in naher Zukunft" mit einem außergewöhnlich schweren Beben, das große Teile der Stadt zerstören könnte.

Eines der schwersten Erdbeben und zugleich das schwerste Beben nach dem großen Beben von 1906[16] ereignete sich an einem Dienstagnachmittag im Bereich der Bucht von San Francisco. Genau um 17.04 Uhr erreichte das „Loma-Prieta-Earthquake" eine Stärke von 7,1 auf der nach oben offenen Richter-Skala. Seinen Namen erhielt das Beben durch den Berg „Loma Prieta" in den „Santa Cruez Mountains"[17] im Süden der Bay-Region. Dort konnten Wissenschaftler später das Epizentrum[18] ausmachen.

Im Umkreis von rund 110 Kilometern kam es durch die starken Erschütterungen innerhalb von gerade einmal 15 Sekunden zu schweren Schäden an Gebäuden, Verkehrseinrichtungen sowie an der Infrastruktur unter anderem der Städte San Francisco, Oakland, Santa Cruz, San Mateo, Santa Clara und Alameda. Zu beklagen waren insgesamt 67 Tote sowie etwa 3.800 Verletzte. Etwa 12.000 Personen wurden vorübergehend obdachlos. Rund sechs Milliarden US-Dollar betrug der volkswirtschaftliche Schaden innerhalb der dicht besiedelten

[16] 18. April 1906: Eines der verheerendsten Erdbebens in der Geschichte der USA, Stärke 7,8, 3.000 Tote, damalige Schadenssumme rund 400 Millionen Dollar.

Das „Loma-Prieta-Erdbeben" in San Francisco/Kalifornien führte zum Zusammenbruch der „San Francisco – Oakland Bay Bridge" (Bay Bridge), die über 13 Kilometer hinweg die beiden Großstädte über die Bucht hinweg verbindet. Zahlreiche Fahrzeuge wurde zerquetscht, ihre Insassen starben oder wurden schwer verletzt.

[17] Santa Cruez Mountains: Rund 60 Meilen (ca. 95 km) südlich von San Francisco, am Highway 1 gelegene Stadt Santa Cruz am Pazifik.

[18] Epizentrum des „Loma-Prieta-Bebens": 37,04 Grad nördliche Länge, 121,88 Grad westliche Breite.

[19] Cypress Street Viaduct: Nimitz Freeway, Interstate 880.

Industrie- und Gewerberegionen rund um die Bucht von San Francisco.

Eine besondere Aufmerksamkeit erfuhr der Zusammenbruch der „San Francisco – Oakland Bay Bridge" (Bay Bridge), die über 13 Kilometer hinweg die beiden Großstädte über die Bucht hinweg verbindet. Ein oberer Teil der doppelstöckig gebauten sechsspurigen Straßenbrücke im Bereich des „Cypress Street Viaduct"[19] stürzte in Folge der Erdstöße auf die darunterliegenden Fahrbahnen und begrub zahlreiche Fahrzeuge und Personen. Während umfangreiche Rettungs- und Bergungsmaßnahmen sofort anliefen, mussten unter Anleitung der Polizei Tausende von Autos auf den Fahrbahnen von beidseitig der Einsturzstelle umdrehen und an das rettende Festland zurückfahren. Insassen von Großfahrzeugen, die nicht drehen konnten, wurden von den Feuerwehren evakuiert.

Während das Stadtzentrum von San Francisco weitgehend von Schäden verschont blieb, wurden andernorts ganze Stadtteile vom Erdbeben völlig zerstört. Dies betraf insbesondere Ansiedlungen im Bereich Oakland, im Marina District und in der „South of Market", die einst auf den Trümmern des Bebens von 1906 errichtet wurden und die nicht die baulichen Voraussetzungen für eine Erdbeben-Sicherheit aufwiesen. Insgesamt wurden mehr 18.300 Wohn- und knapp 2.600 Industrie-, Gewerbe- und Geschäftsgebäude zerstört oder beschädigt. Allein in Santa Cruz unweit des Epizentrums stürzten 40 Gebäude ein.

In weiten Teilen der Bay-Region kam es durch die Erschütterungen zum Ausfall der Infrastruktur (z. B. Zerstörung von freiliegenden Strom- und Telefonkabeln sowie von Strom- und Wasserleitungen).

Dass es durch das „Loma-Prieta-Erdbeben" nicht zu einer noch weitaus größeren Zahl von Toten und Verletzten gekommen ist, führen die Feuerwehren und Rettungskräfte darauf zurück, dass sich zum Zeitpunkt des Bebens die beiden berühmtesten Baseball-Teams der Region, die „San Francisco Giants" und die „Oakland Athletics", in einem wichtigen Match im Rahmen der „1989 World Series Baseball Championschip" im „Candlestick Park Stadion" von San Francisco befanden. Das hatte zur Folge, dass Hunderte von Zuschauern im Stadion waren und zudem Tausende von Menschen vor dem heimischen Fernseher saßen. Damit waren die Straßen zwischen San Francisco und Oakland weitgehend leer – eine für diese Region eher außergewöhnliche Tatsache. Bei üblicherweise dichtem Straßenverkehr wären sicherlich sehr viel mehr Menschen durch die Erdstöße zu Schaden gekommen, die Sachschäden wären weitaus größer und die Zufahrten für die Rettungskräfte vermutlich großräumig blockiert gewesen.

Der Brand von mehr als 10.000 Tonnen Altreifen auf dem Gelände eines Verwertungsbetriebes führte am 26. Juni 2007 in der tschechischen Stadt Uhersky Brod (bei Zlin, Südmähren) zu einem Großeinsatz von 30 Feuerwehren mit mehr als 40 Fahrzeugen. Flammen schlug dabei bis in eine Höhe von 20 Meter, die Rauchsäule stieg auf bis zu 400 Meter. Über 70 Stunden betrug die Dauer des Einsatzes, bei dem rund 7.500 Kubikmeter Löschwasser, 4.000 Liter Schaumlöschmittel und etwa 700 Flaschen für Atemschutzgeräte eingesetzt werden mussten. Der Schaden betrug rund 35.000.000 Tschechische Kronen (ca. 1,45 Millionen Euro). Drei Feuerwehrangehörige wurden verletzt.

25. Juli 2000:
Absturz der „Concorde“ in Gonesse, Paris

Das vorläufige Ende der „Eintracht“

Um 14.07 Uhr erhielt der Charterflug AFR 4590 der Linienfluggesellschaft „Air France“ auf dem Pariser Flughafen „Charles de Gaulle“ die Startfreigabe. Die Maschine vom Typ „Concorde“[20] fuhr auf die Startbahn 26, wo sie um 14.40 Uhr den Start einleitete und um 14.42 Uhr abhob. Das todbringende Ereignis, das die Crew während des Startvorgangs nicht registrieren konnte, geschah nur wenige Sekunden zuvor während des Beschleunigens auf der Rollbahn. Ein Metallstück, das eine zuvor gestartete „DC 10“ verloren hatte, zerfetzte einen Reifen des Hauptfahrwerks. Teile des Reifengummis wurden gegen die Unterseite der Tragfläche geschleudert und beschädigten dort stromführende Kabel. Die Aufprallgeschwindigkeit der Gummiteile verursachte in den Treibstofftanks der Tragflächen eine Druckwelle, die zu einem Leck führte. Treibstoff trat aus und entzündete sich.

Um 14.43 Uhr informierte der Fluglotse die Besatzung der „Concorde“ über hinter der abhebenden Maschine deutlich sichtbare Flammen[21] und bot der Crew die sofortige und bevorzugte Rückkehr zum Flugplatz an. Zum gleichen Zeitpunkt verloren die Triebwerke 1 und 2 des Flugzeugs schlagartig ihre Schubkraft.

Noch während die „Concorde“ den Rückflug einleitete, geriet die Maschine außer Kontrolle und stürzte unweit des Flugplatzes am Rand einer Hotelanlage zwischen der „Rue National 17“ (R 17) und der „D 902“ nahe der Ortschaft Gonesse ab. Um 14.45 Uhr teilte der Flugplatz über Funk mit: „The Concorde has crashed near Le Bourget ...!“.

Das Überschallflugzeug „Concorde“ auf seinem Flug von Paris nach New York/USA war besetzt mit 100 Passagieren und neun Besatzungsmitgliedern[22]. Die Passagiere waren auf dem Weg zu einer Kreuzfahrt mit der „MS Deutschland“. Trotz des schnellen Eingreifens von Feuerwehren und Rettungsdiensten kam für die Flugzeuginsassen letztendlich jede Hilfe zu spät. Sie alle verloren bei dem Absturz ihr Leben. Getötet wurden auch vier Bewohner des Hotels, weitere sechs wurden zum Teil schwer verletzt.

Nach dem Absturz stellte die „Air France“ den Flugbetrieb mit der „Concorde“ zunächst ein. Erst im November 2001 wurde der Linienbetrieb zwischen Paris und New York wieder aufgenommen. Zwei Jahre später jedoch wurden Flüge mit der Überschallmaschine gänzlich eingestellt. Der letzte Flug einer „Concorde“ nach London[23] beendete am 24. Oktober 2004 eine mehr als 40-jährige Ära der Flug- und Technikgeschichte.

[20] Concorde: „Aerospatiale-BAC Concorde 101/102, Kennung F-BTSC, 1976 erstmals im Liniendienst

[21] Automatischer Feueralarm im Cockpit der „Concorde“ um 14.43:22 Uhr, um 14.43:42 Uhr sowie um 14.43:58 Uhr – von da ab durchgängig!

[22] Besatzungsmitglieder: Pilot (54 Jahre), 1. Offizier (50), Flug-Ingenieur (58), Kabinen-Crew (27 weibl., 32 männl., 36 weibl., 36 weibl., 38 männl., 49 weibl.)

[23] Letzter Flug: Die Concorde (G-BOAF) verblieb im Luftfahrtmuseum Filton bei London

Es war das vorläufige Ende einer flugtechnischen Epoche: Der Absturz des Überschallflugzeugs „Concorde“ unweit des französischen Flughafens „Charles de Gaulle“. Alle 109 Passagiere sowie vier Bewohner eines Hotels im Bereich der Absturzstelle kamen ums Leben. Drei Jahre später wurden die „Concorde“ außer Dienst gestellt.

Großbrand einer Lagerhalle im Frachtterminal des Flughafens Linz-Hörsching in Österreich. Mehr als 100 Feuerwehrangehörigen gelang es, ein Übergreifen der Flammen auf benachbarte Gebäude zu verhindern.

Dank des Autors an die Mitwirkenden

Die Veröffentlichung eines solchen Buches ist ohne die wohlwollende und tatkräftige Unterstützung zahlreicher Personen und Organisationen gar nicht möglich. Mein Dank richtet sich deshalb insbesondere an die Feuerwehren und Feuerwehrkameraden, die mich persönlich bereits während der Einsätze unterstützt und die sich auch später die Mühe gemacht haben, mich mit ergänzenden und detaillierten Informationen sowie mit Bildmaterial zu versorgen.

Insbesondere geht diesbezüglich mein Dank an Branddirektor Rolf-Peter Maschke von der Berufsfeuerwehr Nürnberg (Einsatzdaten und Bildmaterial zum Großbrand des DB-Depots), an Kommandant Josef Steinhauer von der Freiwilligen Feuerwehr Inzell (Einsatzinformationen und Bilder zum Großbrand „Hotel Post“), an Kommandant Gotthard Benitz von der Freiwilligen Feuerwehr Titisee-Neustadt (Einsatzdaten und Bilder zum Busunfall bei Titisee-Neustadt), an Kreisbrandmeister Manfred Bau, Schwarzwald-Baar-Kreis/Landratsamt (Einsatzdokumentation zum Busunfall bei Bad Dürrheim), an den Pressesprecher Hermann Kollinger der Freiwilligen Feuerwehr Alkoven/Österreich (Einsatzinformationen und Bilder zu den Massenkarambolagen auf der A 1 sowie zu weiteren Themen), an Kommandant Andreas Gabriel von der Freiwilligen Feuerwehr Bad Reichenhall sowie an Pressesprecher Markus Leitner vom Bayerischen Roten Kreuz (BRK), Kreisverband Berchtesgaden (Einsatzinformationen und Bildmaterial), an den Mitarbeiter der Schweizer Botschaft in Malaysia Richard Jud (Informationen und Bildmaterial zu Feuerwehreinsätzen in Malaysia), sowie an Public Information Officer Karen Terill vom „California Department of Forestry and Fire Protection“ (CDF/CAL FIRE) und Sprecherin Sheri Ascherfeld vom „National Interagency Fire Center“/NIFC (Informationen und Bildmaterial zum Thema „Waldbrände in Süd-Kalifornien).

Ein weiteres Dankeschön richtet sich an die Feuerwehrkameraden Roman Vana, Bernd Franta, Christian Gorber und Walter Niederbauer, die ihr eigenes Bildarchiv geöffnet haben und Bildmaterial von einzelnen Schadensereignissen zur Verfügung gestellt haben.

Allen ansonsten in irgendeiner Form an der Realisierung dieses Buches beteiligten Feuerwehren und Organisationen ebenso meinen besten Dank.

Es soll an dieser Stelle allerdings auch nicht verschwiegen werden, dass es einige Freiwillige und Berufsfeuerwehren in Deutschland und in der Schweiz gab, die es offensichtlich nicht für nötig hielten, auf entsprechende Anfragen nach Informationen und/oder Bildmaterial zu antworten – dies auch auf wiederholte schriftliche Nachfrage nicht. Ein solches desinteressiertes Verhalten Einzelner erscheint mir weder aus kollegialer und kameradschaftlicher Sicht noch aus Sicht der oftmals so hoch gepriesenen Presse- und Öffentlichkeitsarbeit der Feuerwehren akzeptabel.

Radolfzell, im Herbst 2008 Wolfgang Jendsch

Bildnachweis

Bilder Titelseite: Wolfgang Jendsch, Bilder Rückseite: „pa – Picture Alliance", Bilder Vor- und Nachsatz: Wolfgang Jendsch, 5-1 Archiv Wolfgang Jendsch, 6-1 Ivo Mitacek, 7-1 Ivo Mitacek, 8-1 Wolfgang Jendsch, 10-1 Wolfgang Jendsch, 10-2 Wolfgang Jendsch, 11-1 Wolfgang Jendsch, 11-2 Wolfgang Jendsch, 12/13 Wolfgang Jendsch, 94/95 Wolfgang Jendsch, 118/119 Wolfgang Jendsch.

Beitrag ***„Das Leiden des Adlers"*** (14–21): 14-1 Bernd Franta, 15-1 Bildstelle BF Nürnberg, 15-2 Bildstelle BF Nürnberg, 16-1 Bernd Franta 16-2 Bernd Franta, 17-1 Bernd Franta, 17-2 Bernd Franta, 18-1 Bernd Franta, 19-1 Bildstelle BF Nürnberg, Grafik 20-1 Wolfgang Jendsch, 21-1 Bildstelle BF Nürnberg, 21-2 Bildstelle BF Nürnberg.

Beitrag ***„Gefährliche Durchzündung"*** (22–30): alle Bilder, Skizzen und Tabellen Wolfgang Jendsch

Beitrag ***„Ein verlorenes Symbol"*** (31–35): alle Bilder Freiwillige Feuerwehr Inzell, Kommandant Sepp Steinhauer, Tabellen 34/35 Wolfgang Jendsch

Beitrag ***„Auffahrt zur Hölle"*** (36–39): alle Bilder Hermann Kollinger, Tabelle 39-1 Wolfgang Jendsch

Beitrag ***„Kollision über dem See"*** (42–53): 40/41 Wolfgang Jendsch, Grafik 43-1 Wolfgang Jendsch, 43-2 Christian Gorber, 44-1 Christian Gorber, 45-1 Wolfgang Jendsch, 46-1 Wolfgang Jendsch, 47-1 Wolfgang Jendsch, 48-1 Wolfgang Jendsch, 49-1 Wolfgang Jendsch, Tabellen 50/51 Wolfgang Jendsch, 51-1 Christian Gorber, 52-1 Wolfgang Jendsch, 52-2 Christian Gorber.

Beitrag ***„Todesfalle Selbstüberschätzung"*** (54–59): alle Bilder, Skizzen und Tabellen Wolfgang Jendsch.

Beitrag ***„America under Attack"*** (60–65): alle Bilder „pa – Picture Alliance".

Beitrag ***„Dichter Nebel und Rücksichtslosigkeit"*** (66–70): alle Bilder Hermann Kollinger, Tabelle 68-1 Wolfgang Jendsch.

Beitrag ***„Schneeglätte und hohe Geschwindigkeiten!"*** (71–73): alle Bilder Hermann Kollinger.

Beitrag ***„Das Ende einer Urlaubsreise"*** (74–82): alle Bilder Archiv Kreisfeuerwehrverband/Landratsamt Schwarzwald-Baar-Kreis (Kreisbrandmeister Manfred Bau), Tabellen 76/77 Wolfgang Jendsch.

Beitrag ***„Das Ende einer Schwarzwaldfahrt"*** (83–87): alle Bilder Archiv Freiwillige Feuerwehr Titisee-Neustadt (Kommandant Gotthard Benitz), Tabellen 84/85 Wolfgang Jendsch.

Beitrag ***„ICE 884 – Mahnung zur Sicherheit"*** (88–93): alle Bilder „pa – Picture Alliance", Skizze 89-1 Wolfgang Jendsch, Tabelle 90-1 Wolfgang Jendsch.

Beitrag ***„Weiße Flocken ohne Ende"*** (96–103): Bilder Seiten 96/97 und 101–103 Hermann Kollinger, Bilder Seiten 98–100 „pa – Picture Alliance".

Beitrag ***„Brandursache Teufelswinde"*** (104–109): 104-1 Grafik Wolfgang Jendsch, Hintergrundbild „National Oceanic and Atmospheric Administration"/NOAA, 105-1 NIFC/Archiv Wolfgang Jendsch, 105-2 Wolfgang Jendsch, 106-1 Archiv Wolfgang Jendsch, 106-2 NIFC/Archiv Wolfgang Jendsch, 107-1 Wolfgang Jendsch, 107-2 Wolfgang Jendsch, Tabelle 108-1 Wolfgang Jendsch, 108-2 NIFC/Archiv Wolfgang Jendsch, 109-1 Mike Lynn, 109-2 Wolfgang Jendsch.

Beitrag ***„Katastrophenalarm: Bergwald in Flammen!"*** (110–117): alle Bilder Archiv Freiwillige Feuerwehr Bad Reichenhall (Kommandant Andreas Gabriel) und Pressestelle BRK Berchtesgadener Land (Markus Leitner), Tabellen 114/115 Wolfgang Jendsch.

Beitrag ***„Mit Firefightern im Einsatz"*** (120–133): alle Bilder Wolfgang Jendsch

Beitrag „Andere Länder, andere Sitten!" (134–140): alle Bilder Richard Jud

Beitrag ***„Fire & Rescue"*** (141–155): alle Bilder „pa – Picture Alliance", Bilder Seiten 144-1 Hermann Kollinger, 147-1 Wolfgang Jendsch, 154-1 Ivo Mitacek.

Für alle Feuerwehr-Liebhaber

So vielfältig wie die Arbeit der Feuerwehr sind auch ihre Fahrzeuge. Der Bildband zeigt aktuelle deutsche Modelle mit allen Infos zu Technik und Einsatz.

Das große Feuerwehr-Typenbuch
Die aktuellen Einsatzfahrzeuge
168 Seiten, ca. 180 Abb.,
22,3 x 26,5 cm,
Hardcover
ISBN 978-3-7654-7791-1

Die Typenkunde »Feuerwehr-Unimog« beschreibt die zahlreichen Fahrzeugvarianten der automobilen Legende zur Rettung, Bergung und Brandbekämpfung.

Feuerwehr-Unimog
Geschichte · Typen · Technik
168 Seiten, ca. 200 Abb.,
22,3 x 26,5 cm
Hardcover
ISBN 978-3-7654-7787-4

Das ist lebendige Feuerwehrgeschichte: Sämtliche Fahrzeuge deutscher Feuerwehren von 1946 bis 1969 in einer lückenlosen Dokumentation mit tollen Aufnahmen.

Feuerwehr Typenbuch 1946-1969
Fahrzeuge – Daten – Technik
144 Seiten, ca. 180 Abb.,
17,0 x 24,0 cm,
Hardcover
ISBN 978-3-7654-7798-0

Das komplette Programm unter www.geramond.de GeraMond

Die ganze Welt der Traktoren

Von Oberbayern in alle Welt: Die robusten Eicher-Traktoren schrieben ein halbes Jahrhundert Technikgeschichte. Hier werden alle Modelle ausführlich präsentiert.

Eicher – Das Typenbuch
192 Seiten, ca. 180 Abb.,
24,0 x 17,0 cm, Hardcover
ISBN 978-3-7654-7703-4

»Fendt – Das Typenbuch« zeigt sämtliche Traktoren der renommierten Marke in Bild und Text. Detailliert, sachkundig und mit allen wichtigen Daten und Fakten.

Fendt – Das Typenbuch 1928 bis heute
192 Seiten, ca. 180 Abb.,
24,0 x 17,0 cm, Hardcover
ISBN 978-3-7654-7701-0

John Deere ist traditionsreich, grün-gelb – und einfach Kult! Das aktuelle Typenbuch präsentiert die beliebten Modelle des weltgrößten Traktorenherstellers.

John Deere – Das Typenbuch
192 Seiten, ca. 180 Abb.,
24,0 x 17,0 cm, Hardcover
ISBN 978-3-7654-7709-6

Mehr als eine Million Traktoren zeugen von der großen Beliebtheit der Deutz-Modelle. Das GeraMond-Typenbuch präsentiert die Marke umfassend und gründlich.

Deutz – Das Typenbuch
192 Seiten, ca. 180 Abb.,
24,0 x 17,0 cm, Hardcover
ISBN 978-3-7654-7705-8

Der Bulldog ist eine Legende. Alle Modelle und alles, was sonst noch die Werkshallen von Lanz verlassen hat, zeigt in gewohnter Qualität dieses Typenbuch.

Lanz – Das Typenbuch
192 Seiten, ca. 180 Abb.,
24,0 x 17,0 cm, Hardcover
ISBN 978-3-7654-7708-9

Das komplette Programm unter www.geramond.de GeraMond